遥感大数据检索

邵振峰　朱先强　刘　军　王　星　周维勋　著

科学出版社

北京

内 容 简 介

本书系统分析遥感大数据检索需求，介绍遥感大数据检索的科学问题和涉及的关键技术，提出多个基于内容的遥感影像检索新模型和新方法，并重点剖析基于传统视觉特征的遥感影像检索、融合视觉显著特征的遥感影像检索、基于关联规则挖掘的遥感影像检索、基于语义特征的遥感影像检索、基于深度学习的遥感影像检索、视频大数据检索、遥感大数据存储和在线检索模型和方法，并结合复杂场景遥感大数据检索所面临的挑战，阐述跨模态遥感大数据检索方法。

本书可供从事遥感大数据检索模型与方法基础研究、遥感信息检索应用研究的科技和管理人员参考，也可作为高等院校相关专业师生和遥感信息处理相关领域科研工作人员的参考资料。

图书在版编目（CIP）数据

遥感大数据检索/邵振峰等著.—北京:科学出版社，2021.2
ISBN 978-7-03-068146-1

Ⅰ.① 遥… Ⅱ.① 邵… Ⅲ.①遥感数据-数据检索-研究 Ⅳ.①TP751.1

中国版本图书馆 CIP 数据核字（2021）第 034329 号

责任编辑：杨光华/责任校对：高　嵘
责任印制：彭　超/封面设计：苏　波

科 学 出 版 社 出版
北京东黄城根北街 16 号
邮政编码：100717
http://www.sciencep.com
武汉精一佳印刷有限公司印刷
科学出版社发行　各地新华书店经销
*
开本：B5（720×1000）
2021 年 2 月第 一 版　印张：15
2021 年 2 月第一次印刷　字数：320 000
定价：188.00 元
（如有印装质量问题，我社负责调换）

作 者 简 介

邵振峰，1976 年生，武汉大学博士，二级教授，测绘遥感信息工程国家重点实验室工作，摄影测量与遥感专业博士生导师，现担任美国摄影测量与遥感会刊 *Photogrammetry Engineering & Remote Sensing* 副主编，主要研究城市遥感。先后入选教育部"新世纪优秀人才"（2012 年）、湖北省自然科学基金"杰青人才"计划（2013 年）、武汉市"晨光计划"（2015 年）、科技部"中青年科技创新领军人才"和"全国优秀科技工作者"（2016 年）、中组部"万人计划"科技创新领军人才（2017 年），主持国家重点研发计划战略性国际科技创新合作重点专
项项目、香港联合基金项目、国家自然科学基金面上项目多项，参与国家重点研发计划项目和重大基金项目多项。先后在美国纽约州立大学布法罗分校（2013 年）、印第安纳州立大学（2016 年）和加利福尼亚大学默塞德分校（2017 年）作访问学者，已发表学术论文 100 余篇，其中 SCI 检索 80 余篇，出版专著《城市遥感》。已获美国授权发明专利 2 项，中国授权国家发明专利 32 项、软件著作权 11 项，获国际学术会议最佳论文奖 4 项（其中 2014 年获得美国摄影测量与遥感领域 Talbert Abrams Award）、国家科技进步一等奖 1 项（2020 年）、国家科技进步二等奖 1 项（2015 年）、省部级一等奖 5 项（2012～2019 年）、中国专利优秀奖 1 项（2018 年），并获得王之卓青年科学家奖（2019 年）。

朱先强，1983 年生，武汉大学博士，副研究员，国防科技大学信息系统工程国防科技重点实验室工作，主要研究影像检索及网络化数据分析。主持国家自然科学基金、中国博士后基金、军委科技委创新特区项目、装备发展部共用预研项目 10 余项，作为主任设计师负责参与 3 项重大工程型号项目研制，参与国家自然科学基金重点项目、融合工程等项目多项。美国天普大学（2015 年）访问学者，已发表学术论文 30 余篇，中国授权发明专利 10 余项，获军队科技进步三等奖 2 项（2015 年，2016 年）。

刘军，1984年生，武汉大学博士，副研究员，中国科学院深圳先进技术研究院工作，硕士生导师，主要研究环境遥感与人工智能。入选深圳市海外高层次人才孔雀计划、深圳市高层次人才，主持或参与国家重点研发计划、国家自然科学基金等项目，已发表学术论文40余篇，中国授权国家发明专利20项，获得湖北省技术发明奖二等奖（2015年）、测绘科技进步奖一等奖（2018年）、深圳市科技进步奖二等奖（2018年）。

王星，1986年生，武汉大学博士，讲师，天津大学海洋科学与技术学院工作，硕士生导师，主要研究遥感影像处理与分析。主持或参与国家自然科学基金、国家重点研发计划等项目10余项，已发表学术论文20余篇，中国授权国家发明专利10余项，获测绘科技进步奖一等奖1项（2012年）。

周维勋，1990年生，武汉大学博士，讲师，南京信息工程大学遥感与测绘工程学院工作，主要研究遥感影像智能处理与城市遥感相关应用。主持国家自然科学基金青年基金和江苏省青年基金各1项，并参与国家自然科学基金、江苏省海洋科技创新专项等多个项目，已发表学术论文10余篇，中国授权国家发明专利4项。

序

  李德仁院士团队的邵振峰教授及其多位博士推出的《遥感大数据检索》这部新著作,是面向遥感大数据智能处理的创新成果。邵振峰教授承担了科技部国家科技重大专项、国家科技支撑计划项目、国家重点研发计划项目、教育部新世纪优秀人才支持计划项目和多项国家自然科学基金项目,也参与了我作为首席科学家的 973 项目。作为同行,我乐意为之作序。

  大数据时代已经到来,海量多源异构的遥感数据为各类重大应用提供了丰富的数据源,但也对提取和挖掘隐藏在遥感大数据背后的各种信息和知识提出了更大的挑战。遥感大数据是时空大数据中的一类典型大数据,该著作分析了遥感大数据检索需求、遥感大数据检索的科学问题和相关关键技术,并提出了遥感大数据检索系列模型和方法,并结合复杂场景遥感大数据检索所面临的挑战,阐述了遥感大数据跨模态检索。

  天-空-地一体化遥感会使遥感大数据检索走向深入,物联网和国际互联网会推动跨模态的检索需求走向实用。该著作对"数据海量、信息难求"应用需求的解决有重要的现实意义。邵振峰教授构建了深度学习智能检索模型,提出了多源遥感影像语义检索方法,解决了城市复杂场景遥感影像特征描述和信息检索难题,对遥感信息的智能化服务提供了支撑技术,对该方向的研究也具有重要的学术价值。遥感大数据的特征提取和信息挖掘,方兴未艾。遥感大数据的检索,正从文本检索走向图像检索,从单一数据源的检索走向跨模态检索,其未来的应用前景值得期待。

2020 年 10 月

前　言

遥感影像检索属于遥感影像数据到信息再到知识这一基础科学问题的前沿关键技术，由于遥感图像数据本身具有时空复杂性和海量多样性的特点，基于内容的遥感图像检索成为制约其发展的瓶颈，属国际前沿挑战问题。一方面，遥感技术正在朝着高空间分辨率、高光谱分辨率、高时间分辨率、多极化及多角度的方向迅猛发展，遥感图像数据量也与之同步地呈现出指数级增长的态势，遥感影像作为一类典型的大数据，数据源非常丰富；另一方面，受限于有限的数据处理和分析能力，大量信息被淹没，数据未能得到充分利用，缺乏有效的检索手段，人们对于遥感图像数据的检索能力已经远远滞后于遥感图像数据量的增长速度，从而导致了遥感图像数据海量与应用需求的有效信息匮乏之间严重的供需矛盾，这一矛盾被形象地描述为"我们淹没在遥感大数据的海洋中，渴求着信息的淡水"。

从遥感影像到信息检索的过程，可以看作是从数据到知识的过程，而大数据理论和深度学习模型能够从海量数据中挖掘出有意义的、潜在的、先前未知而可能有用的信息或模式，并最终转化为知识。深度学习将充分发挥遥感大数据的优势，将深度学习应用于遥感影像检索对于实现海量遥感影像的精确检索具有十分重要的意义。本书既介绍传统的基于内容的遥感影像检索技术，也阐述基于深度学习技术对复杂的遥感影像进行场景分析，通过自适应特征学习实现遥感大数据的检索。

本书共 11 章，第 1 章主要介绍遥感大数据检索的检索需求和科学问题；第 2 章分析遥感大数据检索涉及的关键技术；第 3 章阐述基于传统视觉特征的遥感影像检索；第 4 章剖析融合视觉显著特征的遥感影像检索；第 5 章介绍基于关联规则挖掘的遥感影像检索；第 6 章介绍基于语义特征的遥感影像检索；第 7 章讨论基于深度学习的遥感大数据检索；第 8 章介绍视频大数据检索；第 9 章介绍遥感大数据存储；第 10 章讨论遥感大数据在线检索；第 11 章介绍跨模态遥感大数据检索方法。

本书是多项国家自然科学基金等项目的成果结晶。主要资助项目包括：

（1）国家自然科学基金重大项目"陆表智慧化定量遥感的理论与方法"中的课题"辐射能量平衡参量跨尺度智慧反演"（项目编号：42090012）；

（2）国家自然科学基金面上项目"基于视觉关键词层次模型的遥感图像检索研究"（项目编号：61172174）；

（3）国家自然科学基金项目"面向人类视觉感知的高分辨率遥感图像检索研究"（项目编号：41203108）；

（4）国家自然科学基金项目"基于影像关联层次模型的遥感影像检索研究"（项目编号：41301403）；

（5）国家自然科学基金项目"视觉注意机制引导的高分辨率遥感图像检索研究"（项目编号：41701480）；

（6）国家自然科学基金项目"基于图卷积网络的高分辨率遥感图像多标签检索方法研究"（项目编号：42001285）。

（7）国家自然科学基金面上项目"融合高分辨率遥感影像和 LiDAR 数据的城市复杂地表不透水面提取方法"（项目编号：41771454）；

（8）香港研究资助局基金项目"Continuous multi-angle remote sensing data: Feature extraction and image classification"（No.14611618）；

（9）云南省重点研发计划（科技入滇专项）"融合天-空-地多源高空间-光谱遥感影像的城市不透水面提取及海绵城市监测应用"（项目编号：2018IB023）；

（10）教育部新世纪优秀人才支持计划项目"高分辨率遥感影像处理与分析"（项目编号：NCET-12-0426）；

（11）湖北省自然科学基金杰青项目"基于车载对地观测传感网的城市环境移动监测关键技术与应用"（项目编号：2013CFA024）；

非常感谢中国人工智能学会理事长、清华大学戴琼海院士为本书作序。本书的撰写得到了武汉大学李德仁院士和龚健雅院士、美国纽约州立大学王乐教授、前 ISPRS 主席 Orhan 教授、荷兰 ITC 的 J.L.van Genderen 教授的指导，对以上专家的指导和帮助表示衷心的感谢！感谢团队继续从事遥感大数据检索的研究生对本书提供的编辑和检查工作，他们包括张昂定、叶兰、汪家明、潘文康和彭松，谨在此一并致谢。

由于作者学识和写作时间所限，书中难免存在疏漏和不足之处，欢迎读者批评指正。

邵振峰

2020 年 10 月 23 日于珞珈山

目　　录

第1章 绪 论

当前，在遥感技术和现代信息技术快速发展的大背景下，遥感数据已呈现出明显的"大数据"特征，即大体量（volume）、多类型（variety）、高效率（velocity）、难辨识（veracity）、高价值（value）[1]。如何利用新兴的科学技术手段，从包含丰富时空信息的多源、多尺度遥感大数据中获取感兴趣的遥感数据，是遥感大数据自动化处理和分析的现实需求，也是遥感应用领域亟待解决的"卡脖子"难题。本章将通过分析遥感大数据检索的应用需求，指出遥感大数据检索中亟待解决的科学问题，总结遥感图像检索系统的研究现状，并展望遥感大数据检索的发展趋势。

1.1 遥感大数据检索需求

遥感技术从 20 世纪 60 年代开始兴起，并在 1972 年美国成功发射第一颗具有业务性质的陆地卫星后，得到常态化发展并迎来第一次浪潮。随后，多个国家陆续效仿跟进，遥感理论与应用技术在这之后的 20 年间取得了全面而深入的发展，并在农林、水文、地质、海洋、测绘、环境保护、工程建设等许多领域得到了广泛的应用。美国的 Google Earth 和中国的天地图更是让遥感技术走入了寻常百姓家，图 1.1 是 Google Earth 影像检索界面。国内的百度、腾讯互联网公司则综合

图 1.1 Google Earth 影像检索界面

利用路网数据、高分辨率卫星影像数据、导航技术等发布了百度地图、腾讯地图等应用服务，为大众出行提供了极大的便捷，图 1.2 是百度地图卫星图检索模式。

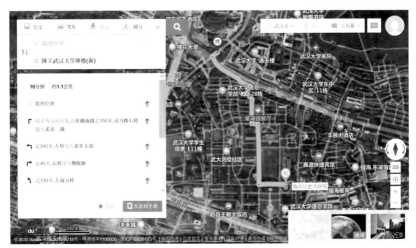

图 1.2　百度地图卫星图检索模式

同时，随着越来越多的商业遥感卫星公司的加入，遥感卫星数量激增，各类用途的卫星得到长足的发展。至 2018 年，全球已发射的卫星和其他空间飞行器共有 6 000 余个，其中以对地观测为主的遥感卫星大约占 1/3[2]。这些趋势表明世界各国对于遥感技术的研发投入愈发重视，且在遥感和对地观测领域，随着对地观测技术的发展，人类对地球的综合观测能力达到空前水平。

在此背景下，遥感数据获取平台日益多元化，不同成像方式、不同波段和不同空间分辨率的遥感数据并存；同时，数据获取周期大幅缩短，数据量已呈现出指数级增长的态势。遥感数据已经呈现出明显的"大数据"特征，如表 1.1 所示[3]。

表 1.1　遥感大数据的特征

项目	特征	含义
遥感大数据的典型特征	大体量	随着航空、航天多种遥感平台上的多个传感器的发展，遥感数据量不断增加
	多类型	全色、多/高光谱、红外、SAR、LiDAR 等
	高效率	反恐维稳、应急救灾、军事等对遥感数据处理有时效性要求
	难辨识	数据存在不一致性、不完整性、模糊性等多类不确定性及模型近似的误差等
	高价值	从遥感数据中可以挖掘出对人类生产生活息息相关的各类信息与知识
遥感大数据其他特征	高维度性	高维特征描述同一地物
	多尺度	不同尺度上地物具有不同的表现特征
	非平稳	提取的物理过程参数随时间的变化而变化

注：SAR（synthetic aperture radar），合成孔径雷达；LiDAR（light detection and ranging），激光雷达

面对海量的遥感数据，世界各国纷纷制定了空间数据基础设施计划和开放遥感数据分发共享网站等，旨在通过网络的方式，提供各种数据的访问与下载服务。例如，美国的 NASA[①]、USGS[②]、GOS[③]，欧盟的 INSPIRE[④]、eoPortal[⑤]，以及我国的国家地球系统科学数据中心等。但这些平台主要以文件目录的形式存储和组织遥感数据，服务模式也主要是通过目录搜索的形式提供数据下载途径，对于遥感数据的自动化处理与分析的水平与应用需求间还有很大的鸿沟。实际上，现有的地面数据处理能力难以满足海量影像数据的处理需求，遥感大数据中"数据海量、信息淹没、知识难觅"的矛盾也日益突出。美国议会曾就该矛盾指责 NASA："迄今积累的遥感数据，有 95%从来没有人看过"，普遍现状是"我们淹没在数据的海洋中，渴求着信息的淡水"。

面对遥感大数据"数据海量、信息淹没"的技术困境及对遥感信息的巨大应用需求，如何利用新兴的科学技术手段，从包含丰富时空信息的多源、多尺度遥感大数据中获取感兴趣的遥感信息，并实现感兴趣目标或区域的快速定位与智能检索，也已成为遥感大数据自动化处理和分析的重大需求，也是遥感信息应用领域亟待解决的重大瓶颈难题。

1.2 遥感大数据检索的科学问题

在遥感大数据时代，遥感影像数据规模庞大且具有多源异构、尺度特征明显、数据语义复杂、数据不一致、数据不完整等特点[4]。由此，相较于自然图像检索，遥感图像检索自身面临的问题被进一步扩大化和复杂化，对遥感大数据的存储与管理、特征提取、相似性度量等的要求也更高。所以在进入遥感大数据时代后，虽然遥感大数据为遥感信息应用与共享带来了前所未有的机遇，但规模巨大的多源异构遥感大数据也同时对遥感大数据检索中的数据组织与管理、特征描述、相似性度量等环节带来极大的困难和挑战。

（1）遥感大数据的数据组织与管理问题。遥感大数据数据源众多，数据存储独立、管理分散，在数据的存储格式、空间分辨率、投影标准、波段种类等方面存在一定的差异，如果不对这些数据进行格式上的统一转换并建立合理的检索引擎，将面临不同行业间数据标准不统一、数据集成效率低、数据共享难等问题，

---

① NASA（National Aeronautics and Space Administration），美国国家航空航天局

② USGS（United States Geological Survey），美国地质勘探局

③ GOS（Geospatial One-Stop），地理空间一站式服务信息门户

④ INSPIRE（Interplanetary NanoSpacecraft Pathfinder In a Relevant Environment），相关环境中的星际纳米宇宙飞船探路者

⑤ eoPortal（The ESA Earth Observation Portal），欧空局地球观测门户

从而极易形成信息孤岛[5]。此外，在数据传输上，有限的信道容量已难以满足海量遥感大数据的传输需求[6]，庞大的数据吞吐压力使得特征提取、相似性度量、数据加载和显示等环节面临数据密集计算问题[7]。因此，在遥感大数据为人们研究遥感影像检索技术提供海量数据资源的同时，如何对规模巨大的遥感数据进行科学高效地组织、管理和计算，以对遥感大数据检索需求提供高可用性服务已成为该领域的挑战性难题之一。

（2）遥感大数据检索的数据复杂性问题。大数据的规模伴同遥感数据自身内容的复杂多样化决定了遥感大数据具有一定的复杂性，对其数据复杂性进行分析可促进遥感大数据日后的全面发展，但给当前的遥感大数据检索研究带来了挑战[8]。遥感大数据语义复杂、多源异构、多尺度等特性决定了遥感影像不存在明显的主体或主题[3]。而目前针对遥感图像检索的研究大多基于单一数据源的小型数据集（如 UCM、RSD、RSSCN7 图像库）进行检索，所设计的特征描述子缺乏多样性，具有很明显的适用局限性，不能很好地用于描述多源异构的遥感大数据的特征；此外，规模稍大的 PatternNet、AID 数据库（分别有 30 400 张图像、10 000 张图像）相较于遥感大数据每日 TB 级的数据量也显得过于小型，由它们构建出的特征描述子同样难以对遥感大数据进行完备而准确地描述。因此，遥感大数据时代来临时，研究适用于内容复杂多样的遥感大数据特征也成为高效进行遥感大数据检索的关键挑战之一。

（3）遥感大数据检索的"维度灾难"问题。在集成的遥感影像检索系统中，影像特征一般都采用多维矢量数据来表达，所以对遥感影像来说，基于内容的相似性检索问题便转化为在其特征向量数据库中多维向量数据的相似性度量与排序问题[9]。而在实践应用中，特征向量库中的图像特征通常高达 100～1 000 维，对于一般规模的检索引擎而言，该特征维度已大大高于常规数据库的检索能力。面向规模巨大的遥感大数据，常规通用的索引技术在处理这些高维且海量的数据时便易存在"维度灾难"和存储资源消耗巨大的问题，这将难以满足遥感大数据快速高效的图像检索需求[10]。所以，研究低维特征描述方法、相似性度量方法及低维高效的索引结构将有助于遥感大数据检索的持续发展。

1.3 遥感大数据检索的现状

截至目前，遥感大数据检索技术的研发已取得了很大进展，研究队伍遍及国内外的大学、研究所和企业。而针对所研究的内容，遥感大数据检索可分为对检索系统的研究及对所涉及的关键技术的研究，如特征提取、相似性度量、相关反馈等。因此，本节将分别从检索系统和检索关键技术两方面阐述遥感大数据检索的国内外研究现状。

1.3.1 遥感图像检索系统研究现状

自 20 世纪 90 年代基于图像的检索技术问世以来，国内外广泛开展了与图像检索系统相关的研究与研发工作。早期具有代表性的图像检索系统包括 IBM 公司研发的基于图像内容的查询（query by image content，QBIC）商用检索系统、Virage 公司研究开发的 Virage 图像检索系统、麻省理工学院研发的主要用于师生学习研究的 Photobook 图像检索系统、Microsoft 开发的 iFind 图像检索系统、哥伦比亚大学提出的 VisualSEEK 和 WebSEEK 检索系统等。此外，国内外企业和单位先后推出过一系列的搜索引擎，包括 Virgae 图像搜索引擎、Retrieval Ware 图像搜索引擎，以及 Tineye（tineye.con）、Ditto（ditto.us.com）、ViSenze（www.visenze.com）、Cortica（www.cortica.com）等。

而随基于内容的图像检索（content-based image retrieval，CBIR）技术和遥感技术的发展，学者们开展了不少针对遥感图像检索系统的研究。武大吉奥信息技术有限公司开发的 GeoImageDB 图像库系统针对不同分辨率的无缝遥感图像实现了不同需求的检索；美国农业部产品外销局（Foreign Agricultural Service，FAS）基于 Internet 的影像数据库建立了卫星图像磁带档案和检索系统——综合地形访问/检索系统（integrated terrain access/retrival system，ITARS）；Agouris 等[11, 12]针对典型地形应用中遇到的图像数据库的特殊性，建立了一种基于形状和拓扑查询的图像检索原型系统 I.Q.；Zhu 等[13]提出了一种将 Gabor 滤波、图像增强和图像压缩等图像处理技术及自组织映射（self-organizing map，SOM）等信息分析技术结合到一个有效的大规模地理图像检索原型系统中的方法；Manjunath 等[14]提出了一个基于多尺度 Gabor 纹理特征和特征词典的卫星航空影像查询系统。

此外还有一些专门研究遥感图像检索的研究计划或项目，如美国 Los Alamos 国家实验室的数字图像数据库导览比较算法（comparison algorithm for navigating digital image database，CANDID）项目、Berkeley 数字图书馆项目、加州大学默塞德分校的基于内容的地理图像检索（content-based geographic image retrieval，CBGIR）项目、瑞士的 RSIA II+III 项目等[RSIA II+III 是瑞士国家遥感影像档案馆（The Swiss National Remote Sensing Image Archire，RSIA）项目研究主体的两个阶段内容]。

1.3.2 遥感图像检索关键技术研究现状

通过广泛查阅国内外遥感大数据研究方面的文献，可以归纳出当前遥感大数据检索正在攻关的关键技术包括以下 4 项。

1. 海量遥感图像数据的存储、组织和管理

大型遥感数据库的组织、存储和管理是 Web 环境下遥感大数据图像检索的前提[8]。目前，已有的遥感数据存储技术方式主要有三类：①基于传统关系型数据库与空间数据中间件，如 Oracle 公司的 Oracle Spatial 空间数据库管理引擎及 ERSI 公司的 ArcSDE 空间数据管理中间件；②基于网络域存储（storage area network，SAN）；③基于分布式文件系统，如网络文件系统（network file system，NFS）、Andrew 文件系统（Andrew file system，AFS）、Google 文件系统（Google file system，GFS）等[15]。由于在数据存储成本、能力及效率上的优势，分布式文件系统成为现阶段主流的遥感数据存储方案。而近年来，随着 NoSQL 数据库技术（非关系型数据库）的逐步发展，一些研究者也尝试采用如 HBase、Accumulo 等 NoSQL 数据库，作为海量非结构化遥感数据的存储平台[16]。

此外，数据压缩技术和数据分块技术则是大型遥感图像数据库数据组织和管理中的两项关键技术。

1）遥感图像数据压缩技术

数据压缩技术是解决有限信道容量与海量遥感数据存储及网络传输矛盾的有效手段，有利于提高遥感数据传输效率，降低硬件存储需求。图像压缩技术发展至今，产生了诸如差分脉冲编码（differential pulse code modulation，DPCM）、离散余弦变换编码（discrete cosine transformation，DCT）、矢量量化编码（vector quantization，VQ）等压缩技术，形成了基于 DCT 等技术的国际压缩标准（如 H.261、MPEG、JPEG 等）[17]，并在实际场景中得到了广泛应用。但传统的图像压缩技术逐渐显现出一些缺点，如高压缩倍率下出现严重方块效应、解压缩速度及质量不足、没有充分利用人类视觉系统等。为此，研究者们针对以上问题又陆续提出了一些图像压缩新技术，如分形图像压缩、小波变换图像压缩、数论变换压缩、人工神经网络压缩等。这些编码技术充分利用了人类视觉系统和图像信息源的各种特征，实现了从"波形"编码到"模型"编码的转变，获得了更高压缩比[18]。其中基于分形的图像压缩方法和基于小波变换的图像压缩方法是目前广泛应用和重点研究的图像压缩技术，如 LizardTech 公司的多分辨率无缝图像数据库（multi-resolution seamless image database，MrSID①）和 ERMapper 公司的增强压缩小波（enhanced compressed wavelet，ECW②）便是目前国际上较为成熟的基于离散小波变换（discrete wavelet transform，DWT）的图像压缩技术。

2）遥感图像数据分块技术

在遥感大数据检索系统中，目标影像通常是包含多个复杂场景、空间无缝的大幅面遥感图像，而用于查询的图像往往尺寸较小且仅包含一种或少数几种场景特征，所以对查询图像的特征与目标影像的整体内容特征做相似性计算显然是没有意义的。这也说明，基于内容的遥感大数据检索本质上是查询图像和目标影像

---

① http://www.lizardtech.com/

② http://www.erTnapper.com/

局部区域块之间的相似性比较。因此，合理有效的遥感图像数据分块策略是影响基于内容的遥感大数据检索精度的一个重要因素。部分遥感图像检索系统常采用固定分块策略来分割原始图像，往往会出现地物目标割裂现象。为此，国内外学者提出了一些改进的图像分块方法，目前常用的数据分块方法有四叉树、Nona-tree[19]、Quin-tree、Tile 分块、基于 Mean-Shift 的图像分割及超像素分割等。

2. 特征提取

对于遥感图像检索来说，除如同自然图像检索般进行特征提取外，还需综合考虑元数据提供的有效信息。元数据（metadata）指描述数据和信息资源的数据，空间元数据和空间数据是对地理实体及地理信息不同抽象层次的描述和表达。对遥感影像而言，遥感影像元数据是对遥感图像更抽象的表述，且主要是一些属性信息数据，如文件名、日期、影像分辨率、尺寸、量化等级、波段数、地理参考、一元统计量（最小值、最大值、均值、标准差）等。因而，遥感影像元数据是对遥感影像的内容、质量等抽象特征进行综合性的表述与说明，有助于快速有效地比较、定位、获取感兴趣的遥感图像数据。

但总体而言，图像的内容特征很大程度上决定了遥感图像检索系统的性能，下文将从传统视觉特征、中层特征及高层语义特征三个方面介绍特征提取技术的研究现状。

1）传统视觉特征

传统视觉特征提取方法主要提取遥感图像的低层视觉特征，按照特征来源范围的不同又可进一步分为全局特征和局部特征。

遥感图像的全局特征通常由图像的颜色（光谱）、纹理、形状三种特征来描述。颜色特征是最先被采用的一种重要且简单的视觉特征，比较常见的方法有累计直方图、模糊颜色直方图、颜色矩、基颜色相关图及主颜色描述符等。纹理特征描述了图像或图像区域固有表面特性及区域内关系，主要包括灰度共生矩阵（gray level co-occurrence matrix，GLCM）、小波变换特征、Gabor 特征、马尔可夫随机场（Markov random field，MRF）、局部二值模式（local binary pattern，LBP）等特征。形状特征则主要描述对象的轮廓或区域信息，具有旋转、位移、比例变化不变性等特性，通常分为基于区域和基于轮廓的形状描述方法：前者较为常见的方法是基于矩的方法，如几何不变矩、复数矩、Legendre 矩、Zernike 矩、正交的Fourier-Mellin 矩等；后者多与其他形状特征结合使用，包括傅里叶描述子、链码表示法、边缘直方图、自回归模型、边界矩等。

近年来，基于光谱、纹理、形状等特征的研究包括：Bosilj 等[20]结合密集策略，提出了一种基于影像模式光谱特征的遥感影像检索方法，相比于现有的基于形态学的检索方法，其在标准数据集上取得了最好的结果；Sebai 等[21]利用颜色及邻域信息提取影像的多尺度颜色成分特征（color component feature）进行影像检索，有效提高了检索的精度；此外，Sebai 等[22]针对影像检索技术，还提出了一种基于双树小波变换的颜色特征新方法。相比于易受"同物异谱"或"同谱异物"现象困扰而难以得到理想结果的基于光谱特征的检索方法，基于纹理特征的方法因顾及影像灰度的空间分布变化往往能取得较好的检索结果。陆丽珍等[23]基于五叉树分解的线性加权颜色和 Gabor 纹理特征提出了一种有效的用于高分辨率卫星和航空遥感图像数据库检索的方法；Liu 等[24]顾及颜色和纹理两类信息，融合颜色直方图和 LBP 纹理特征进行图像检索和分类；Aptoula[25]结合数学形态学，将融合全局形态描述符与多尺度纹理特征的新特征应用于遥感图像检索，获得了检索性能上的提升；其他的纹理特征检索方法包括 Zhu 等[26]提出的无参数纹理特征及 Bouteldja 等[27]提出的多尺度纹理特征；Shao 等[28]顾及色带间的差异信息，提出了颜色 Gabor 对抗纹理（color Gabor opponent texture，CGOT）和彩色 Gabor 小波纹理（color Gabor wavelet texture，CGWT）描述子，改进了传统纹理特征的检索效果。在形状特征检索方面，Scott 等[29]提出了一种基于形状的熵平衡位图树目标检索方法，实现了对物体准确描述并快速检索影像。

随着遥感影像越发复杂和多样，仅提取图像的全局低层视觉特征已无法满足检索的高精度需求，能准确捕获和描述图像多维视觉信息且具有局部性、不变性及稳健性等特点的局部特征得以发展。由 Lowe[30] 提出的尺度不变特征变换（scale-invariant feature transform，SIFT）特征是目前常用的一种局部特征，对图像旋转、缩放和仿射变化都具有很好的不变性，广泛应用于各种遥感问题，如影像分类、检索。Yang 等[31]首次提取影像的显著 SIFT 及密集 SIFT 特征，并进一步构建视觉词袋（bag of visual words，BoVW）[32]特征表达进行图像检索，相比全局特征，极大地提升了检索效果；Shechtman 等[33]为衡量图像间的内在相似性，提出了一种局部相似性（self-similarity，SSIM）描述子，且实验表明该特征适用于可变性的形状检索[34]；Tang 等[35]使用基于 SAR-SIFT 和基于指数加权平均比（the ratio of an exponentially weighted averages，ROEWA）的 SIFT 方法为 SAR 图像提取了两个 BoVW 特征；Dai 等[36]提出了三种不同的新光谱描述符：原始像素值、简单光谱值包（simple bag of spectral values，SBoSV）和光谱值扩展包（extended bag of spectral values，EBoSV）描述符；其他常见的局部特征包括梯度方向直方图（histogram of oriented gradients，HOG）[37]及其变体分层梯度方向直方图（pyramid histogram of oriented gradients，PHOG）[38]。

2）中层特征

图像的中层特征可理解为一种低层特征的聚合和映射，具体表现为将低层特征描述符嵌入编码特征中，自底向上地构建更抽象复杂的图像层次特征。其中，基于局部特征的图像检索得到广泛应用的视觉词袋（即 BoVW）模型最具代表性。大量研究者也陆续针对局部特征的聚类、视觉单词量化等问题展开了扩展性研究，如局部聚合描述符（vector of locally aggregated descriptors，VLAD）向量[39]及改进的费舍尔向量（improved Fisher vectors，IFV）[40]等特征聚合方法。Wu 等[41]为缓解局部特征量化为视觉单词时的信息丢失问题，提出了一种基于多样本多树结构的视觉码本方法；Aptoula 等[42]基于形态学纹理特征，提出了一种词袋形态学纹理特征；Yang 等[43]基于 BoVW 模型进行改进，提出了一种应用于大规模遥感影像检索的 BoVW 改进框架，相比原始 BoVW 得到更好的检索效果及更小的存储空间。虽然 BoVW 在图像检索任务中取得了很好的结果，但上述研究在利用 BoVW 模型时往往忽略了影像局部特征的空间信息。由此，文献[44]融合 BoVW 与空间金字塔匹配（spatial pyramid matching，SPM）模型以获取图像更多的空间信息。Penatti 等[45]则顾及视觉单词的空间分布，提出了一种更紧凑的词袋特征。

3）高层语义特征

上述的传统视觉特征和中层特征都是基于人工设计的特征，与高层语义之间仍存在着"语义鸿沟"，且应用于遥感检索效果并不好。因此，学者们采用语义概念描述图像内容的特征，并展开了基于语义特征的遥感图像检索探索与研究。Ruan 等[46]从本体论出发，提出了基于特定领域本体和知识推理的遥感图像语义检索方法；Scott 等[47]基于对象及空间关系视角，提出了一种多目标空间关系的检索方法；刘军[48]从数据挖掘的角度出发，在语义层提出并实现了基于对象分类关联模式的遥感图像语义检索。这些方法相对基于传统视觉和中层特征的图像检索方法，具有更好的检索效果，但因依赖数据本身的特征和专业知识，难以从海量数据中充分挖掘数据间的关系。

而近些年，随着人工智能的快速发展及人们对计算机视觉的热衷，视觉注意模型和深度学习逐渐成为图像处理与分析领域的研究热点，并应用于图像检索中。Bao 等[49]基于视觉注意模型提出了一种新的图论学习框架来提高图像检索性能；王星 等[50]综合利用 SIFT 算法和基于图的显著性模型（graph-based visual saliency，GBVS）提出了一种基于视觉显著点特征的遥感影像检索方法。而在早期基于深度学习的图像检索研究中，学者们多采用基于大规模图像样本预训练过的深度卷积网络模型的不同层特征来进行检索，如 AlexNet、VGGNet、GoogleNet、ResidualNet 等。Zhou 等[51]利用遥感数据集来精调（fine-tune）在 ImageNet 上预训练的 VGG 网络模型，并分析了不同层的特征应用于遥感图像检索的效果；Babenko 等[52]提出的神经元编码（neural codes）方法和 Gong 等[53]提出的多尺度无序池化卷积（multi-scale orderless pooling-convolutional neural network，MOP-CNN）特征法是早期具有代表性的图像检索研究。之后，一些研究者试图通过融合多个网络提取的特征或单个网络的不同层特征来提高图像检索效果，如 Yu 等[54]提出一种 CNN 多层融合策略来综合利用网络中不同层的特征表达能力，并设计了一种映射函数来提高图像检索效果；Alzu'Bi 等[55]提出了一种基于双线性 CNN 的特征提取器来进行图像检索。

根据现有的大量研究结果显示，卷积神经网络具有强大的学习能力及特征提取能力，且应用于图像检索时能获得良好的检索效果。但要全面运用到遥感大数据中，还存在一定的局限性：一方面，学者们难以获得网络模型训练所需的大量带标签的遥感图像数据；另一方面，网络模型训练所需的时间消耗较大。如何利用迁移学习的思想将深度学习应用到遥感领域，利用云计算技术提升网络模型的训练效率，还值得进一步研究。

3. 相似性度量

相似性度量方法依赖于提取的图像特征，面向众多不同类型和空间结构的图像特征，相似性度量方法有很多种定义。常用的距离度量方法有很多种，如闵可夫斯基距离（Minkowski distance）、欧氏距离（Euclidean distance）、马氏距离（Mahalanobis distance）、切比雪夫距离（Chebyshev distance）、曼哈顿距离（Manhattan distance）等。Rubner[56]提出了一种推土机距离（Earth mover's distance，EMD），主要用于求某一特征空间里两个多维分布的相似性，所以应用于图像检索领域时，需要将图像特征向量化并转为分布的形式。Le 等[57]采用 EMD 计算基于均值 SIFT 的聚类算法提取的图像颜色特征的图像相似性。汉明距离（Hamming distance）是近些年较为常用的一种距离度量方法，基本用于度量哈希编码的图像特征间的图像相似性[58]。Zhang 等[59]就针对传统汉明距离存在的距离度量模糊性问题，提出了一种对二进制哈希码进行排序的加权汉明距离排序算法。

但这些距离度量方法难以适用于大规模数据的检索计算。为此，部分学者便试图通过学习样本间的距离关系来挖掘出新的距离度量方法，即距离度量学习。目前，许多研究已证明经过学习的度量方法可以显著提高检索任务的性能[60]。Davis 等[61]基于信息论提出了一种学习马氏距离函数的基于信息理论的度量学习（information-theoretic metric learning，ITML），然后基于此方法，扩展了低秩约束来学习高维低秩度量矩阵[62]；Qi 等[63]基于 l_1 惩罚对数行列式正则化提出了一种在高维空间中有效的稀疏度量学习算法；Yang 等[64]提出了一个用于距离度量学习的贝叶斯框架，该框架从标记的成对约束中估计距离度量的后验分布。

很多学者也研究了基于深度学习的度量学习方法，主要有基于 Siamese 网络和基于 Triplet 网络的度量学习方法[65-67]。近些年的一个重要研究方向就是如何改进训练样本组的构造，如Song[68]提出直接利用批量样本中各样本间的关系计算 Triplet loss；Sohn[69]构造了一种 multi-class n-pair loss，直接计算 n 个样本的损失函数。

4. 相关反馈

相关反馈（relevance feedback，RF）是人工交互式检索策略，旨在通过学习用户的检索意图，提高检索系统的自适应性并有效地建立图像低层特征与高层语义间的关联。

Laaksonen 等[70]提出一种基于自组织图（self-organising maps，SOMs）的相关反馈机制，并用于图像内容检索；Jadhav 等[71]综述了基于内容检索的相关反馈研究现状，详细讨论了各种相关反馈技术和相关反馈中存在的问题；Su 等[72]基于发现的导航模式和三种查询细化策略，提出了一种新的基于导航模式的相关反馈（navigation-pattern-based relevance feedback，NPRF）方法，以实现基于内容的图像检索技术对大规模图像数据的高效处理；郭士会等[73]提出了一种基于模糊语义相关矩阵（fuzzy semantic relevance maxtrix，FS-RM）的相关反馈算法，旨在通过用户对检索结果的反馈来调整模糊语义相关矩阵的权值，并实现低层视觉特征向高层语义特征过渡；Demir 等[74]基于支持向量机（support vector machine，SVM）框架，提出了一种新的主动学习方法来驱动 RF 用于大型档案库的遥感图像检索。

1.4 遥感大数据检索的趋势

在科技快速发展的时代，遥感大数据的管理与分析正逐步向自动化、智能化发展。遥感大数据多源异构、多尺度、海量等特性奠定了遥感大数据存在冗余性和相似性，这迫使人类不断发展新技术，以充分利用这些冗余信息来挖掘分析遥感图像的语义信息，进而有效地提高检索效率。而根据目前的发展情况来看，发展知识驱动的检索方法是遥感大数据检索的主要趋势。

（1）从单一原子检索到场景检索服务链。遥感大数据多源异构、数据海量的特性使得遥感图像数据内容多样化，不存在单一或明显的主题信息[8]。而遥感大数据应用领域广泛，在工业、农业、生态环境监测、灾害应急、民生经济等各个方面都有所涉及，数据的应用场景颇多。因此，为实现多源异质数据的高效检索，需以海量、多类型的遥感数据及其语义特征提取、场景识别等为基础，结合不同类型数据的特点，建立符合用户需求的场景检索服务链[75]，而不是满足于单一的检索功能。图 1.3是一个洪水淹没分析抽象服务链模型，所需数据为固定场景的涨水和退水影像数据。

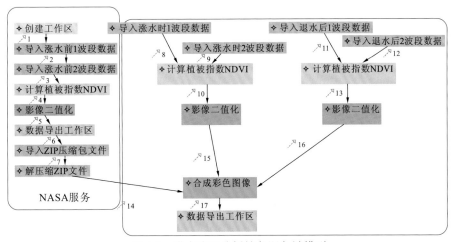

图 1.3   洪水淹没分析抽象服务链模型

NDVI：normalized difference vegetation index，归一化差分植被指数

（2）从单一数据源到多源复杂场景的智能检索系统。在遥感技术快速发展的大环境下，遥感数据获取平台众多，对应的数据类型也不同，如全色、多光谱、高光谱、红外、合成孔径雷达（SAR）、激光雷达（LiDAR）等。而随互联网技术、云计算等新兴技术发展，构建多源数据集成的遥感大数据智能检索系统是大势所趋，如实现不同数据源间的相互检索、文本到图像的检索、语音到图像的检索等[76,77]。如此，系统可根据用户给定的文本描述、场景图像等待检索信息，在多源海量遥感数据库中快速检索及返回用户所感兴趣的场景图像。

（3）融入用户感知信息的知识更新方法。人类对外界事物的感知是不断变化的，所以为满足人类视觉感知变化的需求和提高智能检索系统的自适应能力，使用有效的技术与手段（如相关反馈）将人类感知信息融入检索系统中，模拟人类对图像的感知能力并提升系统学习的自主性是实现遥感大数据检索智能化的有效措施[78]。

（4）从离线检索到遥感大数据在线实时检索。遥感大数据给人们带来了海量的数据资源，但同时也给遥感大数据检索的数据管理和相关计算带来了挑战。目前，基于文本的遥感大数据检索已逐步走向在线实时化，如"四维地球""卫星云遥"系统等。基于内容的遥感大数据检索技术还处于发展阶段，投入实际应用还为时尚早。但在快速发展的云计算、互联网、5G、大数据、人工智能等科学技术推动下，为更好地实现数据共享并提供更优质的在线服务，发展遥感大数据在线实时检索是必然趋势。

参 考 文 献

[1] 李德仁. 我国测绘遥感技术发展的回顾与展望[J]. 中国测绘, 2019(2): 24-27.

[2] 童庆禧, 孟庆岩, 杨杭. 遥感技术发展历程与未来展望[J]. 城市与减灾, 2018, 123(6): 6-15.

[3] 朱建章, 石强, 陈凤娥, 等. 遥感大数据研究现状与发展趋势[J]. 中国图象图形学报, 2016, 21(11): 1425-1439.

[4] 张兵. 遥感大数据时代与智能信息提取[J]. 武汉大学学报(信息科学版), 2018, 43(12): 1861-1871.

[5] 李聪仁. 基于Geotrellis的遥感影像数据存储与检索模型设计与实现[D]. 昆明: 云南师范大学, 2018.

[6] 夏丽丽. 基于分形理论的高光谱图像压缩算法的研究[J]. 计算机与数字工程, 2011, 39(9): 132-135.

[7] 何国金, 王力哲, 马艳, 等. 对地观测大数据处理: 挑战与思考[J]. 科学通报, 2015, 60(Z1): 470-478.

[8] 孙阳, 唐出贤, 王东. 大数据及其科学问题与方法分析[J]. 信息通信, 2017(4): 157-158.

[9] 王猛, 张明. 基于内容的图像检索中多维索引技术研究[J]. 现代计算机(专业版), 2010(5):

78-80, 93.

[10] 张男. 基于内容的光学遥感图像检索关键技术研究[D]. 长沙: 国防科学技术大学, 2008.

[11] AGOURIS P, STEFANIDIS A. Intelligent image retrieval from large databases using shape and topology[C] // Proceedings 1998 International Conference on Image Processing. IEEE, 1998, 2: 779-783.

[12] AGOURIS P, CARSWELL J, STEFANIDIS A. An environment for content-based image retrieval from large spatial databases[J]. ISPRS Journal of Photogrammetry and Remote Sensing, 1999, 54(4): 263-272.

[13] ZHU B, RAMSEY M, CHEN H. Creating a large-scale content-based airphoto image digital library[J]. IEEE Transactions on Image Processing, 2000, 9(1): 163-167.

[14] MANJUNATH B S, MA W Y. Browsing large satellite and aerial photographs[C] // Proceedings of 3rd IEEE International Conference on Image Processing. IEEE, 1996, 2: 765-768.

[15] 季艳, 鲁克文, 张英慧. 海量遥感数据分布式集群化存储技术研究[J]. 计算机科学与探索, 2017, 11(9): 1398-1404.

[16] 吴华意, 成洪权, 郑杰, 等. RS-ODMS: 一种分布式遥感数据在线管理与服务框架[J/OL]. 武汉大学学报(信息科学版): 1-13[2020-08-11]. https://doi.org/10.13203/j.whugis20200198.

[17] ZHAO Y, YUAN B. Image compression using eventually contractive IFS[J]. IEEE Transactions on Image Processing, 2000: 1033-1036.

[18] 杨璟. 基于分形技术的遥感图像压缩方法研究[D]. 哈尔滨: 哈尔滨工业大学, 2005.

[19] REMIAS E, SHEIKHOLESLAMI G, ZHANG A. Block-oriented image decomposition and retrieval in image database systems[C] // Proceedings of International Workshop on Multimedia Database Management Systems. IEEE, 1996: 85-92.

[20] BOSILJ P, APTOULA E, LEFÈVRE S, et al. Retrieval of remote sensing images with pattern spectra descriptors[J]. International Journal of Geo-Information, 2016, 5(12): 228.

[21] SEBAI H, KOURGLI A. Improving high resolution satellite images retrieval using color component features[C] // International Conference on Image Analysis and Processing. Berlin: Springer, Cham, 2015: 264-275.

[22] SEBAI H, KOURGLI A, SERIR A. Dual-tree complex wavelet transform applied on color descriptors for remote-sensed images retrieval[J]. Journal of Applied Remote Sensing, 2015, 9(1): 95994.

[23] 陆丽珍, 刘仁义, 刘南. 一种融合颜色和纹理特征的遥感图像检索方法[J]. 中国图象图形学报, 2004, 9(3): 328-333.

[24] LIU P, GUO J M, CHAMNONGTHAI K, et al. Fusion of color histogram and LBP-based features for texture image retrieval and classification[J]. Information Sciences, 2017, 390: 95-111.

[25] APTOULA E. Remote sensing image retrieval with global morphological texture descriptors[J].

IEEE Transactions on Geoscience and Remote Sensing, 2014, 52(5): 3023-3034.

[26] ZHU X, SHAO Z. Using no-parameter statistic features for texture image retrieval[J]. Sensor Review, 2011, 31(2): 144-153.

[27] BOUTELDJA S, KOURGLI A. Multiscale texture features for the retrieval of high resolution satellite images[C]// 2015 International Conference on Systems, Signals and Image Processing. IEEE, 2015: 170-173.

[28] SHAO Z, ZHOU W, ZHANG L, et al. Improved color texture descriptors for remote sensing image retrieval[J]. Journal of Applied Remote Sensing, 2014, 8(1): 83584.

[29] SCOTT G J, KLARIC M N, DAVIS C H, et al. Entropy-balanced bitmap tree for shape-based object retrieval from large-scale satellite imagery databases[J]. IEEE Transactions on Geoscience and Remote Sensing, 2011, 49(5): 1603-1616.

[30] LOWE D G. Distinctive image features from scale-invariant keypoints[J]. International Journal of Computer Vision, 2004, 60(2): 91-110.

[31] YANG Y, NEWSAM S. Geographic image retrieval using local invariant features[J]. IEEE Transactions on Geoscience and Remote Sensing, 2013, 51(2): 818-832.

[32] SIVIC J, ZISSERMAN A. Video Google: A text retrieval approach to object matching in videos[C]// Proceedings of the 9th International Conference on Computer Vision. IEEE, 2003: 1470-1478.

[33] SHECHTMAN E, IRANI M. Matching local self-similarities across images and videos[C]// 2007 IEEE Conference on Computer Vision and Pattern Recognition. IEEE, 2007: 1-8.

[34] CHATFIELD K, PHILBIN J, ZISSERMAN A. Efficient retrieval of deformable shape classes using local self-similarities[C]// 2009 IEEE 12th International Conference on Computer Vision Workshops. IEEE, 2009: 264-271.

[35] TANG X, JIAO L. Fusion similarity-based reranking for SAR image retrieval[J]. IEEE Geoscience and Remote Sensing Letters, 2016, 14(2): 242-246.

[36] DAI O E, DEMIR B, SANKUR B, et al. A novel system for content-based retrieval of single and multi-label high-dimensional remote sensing images[J]. IEEE Journal of Selected Topics in Applied Earth Observations and Remote Sensing, 2018, 11(7): 2473-2490.

[37] DALAL N, TRIGGS B. Histograms of oriented gradients for human detection[C]// 2005 IEEE computer society conference on computer vision and pattern recognition. IEEE, 2005, 1: 886-893.

[38] BOSCH A, ZISSERMAN A, MUNOZ X. Representing shape with a spatial pyramid kernel[C]// Proceedings of the 6th ACM International Conference on Image and Video Retrieval, 2007: 401-408.

[39] JÉGOU H, DOUZE M, SCHMID C, et al. Aggregating local descriptors into a compact image representation[C]// 2010 IEEE Computer Society Conference on Computer Vision and Pattern

Recognition. IEEE, 2010: 3304-3311.

[40] PERRONNIN F, SÁNCHEZ J, MENSINK T. Improving the fisher kernel for large-scale image classification[C] // European Conference on Computer Vision. Berlin: Springer, 2010: 143-156.

[41] WU Z, KE Q, SUN J, et al. A multi-sample, multi-tree approach to bag-of-words image representation for image retrieval[C] // 2009 IEEE 12th International Conference on Computer Vision. IEEE, 2009: 1992-1999.

[42] APTOULA E. Bag of morphological words for content-based geographical retrieval[C] // 2014 12th International Workshop on Content-Based Multimedia Indexing. IEEE, 2014: 1-5.

[43] YANG J, LIU J, DAI Q. An improved bag-of-words framework for remote sensing image retrieval in large-scale image databases[J]. International Journal of Digital Earth, 2015, 8(4): 273-292.

[44] LAZEBNIK S, SCHMID C, PONCE J. Beyond bags of features: Spatial pyramid matching for recognizing natural scene categories[C] // 2006 IEEE Computer Society Conference on Computer Vision and Pattern Recognition. IEEE, 2006, 2: 2169-2178.

[45] PENATTI O A B, SILVA F B, VALLE E, et al. Visual word spatial arrangement for image retrieval and classification[J]. Pattern Recognition, 2014, 47(2): 705-720.

[46] RUAN N, HUANG N, HONG W. Semantic-based image retrieval in remote sensing archive: An ontology approach[C] // 2006 IEEE International Symposium on Geoscience and Remote Sensing. IEEE, 2006: 2903-2906.

[47] SCOTT G, KLARIC M, SHYU C. Modeling Multi-object Spatial Relationships for Satellite Image Database Indexing and Retrieval[C] // International Conference on Image and Video Retrieval, Berlin, Heidelberg, 2005. Berlin: Springer.

[48] 刘军. 基于关联规则数据挖掘的遥感影像检索[D]. 武汉: 武汉大学, 2012.

[49] BAO H, FENG S H, XU D, et al. A novel saliency-based graph learning framework with application to CBIR[J]. IEICE Transactions on Information and Systems, 2011, 94(6): 1353-1356.

[50] 王星, 邵振峰. 基于视觉显著点特征的遥感影像检索方法[J]. 测绘科学, 2014, 39(4): 34-38.

[51] ZHOU W, NEWSAM S, LI C, et al. Learning low dimensional convolutional neural networks for high-resolution remote sensing image retrieval[J]. Remote Sensing, 2017, 9(5): 489.

[52] BABENKO A, SLESAREV A, CHIGORIN A, et al. Neural codes for image retrieval[C] // European Conference on Computer Vision. Springer, Cham, 2014: 584-599.

[53] GONG Y, WANG L, GUO R, et al. Multi-scale orderless pooling of deep convolutional activation features[C] // European Conference on Computer Vision. Springer, Cham, 2014: 392-407.

[54] YU W, YANG K, YAO H, et al. Exploiting the complementary strengths of multi-layer CNN features for image retrieval[J]. Neurocomputing, 2017, 237: 235-241.

[55] ALZU'BI A, AMIRA A, RAMZAN N. Content-based image retrieval with compact deep convolutional features[J]. Neurocomputing, 2017, 249: 95-105.

[56] RUBNER Y, TOMASI C, GUIBAS L J. The earth mover's distance as a metric for image retrieval[J]. International Journal of Computer Vision, 2000, 40(2): 99-121.

[57] LE T M, VAN T T. Image retrieval system base on EMD similarity measure and S-tree[J]. Lecture Notes in Electrical Engineering, 2013, 234:139-146.

[58] BOOKSTEIN A, KULYUKIN V A, RAITA T. Generalized hamming distance[J]. Information Retrieval, 2002, 5(4): 353-375.

[59] ZHANG L, ZHANG Y, TANG J, et al. Binary code ranking with weighted hamming distance[C]// Proceedings of the IEEE Conference on Computer Vision and Pattern Recognition, 2013: 1586-1593.

[60] YANG L. Distance metric learning: A comprehensive survey[D]. Lansing: Michigan State Universiy, 2006.

[61] DAVIS J V, KULIS B, JAIN P, et al. Information-theoretic metric learning[C]// Proceedings of the 24th International Conference on Machine Learning, 2007: 209-216.

[62] DAVIS J V, DHILLON I S. Structured metric learning for high dimensional problems[C]// Proceedings of the 14th ACM SIGKDD International Conference on Knowledge Discovery and Data Mining, 2008: 195-203.

[63] QI G J, TANG J, ZHA Z J, et al. An efficient sparse metric learning in high-dimensional space via l1-penalized log-determinant regularization[C]// Proceedings of the 26th Annual International Conference on Machine Learning, 2009: 841-848.

[64] YANG L, JIN R, SUKTHANKAR R. Bayesian active distance metric learning[J]. Proceedings of the 23th Conference on Uncertainty in Artificial Intelligence. Vancourer, Canada, 2007: 442-449.

[65] ONG E J, HUSAIN S, BOBER M. Siamese network of deep fisher-vector descriptors for image retrieval[J/OL]. arXiv:1702.00338[cs.CV]: 1-12[2017-02-01].

[66] CAO R, ZHANG Q, ZHU J, et al. Enhancing remote sensing image retrieval with triplet deep metric learning network[J]. International Journal of Remote Sensing, 2020, 41(2): 740-751.

[67] HOFFER E, AILON N. Deep metric learning using triplet network[C]// International Workshop on Similarity-Based Pattern Recognition. Berlin: Springer, Cham, 2015: 84-92.

[68] SONG H, XIANG Y, JEGELKA S, et al. Deep metric learning via lifted structured feature embedding[C]// Proceedings of the IEEE Conference on Computer Vision and Pattern Recognition, 2016: 4004-4012.

[69] SOHN K. Improved deep metric learning with multi-class n-pair loss objective[C]// Advances in Neural Information Processing Systems, 2016: 1857-1865.

[70] LAAKSONEN J, KOSKELA M, LAAKSO S, et al. Self-organising maps as a relevance

feedback technique in content-based image retrieval[J]. Pattern Analysis & Applications, 2001, 4(2-3): 140-152.

[71] JADHAV M S S, PATIL M S. Relevance feedback in content based image retrieval[J]. Journal of Applied Computer Science & Mathematics, 2011, 5(10): 40-47.

[72] SU J H, HUANG W J, YU P S, et al. Efficient relevance feedback for content-based image retrieval by mining user navigation patterns[J]. IEEE Transactions on Knowledge & Data Engineering, 2011, 23(3): 360-372.

[73] 郭士会, 杨明, 王晓芳, 等. 基于 FSRM 的相关反馈图像检索算法[J]. 计算机科学, 2012, 39(B06): 540-542.

[74] DEMIR B, BRUZZONE L. A novel active learning method in relevance feedback for content-based remote sensing image retrieval[J]. IEEE Transactions on Geoence & Remote Sensing, 2015, 53(5): 2323-2334.

[75] 李德仁, 张良培, 夏桂松. 遥感大数据自动分析与数据挖掘[J]. 测绘学报, 2014, 43(12): 1211-1216.

[76] CHAUDHURI U, BANERJEE B, BHATTACHARYA A, et al. Cmir-net: A deep learning based model for cross-modal retrieval in remote sensing[J]. Pattern Recognition Letters, 2020, 131: 456-462.

[77] CHEN Y, LU X, WANG S. Deep cross-modal image-voice retrieval in remote sensing[J]. IEEE Transactions on Geoscience and Remote Sensing, 2020, 58(10):7049-7061.

[78] 王瑾. 遥感大数据特点及其相关技术分析[J]. 四川水泥, 2018(12): 187.

第2章 遥感大数据检索涉及的关键技术

遥感大数据检索是综合了信息检索、图像处理、人工智能、计算机视觉、机器学习和数据库等诸多学科的一种大数据智能管理技术。本章将介绍遥感大数据的特征描述方法，包括传统视觉特征和深度学习特征，在此基础上，总结遥感大数据的特征匹配方法，并给出遥感大数据检索的评价方法。

2.1 遥感大数据的特征描述

特征是遥感大数据检索的前提，特征选择和特征描述方法的合理与否直接影响最终的检索准确率。

传统的遥感大数据检索方法大多依赖于人工设计的低层视觉特征，如颜色特征、纹理特征、形状特征等，这些特征需要研究人员利用专业知识设计相应的特征描述方法，进而对不同的遥感数据进行描述，因此这类特征属于手工特征的范畴。近些年，兴起于机器学习领域的深度学习技术通过构造多层网络结构对影像内容进行逐级特征表达，进而能够挖掘数据中包含的隐含特征模式，实现特征的自动学习，一定程度上解决了传统的遥感数据特征提取过分依赖人工设计的问题。

2.1.1 传统视觉特征描述

1. 基于颜色特征的图像检索

颜色特征是图像检索中最基本的特征之一，与其他的视觉特征相比较而言，颜色特征受图像本身的形变和视角等方面的影响较小，并且其特征的提取也相对容易。因此，人们对于颜色特征方面的研究比较重视。大体上颜色特征可以分为两种类型：全局特征和局部特征。

首先，在基于全局颜色特征的方法中，颜色或灰度直方图是目前比较常用的特征描述方法[1]。但该方法只能描述图像中颜色的频率分布信息，图像中颜色的空间分布信息却容易被忽略，虽然具有一定的旋转不变性，但是往往会出现两幅完全不同的图像具有相同的颜色直方图的现象。因此，此方法可以进一步细化处理，通过对图像进行分块，然后针对每一子块分别进行颜色直方图统计，生成多维的颜色直方图特征向量或矩阵，以此来描述图像的颜色特征[2]，如 Yue 等[3]就发现采用 3 分块的方法有着不错的效果，但是这样将会损失图像特征的旋转不变性。因此，采用描述全局特征的颜色直方图方法进行检索，仍有许多难题尚需解决，实践中可将它作为特征组合中的一种，增强其他特征提取方法对颜色的敏感性，辅助其他特征进行图像检索。

其次，在采用局部颜色特征进行检索时，往往是针对局部区域采用平均主色、直方图、二进制色彩集等方法来描述颜色特征。Liu 等[4]采用颜色差异直方图的方法，针对图像中细部的像素和边缘颜色差异进行直方图特征的建立。林丽惠等[5]和王向阳等[6]根据用户感兴趣区域将图像进行分块，突出图像中的主体部分，增强了特征矢量的鲁棒性。陈景伟等[7]采用 Canny 算子提取边缘特征，再对边缘统计颜色直方图以描述边缘局部的颜色特征，并应用该特征进行图像检索。史变霞等[8]提出了基于 HSV 颜色空间的数据库查询算法，首先用颜色矩进行粗筛选，缩小检索范围，然后再利用局部分块的方法进行二次检索，提高了检索的精确度和效率。

2. 基于纹理特征的图像检索

纹理特征是一种反映图像局部结构化的特征，一般为统计和描述图像中颜色或者灰度的变化及空间分布方式。基于纹理特征的图像检索方法可分为空间域纹理特征和频率域纹理特征两种。

在空间域提取和描述纹理特征的方法中，目前比较流行的有基于灰度共生矩阵的纹理检索方法，如 Liu 等[9]提出采用纹理共生矩阵来描述图像的纹理特征。还可以采用基元共生矩阵将图像中像元的分布方式进行统计，Lin 等[10]采用一种基元灰度共生矩阵，通过特定的方式，记录空间中每个像素点周围 4 个 2×2 窗口中灰度值由小到大的遍历方式的数量（共 7 种），然后生成相应的 7×7 共生矩阵来描述图像的纹理分布信息，最终利用该共生矩阵进行检索。此外，还有基于局部二值模式的方法。这种方法的优势在于易于改进，目前该领域中已有多种基于 LBP 的改进算法[11-14]，有针对旋转不变性改进的，也有针对感兴趣区域改进的，这些改进的方法在人脸识别、医学图像及图像检索方面有着广泛的应用。

在频率域中，随着在图像处理技术中的广泛应用，小波变换也开始成为建立图像索引和提取图像纹理特征的方法。如基于小波变换和分解，利用游程长度矩阵思想的方法[15]。此外，利用 Gabor 滤波函数多方向多尺度提取图像特征的方法[16-18]应用也十分广泛，它能够根据一幅图像生成多尺度和多方向的特征，并形成相应的特征向量。还有基于对数极坐标空间的 log-Gabor 小波滤波器[19]，能够在比 Gabor 滤波器效率高的情况下得到更好的结果。此外，基于旋转不变纹理特征进行渐进检索的方法[20, 21]中，将 log-Gabor 作为预处理进行相应的纹理特征提取，能够得到很好的检索结果。

3. 基于形状特征的图像检索

形状特征往往与对象分割相结合，含有一定程度的语义信息，一般分为轮廓特征和区域特征两种描述方式。相对于颜色或纹理等低层特征而言，形状特征属于影像的中间层特征，是描述高层视觉特征（如目标、对象）的重要手段，但由于物体形状的自动获取比较困难，基于形状特征的图像检索一般仅限于容易识别的物体。而由于城市遥感影像包含的地物种类繁多，且同种地物形式多样，例如建筑物的轮廓存在矩形、圆形、多边形等多种形状，限制了形状特征在遥感影像检索中的应用。

基于形状特征的影像检索需要解决三个问题：首先，形状通常与特定目标有关，包含一定的语义信息；其次，对目标形状参数的获取一般要依赖于影像分割的效果；再次，需要保证形状特征不受影像平移、旋转、缩放等变换的影响。常用的形状特征描述方法包括 Freeman 链码、Hu 不变矩、Zernike 矩等。

4. 基于组合特征的图像检索

采用单一特征的检索方法往往不能很好地描述图像具有的各方面特征。因此，通过将各种特征进行相应的组合，能够对图像进行更为全面的特征描述。实践中，通常采用两种或者两种以上特征构建组合特征，而针对不同的问题，组合中的参数也可有所不同。一般情况下，都是采用对不同特征和方法赋以相应的权值，融合后获得一个新的相似度，再通过阈值设置来进行检索[22-27]。

2.1.2　深度学习特征描述

Hinton 等[28]在 2006 年提出通过"逐层初始化"算法来训练深层网络，促进了深度学习技术的快速发展，使其逐渐成为一个极具潜力的研究热点，并广泛应用于解决图像的精确识别等问题。不同于传统的人工设计特征，深度学习通过构建层次化的网络结构，对图像进行逐级特征表达，可以从大量数据中学习用于识别的特征模式[29]。其中自编码器和卷积神经网络是两种常用的深度学习方法。

1. 自编码器

无监督特征学习方法能从大量的无标注数据中自动学习影像特征，对于缺少标注数据的遥感领域来说这是其一大优势，常用的无监督特征学习方法包括稀疏编码（sparse coding）、自编码（auto-encoder）及基于自编码的改进方法，包括降噪自编码（denoising auto-encoder，DAE）、收缩自编码（contractive auto-encoder，CAE）等。无监督的特征学习方法在遥感影像检索中应用较多，例如 Li 等[30]通过无监督的特征学习与联合度量融合方法实现了基于内容的遥感影像检索；Wang 等[31]提出了基于图的三层特征学习方法用于影像检索；张洪群等[32]基于稀疏自编码在大量未标注的遥感影像上进行特征学习得到特征字典，并利用学习的特征字典通过卷积和池化的方式得到影像的特征图，实现了无监督的特征学习；Tang 等[33]

利用卷积自编码器进行特征学习，并结合视觉词袋模型对学习的特征进行编码处理实现了高分辨率遥感影像检索；Zhou 等[34]提出了 SIFT 自编码网络用于高分辨率遥感影像检索，取得了比像素自编码器更好的检索性能。

相比传统人工设计的低层特征，以自编码器为代表的无监督特征学习方法不仅能从无标注数据中直接学习特征，而且能有效地改善检索结果。然而，这些无监督的特征学习模型大多是浅层的神经网络，容易导致模型学习的特征区分度低，最终造成检索性能相较传统的基于人工设计特征的检索方法提升不高。

2. 卷积神经网络

卷积神经网络（CNN）是一种有监督的深度学习方法，能够学习更高层次的图像特征，被认为是图像识别领域最成功的一种深度学习模型。

由于训练 CNN 通常需要大量的标注数据，在实际应用中往往通过特征迁移方法来解决标注样本不足的问题。其中，特征迁移的过程一般分为两个阶段，首先是将 ImageNet 训练的 CNN 视为特征提取器，然后用目标数据集对预训练的 CNN 进行微调。Penatti 等[35]探索了将 CNN 迁移到遥感图像的可行性，实验结果表明 CNN 学习的特征泛化能力强，能够应用到不同领域；葛芸等[36]提取预训练的网络中不同层次的输出值作为高层特征，然后采用欧氏距离作为相似性度量方法进行遥感图像检索；Napoletano[37]利用预训练的 CNN 从全连接层提取图像特征用于检索，在两个标准数据集上与传统的人工设计特征进行了比较，实验结果证明 CNN 提取的特征取得了更好的检索结果；Ye 等[38]利用微调的 CNN 进行特征提取，并基于加权距离进行相似性度量，提出了一种简单、有效的遥感图像检索方法；Zhou 等[39]则基于预训练的 CNN 网络提出了低维的卷积神经网络结构，不仅待学习的参数更少，而且可以直接学习低维的图像特征。

2.2　遥感大数据的特征匹配

特征匹配的目的是定量比较查询图像和图像库中图像的特征向量的差异，进而衡量图像的相似度。相似度准则一般是以衡量特征向量之间的距离为基础，假设 $x = (x_1, x_2, \cdots, x_n)$ 和 $y = (y_1, y_2, \cdots, y_n)$ 分别代表两个任意 n 维特征向量，以下为可以采用的一些距离度量函数。

2.2.1　Minkowski 距离

Minkowski 距离是基于 L_p 范数定义的，其表达式为

$$L_p(x,y) = \left(\sum_{i=1}^{n} |x_i - y_i|^p \right)^{\frac{1}{p}} \tag{2.1}$$

当 $p=1$ 时，$L_1(x,y)$ 为曼哈顿距离，其表达式为

$$L_1(x,y) = \sum_{i=1}^{n} |x_i - y_i| \tag{2.2}$$

当 $p=2$ 时，$L_2(x,y)$ 为欧氏距离，其表达式为

$$L_2(x,y) = \left(\sum_{i=1}^{n} (x_i - y_i)^2 \right)^{\frac{1}{2}} \tag{2.3}$$

当 $p \to \infty$ 时，$L_\infty(x,y)$ 为切比雪夫距离，其表达式为

$$L_\infty(x,y) = \lim_{p \to \infty} \left(\sum_{i=1}^{n} |x_i - y_i|^p \right)^{\frac{1}{p}} = \max |x_i - y_i| \tag{2.4}$$

2.2.2　直方图相交

直方图相交具备简单快速的特点，并能够较好地抑制背景的影响，其数学表达式为

$$d(x,y) = 1 - \sum_{i=1}^{n} \min(x_i, y_i) \tag{2.5}$$

上式还可进一步进行归一化处理，具体表达式如下：

$$d(x,y) = 1 - \frac{\sum_{i=1}^{n} \min(x_i, y_i)}{\min \left(\sum_{i=1}^{n} x_i, \sum_{i=1}^{n} y_i \right)} \tag{2.6}$$

2.2.3　KL 散度和 Jeffrey 散度

KL 散度用于计算两个概率分布之间的差异程度，其表达式为

$$d(x,y) = \sum_{i=1}^{n} x_i \ln \frac{x_i}{y_i} \tag{2.7}$$

式中：$x_i \geq 0$，$y_i \geq 0$，且 $\sum_{i=1}^{n} x_i = 1$，$\sum_{i=1}^{n} y_i = 1$。KL 散度的缺陷在于其不具备对称性，并且对直方图柱值数敏感。鉴于此，进一步提出了改进的 Jeffrey 散度，不但具备了对称性，且对于噪声及直方图柱值数均具有一定程度的鲁棒性，其表达式为

$$d(x,y) = \sum_{i=1}^{n} \left(x_i \ln \frac{x_i}{m_i} + y_i \ln \frac{y_i}{m_i} \right) \tag{2.8}$$

$$m_i = \frac{x_i + y_i}{2} \qquad (2.9)$$

2.2.4 χ^2 距离

χ^2 距离又称卡方距离，其数学表达式为

$$d(x,y) = \sum_{i=1}^{n} \frac{(x_i - y_i)^2}{2(x_i + y_i)} \qquad (2.10)$$

卡方距离的计算简单快速，并且能够消除不同维度特征值之间的量纲差异，因此在图像检索中有着广泛的应用。

2.3 遥感大数据检索的评价方法

为了比较遥感大数据检索方法的性能，需要采用一些具体的评价指标，如查准率与查全率、排序值评测、ANMRR 等。

2.3.1 查准率与查全率

查准率（precision）和查全率（recall），是遥感大数据检索中广泛应用的一种评价准则。查准率是指在一次检索过程中，所有返回影像中与输入影像正确相关的影像所占的比例；查全率是指所有返回影像中正确相关影像占图像库中所有正确影像的比例。查准率和查全率越高，说明检索算法的性能越好。

2.3.2 排序值评测

部分学者通过比较正确相关影像在返回影像序列中的排序值，提出了排序值评测法，排序值越靠前，说明检索性能越好。设 q 是输入的查询影像，$g_1, g_2, \cdots, g_n$ 是影像库中与查询影像 q 正确相关的影像，$\text{rank}(g_i)$ 为图像 $g_i(i=1,2,\cdots,n)$ 在所有返回影像序列中的排序值，计算 $r = \frac{1}{n}\sum_{i=1}^{n}\text{rank}(g_i)$ 和 $p = \frac{1}{n}\sum_{i=1}^{n}\frac{i}{\text{rank}(g_i)}$，指标 r 反映了正确相关影像在所有返回图像中的排序值的平均值，值越小，说明正确影像越靠前，检索算法的性能越高；指标 p 反映了正确影像与排序位置的紧密程度，该值越大，说明检索算法的性能越高，在最理想的情况下，即所有正确相关图像均排在返回序列的最前面时，其值为 1。

2.3.3 平均归一化检索秩

平均归一化检索秩（average normalized modified retrieval rank，ANMRR）是 MPEG-7 标准推荐的一种评判准则。设 $N(q_i), i = 1, 2, \cdots, Q$ 表示图像库中与某一图像 q_i 正确相关的所有图像的数量，$M = \max\{N(q_1), N(q_2), \cdots, N(q_Q)\}$，$K = \min\{4N(q_i), 2M\}$，检索返回结果图像序列中正确相关图像在排序中所处的位置为

$$\text{rank}(k) = \begin{cases} k, & k \leqslant K \\ K+1, & k > K \end{cases} \tag{2.11}$$

ANMRR 定义为

$$\text{ANMRR} = \frac{1}{Q} \sum_{i=1}^{Q} \frac{\sum_{k=1}^{N(q_i)} \frac{\text{rank}(k)}{N(q_i)} - 0.5 - 0.5N(q_i)}{K + 0.5 - 0.5N(q_i)} \tag{2.12}$$

ANMRR 的值越小，说明检索算法的性能越高。

参 考 文 献

[1] 叶志伟, 夏彬, 周欣, 等. 一种改进的基于颜色直方图的图像检索算法[J]. 吉首大学学报(自然科学版), 2009, 30(5): 45-48.

[2] 姜兰池, 沈国强, 张国煊. 基于 HSV 分块颜色直方图的图像检索算法[J]. 机电工程, 2009, 26(11): 54-57.

[3] YUE J, LI Z, LIU L, et al. Content-based image retrieval using color and texture fused features[J]. Mathematical and Computer Modelling, 2011, 54(3): 1121-1127.

[4] LIU G H, ZHANG L, HOU Y K, et al. Image retrieval based on multi-texton histogram[J]. Pattern Recognition, 2010, 43(7): 2380-2389.

[5] 林丽惠, 杨升. 一种基于局部颜色特征的图像检索方法[J]. 重庆工学院学报(自然科学版), 2009, 23(7): 142-145.

[6] 王向阳, 杨红颖, 郑宏亮, 等. 基于视觉权值的分块颜色直方图图像检索算法[J]. 自动化学报, 2010, 36(10): 1489-1492.

[7] 陈景伟, 王向阳, 于永健. 基于边缘直方图的彩色图像检索算法研究[J]. 小型微型计算机系统, 2010(5): 978-983.

[8] 史变霞, 张明新, 乔小妮, 等. 基于颜色特征的图像检索方法[J]. 微电子学与计算机, 2010, 27(4): 158-161.

[9] LIU G H, YANG J Y. Image retrieval based on the texton co-occurrence matrix[J]. Pattern Recognition, 2008, 41(12): 3521-3527.

[10] LIN C H, CHEN R T, CHAN Y K. A smart content-based image retrieval system based on color and texture feature[J]. Image and Vision Computing, 2009, 27(6): 658-665.

[11] OJALA T, PIETIKAINEN M, MAENPAA T. Multiresolution gray-scale and rotation invariant texture classification with local binary patterns[J]. IEEE Transactions on Pattern Analysis and Machine Intelligence, 2002, 24(7): 971-987.

[12] GUO Z, ZHANG L, ZHANG D. Rotation invariant texture classification using LBP variance(LBPV)with global matching[J]. Pattern Recognition, 2010, 43(3): 706-719.

[13] HEIKKILÄ M, PIETIKÄINEN M, SCHMID C. Description of interest regions with local binary patterns[J]. Pattern Recognition, 2009, 42(3): 425-436.

[14] 孙君顶, 毋小省. 纹理谱描述符及其在图像检索中的应用[J]. 计算机辅助设计与图形学学报, 2010(3): 516-520.

[15] 唐坚刚, 刘丛. 基于小波分解和游程长度矩阵的医学图像检索[J]. 计算机工程与设计, 2010(8): 1771-1774.

[16] 曾焱, 陈博娜. 基于 Gabor 滤波系数高阶矩的图像检索[J]. 光电工程, 2010, 37(3): 79-82.

[17] SINGH S M, HEMACHANDRAN K. Content-based image retrieval using color moment and gabor based image retrieval using color moment and gabor texture feature texture feature[J]. International Journal of Computer Science, 2012, 9(5): 299.

[18] 朱明忠. 多尺度 Gabor 小波变换在图像检索中的应用[J]. 电子科技, 2011, 24(8): 61-65.

[19] BAMA B S, VALLI S M, RAJU S, et al. Content based leaf image retrieval(CBLIR)using shape, color and texture features[J]. Indian Journal of Computer Science and Engineering, 2011, 2(2): 202-211.

[20] 朱先强, 邵振峰, 李德仁. 利用无参数统计特征进行旋转不变纹理图像渐进检索[J]. 武汉大学学报(信息科学版), 2010, 11: 6.

[21] 邵振峰, 李德仁, 朱先强. 基于旋转不变纹理特征的多尺度多方向图像渐进检索[J]. 中国科学: 信息科学, 2011, 41(3): 283-296.

[22] CHEN M, FU P, SUN Y, et al. Image retrieval based on multi-feature similarity score fusion using genetic algorithm[C] // 2010 the 2nd International Conference on Computer and Automation Engineering. IEEE, 2010, 2: 45-49.

[23] LI X, SNOEK C G M, WORRING M. Unsupervised multi-feature tag relevance learning for social image retrieval[C] // Proceedings of the ACM International Conference on Image and Video Retrieval, 2010: 10-17.

[24] KONG F H. Image retrieval using both color and texture features[C] // Machine Learning and Cybernetics, 2009 International Conference on. IEEE, 2009, 4: 2228-2232.

[25] RASHAI B, KASHANI A G. Flexible and effective retrieval system using feature combination method based on wavelet transform[J]. Australian Journal of Basic and Applied Sciences, 2011, 5(12): 2303-2305.

[26] 杨红菊, 张艳, 曹付元. 一种基于颜色矩和多尺度纹理特征的彩色图像检索方法[J]. 计算机科学, 2009, 36(9): 274-277.

[27] 张志安, 冯宏伟. 一种新的基于纹理和空间分布特征的图像检索[J]. 光子学报, 2008, 37(2): 400-404.

[28] HINTON G E, SALAKHUTDINOV R R. Reducing the dimensionality of data with neural networks[J]. Science, 2006, 313(5786): 504-507.

[29] LECUN Y, BENGIO Y, HINTON G. Deep learning[J]. Nature, 2015, 521(7553): 436.

[30] LI Y, ZHANG Y, TAO C, et al. Content-based high-resolution remote sensing image retrieval via unsupervised feature learning and collaborative affinity metric fusion[J]. Remote Sensing, 2016, 8(9): 709.

[31] WANG Y, ZHANG L, TONG X, et al. A three-layered graph-based learning approach for remote sensing image retrieval[J]. IEEE Transactions on Geoscience and Remote Sensing, 2016, 54(10): 6020-6034.

[32] 张洪群, 刘雪莹, 杨森, 等. 深度学习的半监督遥感图像检索[J]. 遥感学报, 2017, 21(3): 406-414.

[33] TANG X, ZHANG X, LIU F, et al. Unsupervised deep feature learning for remote sensing image retrieval[J]. Remote Sensing, 2018, 10(8): 1243.

[34] ZHOU W, SHAO Z, DIAO C, et al. High-resolution remote-sensing imagery retrieval using sparse features by auto-encoder[J]. Remote Sensing Letters, 2015, 6(10): 775-783.

[35] PENATTI O A, NOGUEIRA K, DOS SANTOS J A. Do deep features generalize from everyday objects to remote sensing and aerial scenes domains? [C] // Proceedings of the IEEE Conference on Computer Vision and Pattern Recognition Workshops. IEEE, 2015: 44-51.

[36] 葛芸, 江顺亮, 叶发茂, 等. 基于 ImageNet 预训练卷积神经网络的遥感图像检索[J]. 武汉大学学报(信息科学版), 2018, 43(1): 67-73.

[37] NAPOLETANO P. Visual descriptors for content-based retrieval of remote-sensing images[J]. International Journal of Remote Sensing, 2018, 39(5): 1343-1376.

[38] YE F, XIAO H, ZHAO X, et al. Remote sensing image retrieval using convolutional neural network features and weighted distance[J]. IEEE Geoscience and Remote Sensing Letters, 2018(99): 1-5.

[39] ZHOU W, NEWSAM S, LI C, SHAO Z. Learning low dimensional convolutional neural networks for high-resolution remote sensing image retrieval[J]. Remote Sensing, 2017, 9(5): 489.

第3章　基于传统视觉特征的遥感影像检索

传统基于内容的图像检索中所用视觉特征主要包括颜色、纹理及形状等定量的视觉特征，三者分别从不同的角度对图像内容进行描述。相比颜色和纹理特征，形状特征通常与图像中的特定目标对象相关，包含了一定的语义信息。为了提取形状特征，往往需要采用图像分割算法分割出目标对象，而对于场景复杂的遥感影像来说，影像分割本身就是一项困难的任务。因此，形状特征在遥感影像检索中应用相对较少。本章将通过颜色、纹理和形状三类低层视觉特征描述子构建方法的系统阐述，分别构建基于三类低层视觉特征的城市遥感影像检索流程，并在分析各类低层特征描述子特性的基础上，引入基于中层视觉特征的遥感影像检索，进一步解析典型中层视觉特征的构造方法。

3.1　基于颜色特征的遥感影像检索

颜色特征是人类识别影像的主要感知特征，因此，其在影像检索的研究中获得了最为广泛的应用。基于颜色特征的城市遥感影像检索方法如图 3.1 所示。

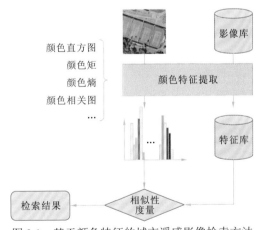

图 3.1　基于颜色特征的城市遥感影像检索方法

可采用不同的颜色特征描述子，以下介绍几种常见的颜色特征描述子。

3.1.1　颜色直方图

在基于内容的影像检索中，应用最为广泛的颜色特征是颜色直方图[1]。颜色直方图特征通过不同色彩在整幅影像中的占比来描述影像内容。设 $I(i,j)$ 为一幅影像，且 (i,j) 为影像中像素点的坐标，M 和 N 分别为影像的宽和高，C 为影像对应的颜色集合，c 为其中任一量化颜色级，则影像的颜色直方图可表示为

$$h(c) = \frac{1}{M \times N} \sum_{i=1}^{M} \sum_{j=1}^{N} \delta[I(i,j) - c], \quad \forall c \in C \tag{3.1}$$

式中：$\delta(\cdot)$ 为狄拉克函数。颜色直方图的优点在于其提取方法简单、相似度计算量小、具备尺度和旋转不变性，缺点在于其仅仅只描述了影像颜色的统计特性，忽略了颜色在影像空间中的分布信息。

图 3.2 以遥感影像场景"机场"为例，给出了机场影像在 UCM 数据集上基于颜色直方图的前 10 检索结果。

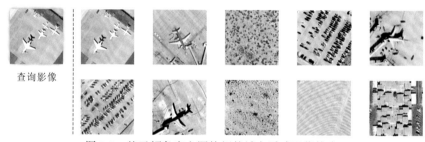

查询影像

图 3.2　基于颜色直方图特征的城市遥感影像检索

3.1.2　颜色矩

颜色矩[2]思想源于影像中任何颜色分布均可以用其多阶矩来表示。并且，由于颜色的分布信息主要集中在其低阶矩中，实践中通常利用颜色值的一阶原点矩（即均值 μ_k）、二阶中心矩（即标准差 σ_k）和三阶中心矩（即偏斜度 s_k）来描述影像的颜色特征。这三个低阶矩的计算公式依次为

$$\begin{cases} \mu_k = \dfrac{1}{M \times N} \sum_{i=1}^{M} \sum_{j=1}^{N} I_k(i,j) \\ \sigma_k = \left(\dfrac{1}{M \times N} \sum_{i=1}^{M} \sum_{j=1}^{N} (I_k(i,j) - \mu_k)^2 \right)^{\frac{1}{2}} \\ s_k = \left(\dfrac{1}{M \times N} \sum_{i=1}^{M} \sum_{j=1}^{N} (I_k(i,j) - \mu_k)^3 \right)^{\frac{1}{3}} \end{cases} \tag{3.2}$$

式中：$I_k(i,j)$ 为影像像素 (i,j) 在第 k 个颜色通道中的灰度值；M 和 N 分别为影像的宽和高。通过式（3.2）可知，对于一幅具备三个颜色通道的彩色影像来说，其对应的颜色矩特征向量是一个 9 维的特征向量，可表达为

$$\mathbf{CM} = (\mu_1, \sigma_1, s_1, \mu_2, \sigma_2, s_2, \mu_3, \sigma_3, s_3) \tag{3.3}$$

相比于颜色直方图，颜色矩的特征维数明显降低。而在实际应用中，颜色矩通常结合其他特征一起使用，作为渐进式影像检索中的一个初检手段。

图 3.3 以遥感影像场景"机场"为例，给出了机场影像在 UCM 数据集上基于颜色矩的前 10 检索结果。

查询影像

图 3.3　基于颜色矩特征的城市遥感影像检索

3.1.3　颜色熵

颜色熵[3]源于信息论中"熵"的概念，其采用信息论的视角来表示影像的颜色特征。设影像的颜色直方图经归一化后可表示为 $\boldsymbol{h} = (h_1, h_2, \cdots, h_n)$，则根据经典的香农信息论，该影像的信息熵可表示为

$$E = -\sum_{i=1}^{n} h_i \log_2 h_i \tag{3.4}$$

图 3.4 以遥感影像场景"机场"为例，给出了机场影像在 UCM 数据集上基于颜色熵的前 10 检索结果。

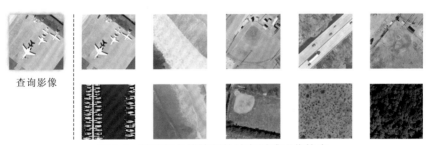

查询影像

图 3.4　基于颜色熵特征的城市遥感影像检索

3.1.4　颜色相关图

颜色相关图[4]除描述了不同颜色的像素在整幅影像中的占比外，还可表示不同颜色对之间的空间相关性。设 I 为一幅原始影像，$I_{c(i)}$ 为所有颜色为 $c(i)$ 的像素

的集合，则可将颜色相关图表示为

$$r_{i,j}^{(k)} = \Pr_{p_1 \in I_{c(i)}, p_2 \in I} [p_2 \in I_{c(j)}, |p_1 - p_2| = k \mid p_1 \in I_{c(i)}] \tag{3.5}$$

式中：$i, j \in \{1, 2, \cdots, n\}$，$n$ 为颜色级数；$k \in \{1, 2, \cdots, d\}$，$d$ 为预设的像素间最大距离；$|p_1 - p_2|$ 为像素 p_1 和像素 p_2 之间的实际距离。

图 3.5 以遥感影像场景"机场"为例，给出了机场影像在 UCM 数据集上基于颜色相关图的前 10 检索结果。

图 3.5　基于颜色相关图特征的城市遥感影像检索

3.2　基于纹理特征的遥感影像检索

在遥感影像中，纹理主要是由地物特征如森林、草地、农田、城市建筑群等产生的。与地物光谱特征相比，遥感影像中地物的纹理特征相对更为稳定，在高分辨率影像分析和识别中，特别是当遥感影像上目标的光谱信息比较接近时，纹理信息对于区分目标具有非常重要的意义。

基于纹理特征的城市遥感影像检索方法如图 3.6 所示。

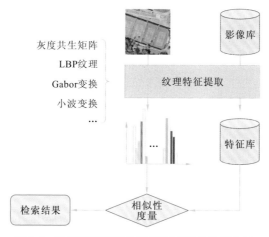

图 3.6　基于纹理特征的城市遥感影像检索方法

以下介绍几种常见的纹理特征描述方法。

3.2.1 灰度共生矩阵

由于纹理特征是相邻像素或区域间灰度空间分布规律的表征，所以具备相同位置关系的一对像素间的某种条件概率就可用来描述纹理特征。灰度共生矩阵[5]即按照这一思路，采用影像灰度值的空间关系描述像素点对之间的空间结构特征及其相关性，进而表示影像的纹理特征。

设 $I(x,y)$ 为一幅原始灰度影像，R 为影像中的任一区域，S 为该区域中具备特定空间关系的像素对集合，则相应的灰度共生矩阵可表示为

$$\boldsymbol{m}_{(d,\theta)}(i,j) = \mathrm{card}\{[(x_1,y_1),(x_2,y_2)] \in S \mid I(x_1,y_1) = i \ \& \ I(x_2,y_2) = j\} \quad (3.6)$$

式中：$x_2 = x_1 + d\cos\theta$；$y_2 = y_1 + d\sin\theta$；$\mathrm{card}(S)$ 为满足集合 S 条件的像素对个数。在应用实践中，通常需要对上式进行归一化处理，表达式为

$$\boldsymbol{m}'_{(d,\theta)}(i,j) = \frac{\mathrm{card}\{[(x_1,y_1),(x_2,y_2)] \in S \mid I(x_1,y_1) = i \ \& \ I(x_2,y_2) = j\}}{\mathrm{card}(S)} \quad (3.7)$$

图 3.7 以遥感影像场景"机场"为例，给出了机场影像在 UCM 数据集上基于灰度共生矩阵的前 10 检索结果。

查询影像

图 3.7　基于灰度共生矩阵特征的城市遥感影像检索

3.2.2 LBP 纹理

局部二进制模式[6]通过计算每个像素与邻域内其他像素的灰度差异来描述影像纹理的局部结构，对于影像中任意一个 3×3 的窗口，比较窗口的中心像素与邻域像素的灰度值。若邻域像素灰度值大于或等于中心像素的灰度值，则该像素位置赋值为 1，反之赋值为 0。对于阈值处理后的窗口，将其与权值模板的对应位置元素相乘求和即可得到窗口中心像素的 LBP 值。

最初的 LBP 对纹理特征的描述是非常有限的，后续对其进一步改进，提出了可以检测"纹理特征的描述是模式的、具有灰度和旋转不变性"的描述子，如下式所示：

$$\mathrm{LBP}_{P,R}^{\mathrm{riu2}} = \begin{cases} \sum_{p=0}^{P-1} s(g_p - g_c), & U(\mathrm{LBP}_{P,R}) \leqslant 2 \\ P+1, & U(\mathrm{LBP}_{P,R}) > 2 \end{cases} \qquad (3.8)$$

式中：$U(\mathrm{LBP}_{P,R}) = \left| s(g_{P-1} - g_c) - s(g_0 - g_c) \right| + \sum_{p=1}^{P-1} \left| s(g_p - g_c) - s(g_{p-1} - g_c) \right|$，$s(x)$ 由下式定义：

$$s(x) = \begin{cases} 1, & x \geqslant 0 \\ 0, & x < 0 \end{cases} \qquad (3.9)$$

式中：R 为圆形邻域的半径；P 为圆上等间距的分布的像素数目；g_c 为圆形邻域的中心像素；$g_p(p=0,1,\cdots,P-1)$ 是圆上的邻域像素。

实验表明，(P,R) 取（8,1）时得到的 LBP 算子的 uniform 模式数量为 59，可以有效地描述影像的大部分（87.2%）纹理特征并明显减少特征数量。

图 3.8 以遥感影像场景"机场"为例，给出了机场影像在 UCM 数据集上基于 LBP 纹理特征的前 10 检索结果。

图 3.8　基于 LBP 纹理特征的城市遥感影像检索

3.2.3　Gabor 变换

由于 Gabor 滤波法利用了 Gabor 滤波器具有时域和频域的联合最佳分辨率，并且较好地模拟了人类视觉系统的视觉感知特性的良好性质，在遥感影像纹理分析中颇受关注。首先，采用母 Gabor 小波作为 2D Gabor 函数，表达式如下：

$$g(x,y) = \left(\frac{1}{2\pi\sigma_x\sigma_y} \right) \exp\left[-\frac{1}{2}\left(\frac{x^2}{\sigma_x^2} + \frac{y^2}{\sigma_y^2} \right) + 2\pi\mathrm{j}W_x \right] \qquad (3.10)$$

式（3.11）为式（3.10）的傅里叶变换：

$$G(u,v) = \exp\left\{ -\frac{1}{2}\left[\frac{(u-W)^2}{\sigma_u^2} + \frac{v^2}{\sigma_v^2} \right] \right\} \qquad (3.11)$$

式中：W 为高斯函数的复调制频率；σ_x 和 σ_y 分别为信号在空间域 x 和 y 方向上的窗半径；σ_u 和 σ_v 分别为信号在频率域的坐标，且满足 $\sigma_u = \frac{1}{2}\pi\sigma_x$ 和 $\sigma_v = \frac{1}{2}\pi\sigma_y$。

Gabor 函数构建了一个完备但是非正交基，以 2D Gabor 函数作为母小波，通过对其进行如式（3.12）所示的膨胀和旋转变换，就可以得到自相似的一组滤波器，称为 Gabor 小波变换滤波器。

$$\begin{cases} g_{mn}(x,y) = a^{-m}G(x',y') \\ x' = a^{-m}(x\cos\theta + y\sin\theta) \\ y' = a^{-m}(-x\sin\theta + y\cos\theta) \end{cases} \tag{3.12}$$

式中：$a>1$；m，n 为整数；$\theta = n\pi / K$ $(n=0,1,\cdots,K-1)$；a^{-m} $(m=0,1,\cdots,S-1)$ 为尺度因子。设 U_l 和 U_h 分别表示最低中心频率和最高中心频率，K 和 S 分别表示多尺度分解中的方向个数和尺度级数，则有

$$\begin{cases} a = \left(\dfrac{U_h}{U_l}\right)^{\frac{1}{S-1}} \\ \sigma_u = \dfrac{(a-1)U_h}{(a+1)\sqrt{2\ln 2}} \\ \sigma_v = \tan\left(\dfrac{\pi}{2K}\right)\left[U_h - 2\ln\left(\dfrac{2\sigma_u^2}{U_h}\right)\right]\left[2\ln 2 - \dfrac{(2\ln 2)^2\sigma_u^2}{U_h^2}\right]^{-\frac{1}{2}} \end{cases} \tag{3.13}$$

对于给定影像 $I(x,y)$，其 Gabor 小波变换可以定义为

$$W_{mn}(x,y) = \int I(x_1,y_1)g_{mn}*(x-x_1,y-y_1)\mathrm{d}x_1\mathrm{d}y_1 \tag{3.14}$$

纹理特征可以采用式（3.15）所示的向量来表示：

$$\overline{f} = [\mu_{00}\sigma_{00} \quad \mu_{01}\sigma_{01} \cdots \mu_{M-1,N-1} \quad \sigma_{M-1,N-1}] \tag{3.15}$$

式中：μ_{mn} 和 σ_{mn} 分别表示变换系数的均值和方差，计算公式如下：

$$\begin{cases} \mu_{mn} = \iint |W_{mn}(x,y)|\,\mathrm{d}x\mathrm{d}y \\ \sigma_{mn} = \sqrt{\iint (|W_{mn}(x,y)| - \mu_{mn})^2\,\mathrm{d}x\mathrm{d}y} \end{cases} \tag{3.16}$$

相似性距离计算公式如式（3.17）所示，$a(\mu_{mn})$ 和 $a(\sigma_{mn})$ 用来实现归一化：

$$d(i,j) = \sum_m\sum_n d_{mn}(i,j), d_{mn}(i,j) = \left|\frac{\mu_{mn}^{(i)} - \mu_{mn}^{(j)}}{a(\mu_{mn})}\right| + \left|\frac{\sigma_{mn}^{(i)} - \sigma_{mn}^{(j)}}{a(\sigma_{mn})}\right| \tag{3.17}$$

图 3.9 以遥感影像场景"机场"为例，给出了机场影像在 UCM 数据集上基于 Gabor 特征的前 10 检索结果。

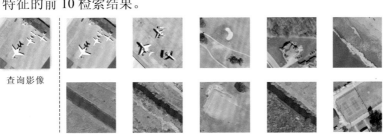

查询影像

图 3.9　基于 Gabor 特征的城市遥感影像检索

3.2.4 小波变换

采用小波变换来表达影像的纹理特征时，常用的处理方式是首先对原始影像进行多层小波分解，然后统计各个分解层上各方向子带系数的均值和标准差，以之表征子带系数的边缘分布并构建特征描述子。设原始灰度影像为 I，对其进行 M 层小波分解后，可得 $3M$ 个方向子带，设 $w_{mn}(x,y)$ 为第 m 层第 n 个方向子带上坐标为 (x,y) 的子带系数，且有 $m=1,2,\cdots,M$，$n=1,2,3$，则对应子带上均值 μ_{mn} 和标准差 σ_{mn} 的计算式为

$$\begin{cases} \mu_{mn} = \iint |w_{mn}(x,y)| \, \mathrm{d}x\mathrm{d}y \\ \sigma_{mn} = \sqrt{\iint (w_{mn}(x,y) - \mu_{mn})^2 \mathrm{d}x\mathrm{d}y} \end{cases} \tag{3.18}$$

在此基础上，即可构建如下特征向量用于纹理特征描述：

$$f_{\text{texture}} = (\mu_{11} \quad \sigma_{11} \quad \mu_{12} \quad \sigma_{12} \quad \cdots \quad \mu_{M3} \quad \sigma_{M3}) \tag{3.19}$$

图 3.10 以遥感影像场景"机场"为例，给出了机场影像在 UCM 数据集上基于小波变换特征的前 10 检索结果。

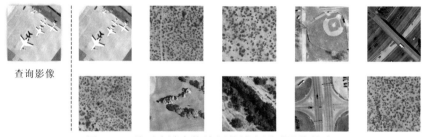

查询影像

图 3.10　基于小波变换特征的城市遥感影像检索

3.3　基于形状特征的遥感影像检索

相比颜色和纹理特征，形状特征通常与图像中的特定目标对象相关，包含了一定的语义信息。为了提取形状特征，往往需要采用图像分割算法分割出目标对象，而对于场景复杂的遥感影像来说，影像分割本身就是一项困难的任务。因此，形状特征在遥感影像检索中应用相对较少。

基于形状特征的城市遥感影像检索方法如图 3.11 所示。

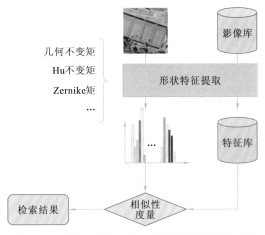

图 3.11 基于形状特征的城市遥感影像检索方法

以下介绍几种常见的形状特征描述方法。

3.3.1 几何不变矩

几何不变矩源于所提出的影像识别的不变矩理论，并且被广泛地用于影像模式识别及目标分类等领域。在不变矩理论中，Hu[7]基于代数不变量的矩不变量，推导出了一组对于影像平移、旋转和尺度变化能够保持不变性的矩，以描述目标区域的形状特征。

对于任一影像 $f(x,y)$ 来说，其 $p+q$ 阶矩的定义如下：

$$m_{pq} = \sum_x \sum_y x^p y^q f(x,y) \tag{3.20}$$

而其 $p+q$ 阶中心矩则定义为

$$\mu_{pq} = \sum_x \sum_y (x-\bar{x})^p (y-\bar{y})^q f(x,y) \tag{3.21}$$

式中：$\bar{x}=m_{10}/m_{00}$，$\bar{y}=m_{10}/m_{00}$ 为影像的区域中心。为了获得针对影像缩放的不变性，通常会对中心矩进行规格化，规格化后的中心矩表示为

$$\eta_{pq} = \frac{\mu_{pq}}{\mu_{00}^{\gamma}} \tag{3.22}$$

式中：$\gamma = \dfrac{p+q}{2}+1$，$p+q = 2,3,\cdots$。基于规格化的二阶和三阶中心矩，可导出以下 7 个矩组：

$$\begin{cases}
\phi_1 = \eta_{20} + \eta_{02} \\
\phi_2 = (\eta_{20} - \eta_{02})^2 + 4\eta_{11}^2 \\
\phi_3 = (\eta_{30} - 3\eta_{12})^2 + (3\eta_{21} - \eta_{03})^2 \\
\phi_4 = (\eta_{30} + \eta_{12})^2 + (\eta_{21} + \eta_{03})^2 \\
\phi_5 = (\eta_{30} - 3\eta_{12})(\eta_{30} + \eta_{12})[(\eta_{30} + \eta_{12})^2 - 3(\eta_{21} + \eta_{03})^2] \\
\qquad + (3\eta_{21} - \eta_{03})(\eta_{21} + \eta_{03})[3(\eta_{30} + \eta_{12})^2 - (\eta_{21} + \eta_{03})^2] \\
\phi_6 = (\eta_{20} - \eta_{02})[(\eta_{30} + \eta_{12})^2 - (\eta_{21} + \eta_{03})^2] + 4\eta_{11}(\eta_{30} + \eta_{12})(\eta_{21} + \eta_{03}) \\
\phi_7 = (3\eta_{21} - \eta_{03})(\eta_{30} + \eta_{12})[(\eta_{30} + \eta_{12})^2 - 3(\eta_{21} + \eta_{03})^2] \\
\qquad + (3\eta_{12} - \eta_{30})(\eta_{21} + \eta_{03})[3(\eta_{30} + \eta_{12})^2 - (\eta_{21} + \eta_{03})^2]
\end{cases} \tag{3.23}$$

上述 7 个不变矩组共同构成了 Hu 不变矩。该矩组中 $\phi_1 : \phi_6$ 具备平移、旋转和尺度不变性，并且 ϕ_7 具备平移和尺度不变性。

图 3.12 以遥感影像场景 "机场" 为例，给出了机场影像在 UCM 数据集上基于几何不变矩特征的前 10 检索结果。

查询影像

图 3.12   基于几何不变矩特征的城市遥感影像检索

3.3.2   Zernike 矩

Zernike 矩[8]的定义如下：

$$Z_{nm} = \frac{n+1}{\pi} \sum_y \sum_x V_{nm}^* f(x,y), \quad x^2 + y^2 \leqslant 1 \tag{3.24}$$

式中：$V_{nm}^* = V_{nm}(\rho\cos\theta, \rho\sin\theta) = R_{nm}(\rho)\exp(jm\theta)$，$\rho$ 为半径，θ 为旋转角度；Z_{nm} 表示重复长度为 n 的 m 阶二维 Zernike 矩；而 $R_{nm}(\rho)$ 的定义为

$$R_{nm}(\rho) = \sum_{s=0}^{(n-|m|)/2} (-1)^s \frac{(n-s)!}{s![(n+|m|)/2-s]![(n-|m|)/2-s]!} \rho^{n-2s} \tag{3.25}$$

式中：n 和 m 为非负整数，且需满足 $n-|m|$ 为非负偶数。

Zernike 矩的优点是具备良好的旋转不变性，其缺点在于不具备尺度不变性，因此在实际应用中，通常需预先进行归一化处理。

图 3.13 以遥感影像场景 "机场" 为例，给出了机场影像在 UCM 数据集上基于 Zernike 矩特征的前 10 检索结果。

查询影像

图 3.13　基于 Zernike 矩特征的城市遥感影像检索

3.4　基于中层视觉特征的遥感影像检索

中层视觉特征相比颜色、纹理、形状等低层特征能够更好地描述影像内容[9-11]。影像检索常用的中层特征包括视觉词袋[12]、空间金字塔匹配[13]、局部聚合描述符向量[14]及改进的费舍尔向量[15]等。以下分别介绍 BoVW、IFV 和 VLAD 三种中层特征描述方法。

3.4.1　视觉词袋

视觉词袋（BoVW）最早出现在信息检索领域，用于解决文本检索问题，其基本思想是将文档看作一些无序的、独立的词汇集合。基于这种思想，影像也可以视为一种文档，其中影像的不同局部区域可看作是构成影像的词汇。

BoVW 特征提取主要包括三个步骤。第一，特征描述。提取影像的局部特征点并进行描述，常用的方法包括 SIFT、加速稳健特征（speeded-up robust features，SURF）[16]等。第二，字典（也称为码本 codebook）学习。用 k-means 算法对提取的影像特征点进行聚类，得到 K 个聚类中心，每个聚类中心代表字典的一个视觉单词（也称为码字 codeword）。第三，生成 BoVW 直方图（也称为特征量化）。将影像的每个视觉单词与字典的各视觉单词（即聚类中心）依次进行比较并归类到最近的聚类中心，并统计出现的次数即可得到 K 维的影像 BoVW 特征直方图。

3.4.2　改进的费舍尔向量

改进的费舍尔向量（improved Fisher vectors，IFV）是费舍尔向量（FV）[17]经过归一化和使用非线性核得到的，能够显著提高 FV 的分类效果①。假设 $I = (x_1, x_2, \cdots, x_n)$ 是从影像中提取的 n 个 D 维的特征向量集合，

---

① IFV 的提取过程，可参考 http://www.vlfeat.org/api/fisher-fundamentals.html#fisher-normalization

$\Theta = \left(\mu_k, \sum_k, \pi_k : k = 1, 2, \cdots, K \right)$ 是拟合这些特征向量分布的高斯混合模型（Gaussian mixture model，GMM）的参数，则每个特征向量 x_i 属于 GMM 成分 k 的后验概率为

$$q_{ik} = \frac{\exp\left[-\dfrac{1}{2}(x_i - \mu_k)^{\mathrm{T}} \sum_k^{-1} (x_i - \mu_k) \right]}{\sum_{t=1}^{K} \exp\left[-\dfrac{1}{2}(x_i - \mu_t)^{\mathrm{T}} \sum_k^{-1} (x_i - \mu_t) \right]} \tag{3.26}$$

对于 GMM 的每一个成分 k，均值和协方差偏差向量计算如下：

$$\begin{cases} u_{jk} = \dfrac{1}{N\sqrt{\pi_k}} \sum_{i=1}^{N} q_{ik} \dfrac{x_{ji} - \mu_{jk}}{\sigma_{jk}} \\[4mm] v_{jk} = \dfrac{1}{N\sqrt{2\pi_k}} \sum_{i=1}^{N} q_{ik} \left[\left(\dfrac{x_{ji} - \mu_{jk}}{\sigma_{jk}} \right)^2 - 1 \right] \end{cases} \tag{3.27}$$

式中：$j = 1, 2, \cdots, D$，则影像的费舍尔向量特征可由下式表示：

$$\boldsymbol{\Phi}(I) = [\cdots \quad u_k \quad \cdots \quad v_k \quad \cdots]^{\mathrm{T}} \tag{3.28}$$

IFV 特征是对 $\boldsymbol{\Phi}(I)$ 做两个处理得到的。第一，使用非线性的附加核，如 Hellinger's 核。具体来说，使用符号函数处理 $\boldsymbol{\Phi}(I)$ 向量的每个维度。第二，对 $\boldsymbol{\Phi}(I)$ 向量进行 L_2 归一化。

3.4.3 局部聚合描述符向量

对于 BoVW 来说，需要使用 k-means 算法聚类学习一个由 k 个视觉单词构成的字典（码本）$C = \{c_1, c_2, \cdots, c_k\}$，影像的每个局部特征 x 会被分配到最近的视觉单词 $c_i = NN(x)$。与 BoVW 稍有不同，对于每个视觉单词 c_i，局部聚合描述符（VLAD）向量会累积局部特征 x 分配到 c_i 的差异，即 $x - c_i$。VLAD 特征可由下式计算：

$$v_{i,j} = \sum_{x_j \in c_{i,j}} x_j - c_{i,j} \tag{3.29}$$

式中：$i = 1, 2, \cdots, k$ 为视觉单词索引；$j = 1, 2, \cdots, d$ 为局部特征各成分；x_j 和 $c_{i,j}$ 分别为局部特征 x 和相应的视觉单词 c_i 的第 j 个成分。

综上可以看到，BoVW 是把局部特征点用 k-means 聚类，用离特征点最近的聚类中心去代替特征点；IFV 是把局部特征点用 GMM 聚类，考虑了特征点到各聚类中心的距离，即用所有聚类中心的线性组合去表示特征点；VLAD 与 BoVW 相似，只考虑离特征点最近的聚类中心，但保存了各特征点到最近的聚类中心的距离，同时与 IFV 相似，VLAD 考虑了局部特征每一个维度。

参 考 文 献

[1] SWAIN M J, BALLARD D H. Color indexing[J]. International Journal of Computer Vision, 1991, 7(1): 11-32.

[2] STRICKER M A, ORENGO M. Similarity of color images[J]. Proceedings of SPIE-The International Society for Optical Engineering, 1995, 2420: 381-392.

[3] ZACHARY J M. An information theoretic approach to content based image retrieval[D]. Baton Rouge: Louisiana State University, 2000.

[4] HUANG J, ZABIH R. Color-spatial image indexing and applications[M]. Ithaca: Cornell University Ithaca, 1998.

[5] HARALICK R M, SHANMUGAM K. Textural features for image classification[J]. IEEE Transactions on Systems, Man, and Cybernetics, 1973(6): 610-621.

[6] OJALA T, PIETIKÄINEN M, MÄENPÄÄ T. Multiresolution gray-scale and rotation invariant texture classification with local binary patterns[J]. IEEE Transactions on Pattern Analysis & Machine Intelligence, 2002(7): 971-987.

[7] HU M. Visual pattern recognition by moment invariants[J]. IRE Transactions on Information Theory, 1962, 8(2): 179-187.

[8] TEAGUE M R. Image analysis via the general theory of moments[J]. JOSA, 1980, 70(8): 920-930.

[9] TASLI H E, SICRE R, GEVERS T. Superpixel based mid-level image description for image recognition[J]. Journal of Visual Communication and Image Representation, 2015, 33(C): 301-308.

[10] BUCAK S, SAXENA A, NAGAR A, et al. Mid-level feature based local descriptor selection for image search[C] // Visual Communications and Image Processing(VCIP), Kuching, Malaysia, 2013. IEEE: 1-6.

[11] ZHANG Q, IZQUIERDO E. From mid-level to high-level: Semantic inference for multimedia retrieval[C] // 2010 Fifth International Workshop on Semantic Media Adaptation and Personalization, Limmassol, Cyprus, 2010. IEEE: 70-75.

[12] SIVIC J, ZISSERMAN A. Video Google: A text retrieval approach to object matching in videos[C] // Proceedings of the IEEE International Conference on Computer Vision, Nice, France, 2003. IEEE: 1470-1477.

[13] LAZEBNIK S, SCHMID C, PONCE J. Beyond bags of features: Spatial pyramid matching for recognizing natural scene categories[C] // 2006 IEEE Computer Society Conference on Computer Vision and Pattern Recognition, 2006, 2: 2169-2178.

[14] JÉGOU H, DOUZE M, SCHMID C, et al. Aggregating local descriptors into a compact image representation[C] // 2010 IEEE Computer Society Conference on Computer Vision and Pattern Recognition, 2010: 3304-3311.

[15] PERRONNIN F, SÁNCHEZ J, MENSINK T. Improving the fisher kernel for large-scale image classification[C] // Proceedings of the 11th European Conference on Computer Vision, Berlin, Heidelberg, 2010: 143-156.

[16] BAY H, ESS A, TUYTELAARS T, et al. Speeded-up robust features[J]. Computer Vision and Image Understanding, 2008, 110(3): 404-417.

[17] PERRONNIN F, DANCE C. Fisher kernels on visual vocabularies for image categorization[C] // 2007 IEEE Conference on Computer Vision and Pattern Recognition, Minneapolis, MN, USA, 2007. IEEE: 1-8.

第4章 融合视觉显著特征的遥感影像检索

遥感影像检索重要难点在于低层视觉特征与高层语义信息之间的"语义鸿沟"，阻碍了遥感图像检索的发展及应用。传统基于低层视觉特征的检索方法存在特征维数高、描述复杂、缺乏规律性、不包含语义信息等缺点，而基于高层语义信息的遥感图像检索又缺乏成熟的理论和方法。本章将从研究人类视觉系统对视觉信息的处理过程、视觉计算模型和方法出发，围绕基于显著性理论的影像检索所涉及的视觉注意系统的理论基础、显著性特征提取、相似性度量、语义建模等多个关键问题进行讨论，探讨符合人类视觉感知特性的遥感图像检索方法。

4.1 基于显著性的遥感影像检索理论

视觉是人类获取和处理信息特别是图像信息的第一途径，据统计人类从外部世界获得的信息约有 80%～90%来自视觉系统。心理学的研究表明，通过视觉注意机制人眼可以在复杂的视觉环境中快速地定位感兴趣区域或者目标[1]。研究人眼视觉系统（human visual system，HVS）的特性对于构建注意模型，探索符合人类感知的显著性度量方法具有重要的意义。

4.1.1 人类视觉系统的原理

人类视觉系统主要由视觉感官、视觉通路和多级视觉中枢组成，实现从刺激信息获取、传递、感觉及知觉的全过程[2]，如图 4.1 所示。本节按照信息获取、传递和处理流程简单介绍视觉系统的原理。

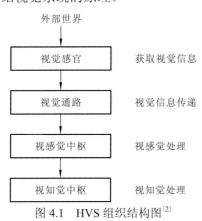

图 4.1 HVS 组织结构图[2]

眼球是人类视觉系统的前端器官，是视觉刺激信息的获取渠道，位于眼眶内，是一个前后直径大约23 mm的近似球状体[3]，通过后侧的视神经与脑相连。从解剖学的角度讲，眼球主要由角膜、虹膜、晶状体、睫状体、视网膜、巩膜、视神经、脉络膜、玻璃体及其他附属物构成，如图4.2所示。

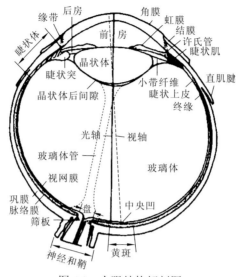

图 4.2　人眼结构解剖图

眼球外壁主要由角膜和巩膜构成，前者仅占整个眼球外壁面积的六分之一，但是起着给眼睛提供大部分屈光的功能，光线首先经过角膜的屈折后再进入眼内。巩膜占眼球壁剩余的六分之五面积，主要由弹性纤维组成，主要起着支撑、保护眼球的作用。

位于眼球壁中层的主要包括虹膜、脉络膜和睫状体。虹膜的中央有瞳孔，它可以随着光线的强弱自动变化大小，以控制进入眼内的光线；脉络膜呈黑色，由各种色素细胞构成，能够吸收外来散光，避免光线在眼球内漫反射。睫状体类似于凸透镜的功能，其内部有睫状肌，通过睫状肌的收缩或扩张来改变屈光度。睫状体和虹膜一起调节眼球的屈光能力，控制进入眼球的光线多少和聚焦程度。

视网膜是眼球壁内层最重要的组成器官，它是一种透明薄膜，主要作用是将外界景物转换生物电信号形式的影像。视网膜外层主要由锥体细胞和杆状细胞两种感光细胞组成，其中，锥状细胞约有600万～700万个，多集中于视网膜中央凹反射区，这类细胞主要对颜色敏感，杆状细胞约有1.1亿～1.3亿个，位于视网膜周边，对弱光刺激敏感，但是分辨力低，无色觉感知功能。

综合来说，人眼就是依靠眼内的折光成像机制和光感受机制两种生理机制，将外部的视觉刺激转换为神经系统中的视觉信息。前者负责将视觉刺激清晰地投射到视网膜上，后者通过视网膜上的两种感光细胞将光信息转换为视觉信息。人眼的上述结构和左右眼构成基线的同步工作，可实现立体感知和立体视觉，获取目标的三维几何信息。

神经生理学的研究表明，视觉信息在大脑中是按照一定的通路传输的。视网膜上的感光细胞又将视网膜上接收的光信号转换成神经脉冲，经过视交叉部分交换神经纤维后，形成视束，传到中枢的许多部位，其中包括脑的外膝体或外膝核、四叠体上丘、顶盖前区和视皮层等。

生理学研究中将视觉通路分为两类，第一类称为背部通路或者 where 通路，该通路的主要功能是根据外界对象的空间位置信息，判断位置变化规律，该通路将视网膜传递过来的视神经信号由外膝体神经元直接传递至视皮层[4-6]。另一类也称为腹部通路或者 what 通路，主要负责处理颜色、纹理、形状等外部静态特征，形成对外界景物的视觉表象，辅助对象的视觉感知，该通路不经过外膝体，其中的神经纤维较少，该路径中神经信号经上丘至丘脑枕，由丘脑枕神经元传递至视皮层，实际上在上丘区域也有少量神经纤维可到达视皮层。这种双通路的生理结构及示意图见图 4.3。

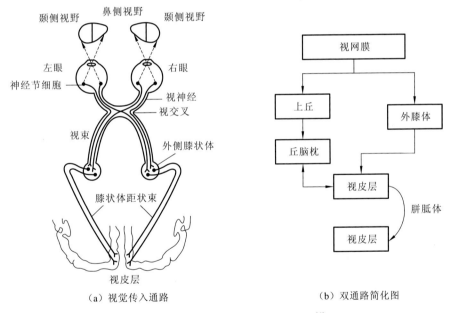

（a）视觉传入通路　　　　　　　　（b）双通路简化图

图 4.3　视觉通路及简化示意图[4]

研究表明，外膝体与视皮层具有复杂的分块及分层结构，分块即不同区域的神经细胞具有不同功能，表明了视觉信息处理的并行特点；分层反映了其串行特点，综合来说，HVS 是一个并行与串行处理交叉的复杂系统[7]。

4.1.2 视觉信息的串并行复杂处理过程

前文指出 HVS 是一个并行与串行相结合的复杂过程。Hubel 等[8]首先提出视觉信息在 HVS 中逐级抽提处理的学说，认为视觉中枢分为由视网膜神经细胞、外侧膝状体及视皮层初级功能区组成的三个不同层次，视觉信息在这三个不同层次间按照一定的规律和机制分层次进行处理，特别是视皮层表现出更为复杂的多级分层；但是有研究表明外侧膝状体细胞可越级直接向复杂细胞提供输入，从而认为视网膜不仅对图像信息进行有限的逐级抽提，还存在平行的处理过程。特别是高级视系统部分，正是由于若干并列视区的共同活动，才能将各部特征综合，得以辨认图像。因此，HVS 对视觉信息的处理也是一个并行分块处理的过程，具体指同一层内不同视觉性质的视觉信息成分按照不同的神经通道预处理并输入视皮层，由不同区域的具有不同性质的皮层细胞同时进行分析处理。

Zeki[9]认为 HVS 能够对外部视觉世界进行生动的感知，其原因在于使用了更加精巧的策略或办法来统一不同性质的信息，也即多通道的复杂视觉信息是在几个不同层次上通过相互作用来实现视觉感知的。

感受器受刺激兴奋时，通过感受器官中的向心神经元将神经冲动（各种感觉信息）传到上位中枢，一个神经元所反映（支配）的刺激区域就叫作神经元的感受野，视觉通路上的各层次细胞普遍存在感受野特性[4-6]。感受野具有多种性质，如反应时间特性、线性特性、空间拮抗性等，其中空间拮抗性是最基本的性质之一，不同层次的感觉神经细胞的感受野大小和性质是不完全相同的，第二级以上的细胞的感受野一般都是由鲜明的兴奋野和周围的抑制野构成。

视网膜神经细胞在反应敏感性上的空间分布呈同心圆拮抗形式，根据细胞对光刺激的反应有 on-中心型和 off-中心型两种，如图 4.4 所示，两种细胞在视网膜上均匀镶嵌排列，数量大致相等。

空间感受野的数学描述可以用标记函数 $r(x, y, x_0, y_0)$ 表示：

$$r(x, y, x_0, y_0) = \begin{cases} 1, & (x, y) \text{ 属于感受野中心} (x_0, y_0) \\ 0, & \text{其他} \end{cases} \tag{4.1}$$

感受野的范围 RF 是以 (x_0, y_0) 为圆心、半径为 r 的连续圆形区域，并且对于任意 (x, y)，$r(x, y, x_0, y_0)$ 大于 0，即

$$\text{RF}(x_0, y_0) = \sup[r(\cdot, \cdot, x_0, y_0)] = \{(x, y)| \ r(x, y, x_0, y_0) > 0\} \tag{4.2}$$

on-中心型感受野的中心区为兴奋区，外围为抑制区。当光点刺激集中于中心区时，随着光斑面积的增加，细胞的反应强度也随之增强，当光点面积正好覆盖感受野的兴奋区时，细胞的反应最为强烈；此后，当光点面积继续增加，覆盖到外围抑制区时，受到抑制区的抑制细胞的反应强度随着面积的增加而逐渐下降。因此，当光源面积覆盖了整个神经元的感受野时，由于中心兴奋区和周围抑

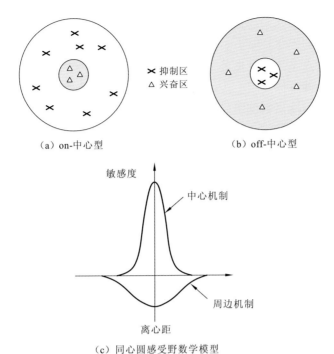

（a）on-中心型 （b）off-中心型

（c）同心圆感受野数学模型

图 4.4　on-中心型、off-中心型感受野示意图及同心圆感受野数学模型

制区响应的相互抵消，所得的反应较弱。off-中心型的感受野情形则正好相反，感受野的这种拮抗结构使得感受神经细胞对视觉刺激的对比度更加敏感，而刺激强度的影响则相对较小。Rodiec 等的研究结论[10-11]认为，这种同心圆感受野数学模型符合高斯分布特点，并且中心与周围区域的作用方向是相反的，引起的反应互相抵消，因此感受野模型可以表示为两个高斯模型的差：

$$\begin{cases} \mathrm{Dog}(r) = G(A, r_A, \sigma_A) - G(B, r_B, \sigma_B) \\ G(a, r, \sigma) = a\exp(-r^2/\sigma^2) \end{cases} \tag{4.3}$$

式中：r 为感受野内点到中心点的距离；a、σ 分别为可调系数和高斯模型调节参数；$G(A, r_A, \sigma_A)$、$G(B, r_B, \sigma_B)$ 分别为不同参数下的高斯模型。

　　侧膝体细胞主要用于综合处理左右眼的空间频率、颜色及视差信息，与视网膜神经元细胞感受野大体结构一致，即均为中心周围拮抗结构，但是侧膝体细胞的感受野并非正圆形而是有些椭圆形，使得其具有朝向选择性[7]。

　　视皮层细胞的感受野比较复杂，可以分为简单细胞、复杂细胞和超复杂细胞三类，比较有名的视皮层细胞感受野模式是由 Hubel 和 Wiesel 提出的感受野等级假说[8,12]。该假说认为简单细胞感受野由在视网膜上排成直线的外膝体细胞聚集而成，呈狭长型形状分布，直线的方向即代表感受野的方向。研究发现，简单细胞的感受野包含了所有的方向，这也是 HVS 能感受方位的根本原因。复杂细胞处理的是关于方位的抽象概念，与其在感受野中的位置无关，它具有一定的旋转及平移不变性。超复杂细胞处理的最优刺激是具有一定方位的端点、角点等。

Livingstone[13,14]等对猴大脑皮层的研究表明，视觉对于空间频率、方位、颜色及运动方向信息是平行分离处理的。空间频率处理细胞位于皮层 17 区，具有较低空间频率的功能柱向 17 区中央的周边区域扩散分布；猴 B 型细胞处理色觉信息，经外膝体小细胞层细胞所处理的颜色信息，被 V_1 区（17 区）的细胞色素氧化酶染斑点内皮层细胞进一步加工处理。视网膜节细胞中的少数 W 型兴奋——抑制中心细胞对运动刺激有方向敏感性，相关研究也证明猫外膝体约有 1/3 的 X 和 Y 细胞具有方向敏感性，这些细胞可能对运动方向信息处理做出贡献。

Gazzaniga[15]及 Zeki[9]的研究结果也表明视觉信息在生理层次上是由位于不同区域、不同结构的细胞集合分别进行处理的，因此有理由认为 HVS 处理多种不同类型的视觉信息是一个并行的过程。

平行及分级处理的各种不同视觉信息，如何集成起来表示一个有意义的事物也是研究的热点。Zeki[9]提出关于视觉皮层信息传递集成的"多级同步集成"假说，他认为空间上分离的视觉信息在时间上是同步的，视觉信息集成不是以部位上的会聚为主，而是一种在几个不同水平上相互作用的多级集成方式。另外，视觉通路中沿着信息传递方向的前向连接中，还有很多的反馈连接，低层次的神经细胞不仅仅向上传递刺激，同时受到高层次反馈信号的影响，这些由更高级神经中枢反馈的信号一定程度上影响着概念的形成。

综合而言，在 HVS 中视觉信息被划分为形状、颜色、方向、深度等特征进行分级同步处理，多种信息集成起来表达完整的感知，这个结果是由几个视皮层和通路同时活动的产物。

4.1.3　人类视觉注意机制

当人眼观察外界复杂场景时，HVS 总能够快速地将注意力集中于其中感兴趣的一个或者几个小块区域，而忽略其余大部分背景信息，这一过程即为视觉注意机制。图 4.5 为采用简单的几何图形来描述视觉注意机制。当观察者未携带观察任务时，图 4.5（a）中较小的圆、图 4.5（b）中绿色的圆、图 4.5（c）中的绿色正方形都能迅速地引起人们的注意。原因在于这些显著区域与其周围区域在大小、颜色或者形状中的一种或多种特征上表现出差异性，因而更加容易引起关注。

当携带观察任务时，如图 4.5（c）中，寻找正方形区域，仍然能够快速命中目标，但是引起注意的来源是观察任务引起的，视觉注意机制仍然发挥着作用。

这两种视觉注意方式区别于是否携带观察任务，前者称之为自底向上的注意方式，引起注意的因素是低层视觉刺激，后者加入了视觉感知，称之为自顶向下的注意方式，两种方式的结果都一样，即注意集中于局部区域。

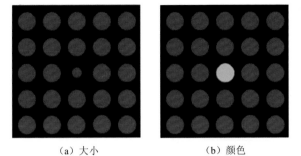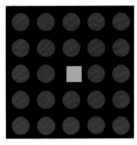

(a) 大小　　　　　　　　(b) 颜色　　　　　　　(c) 形状和颜色

图 4.5　视觉注意示例

HVS 的选择注意机制是其最重要的机制之一，正是因为选择性注意，人们才能在很短的时间内以有限的处理资源有效处理重要的刺激或者事件。从人的角度分析，在注意过程中表现为在观察复杂场景中，能够快速地选择最突出的一个或者多个局部区域进行精细加工，对其余无用信息或者背景信息进行粗略加工甚至直接忽略，因此可称之为"视觉选择性"；从场景角度分析，由于场景的某些区域的颜色、形状等特征区别于周围环境而更能引起注意，故称为"视觉显著性"。图 4.4 的实验反映的就是 HVS 的这种特性，两者的区别在于是否有观察任务的参与，由此形成的视觉注意理论分别称之为自上而下的注意模型和自下而上的注意模型。

描述图像的特征可以分为低层特征（像素、特征）、中层特征（对象、目标）、高层特征（场景、语义级）三个大的层次，不同的层次特征表征不同等级的语义内容，同时也在视觉注意过程中影响着视知觉、视感觉的过程。图 4.6 为图像层次特征与视觉注意过程的对应关系。

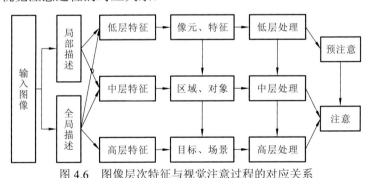

图 4.6　图像层次特征与视觉注意过程的对应关系

视觉注意过程分为预注意和注意两个阶段。在预注意阶段[16]快速对视觉刺激中的颜色、朝向、运动等简单特征进行快速的并行加工，注意阶段则对特征进行动态组装，依靠集中注意及经验知识形成高级语义理解。

人眼从场景中依次选择注意区域的过程即为注意焦点的转移，在心理学研究中，常用眼动实验（eye movement）[17]来测试影响注意焦点转移的低层因素和高层因素。

按照影像因素的来源,影响视觉注意的因素可分为主观因素和客观因素两类,前者与观察者的主观因素相关,由概念引导注意力的搜索,如搜索路上的白色车辆;后者则是由于物理刺激引起的注意力。具体分类示意图见 4.7。

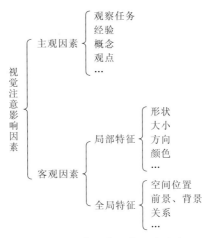

图 4.7　视觉注意影像因素分类

观察者的视点循环交替在场景中进行注视焦点的选择和转移,研究发现,其转移过程具有以下几个方面的特性[18]。

（1）返回抑制性：已经注视过的区域或者内容在下次注视焦点选择时,会受到抑制。

（2）缩放性：注视区域的形状、面积都是可以变化的。

（3）唯一性：一次只能有一个注视区域或者注视内容。

（4）邻近优先性：注意焦点转移时总是倾向于优先选择与当前注意位置相近或者注意内容相近的位置。

多通道特征获取是视觉感知系统的基本特点,HVS 处理接收的视觉信息主要通过 where 通路和 what 通路两种方式完成,两条通路分别负责空间特征和非空间特征的处理,实际处理过程中 HVS 的计算资源在视觉刺激或者主观因素的影响下,某些信息会被优先处理,而某些信息会受到抑制,优先处理的特征更容易引起视觉注意,最后,多通道特征的处理结果经过高级神经中枢的综合分析形成一个对客观对象的完整表达,这种特征整合过程使得对象得以识别。

目前对于特征整合过程研究最经典的理论是特征整合加工理论（feature integration theory）,它是 Treisman 提出来的[19,20]。在特征整合加工理论中,特征加工过程被分为分散注意和集中注意两个阶段,如图 4.8 所示。

分散注意阶段主要处理对象的颜色、空间位置、倾斜方向、运动、纹理分布、形状等低层次视觉特征,多维特征在视觉注意系统中是分区并行处理的,Treisman[19,20]将该阶段处理所得的结果称为特征图（feature map）,每一类特征

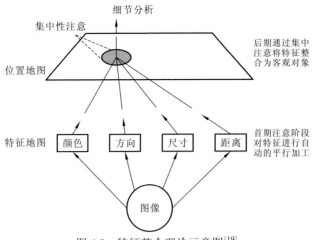

图 4.8 特征整合理论示意图[19]

可生成一个特征图，特征图的形成完全由图像的视觉特征所决定，与观察任务或观察者的主观意识无关。集中注意阶段的主要任务是分析对象的细节信息，将分散注意阶段所得的多维特征图以串行方式经过归一化、竞争等综合分析步骤，将特征整合为具有实际物理意义的客观对象，该阶段对客体是逐一进行处理的，分别确定特征的具体位置和物理属性，该阶段涉及多特征高级处理，一般采用多特征的线性或者非线性加权组合、人工神经网络等方法模拟人类视觉系统的特征整合过程，实际上 HVS 对多维特征的处理要远远复杂于这些算法，该阶段的成果称为"位置图（location map）"。

4.1.4 视觉计算理论

目前在视知觉研究领域中，在 HVS 研究基础上提出的特征分析理论 Marr 理论仍然占据主导地位[21-24]。它将视觉图形的形成分为三个阶段，如图 4.9 所示。

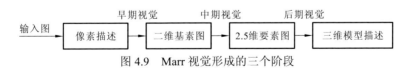

图 4.9 Marr 视觉形成的三个阶段

第一阶段也称早期视觉，提取的基素图为图像中强度变化剧烈处的位置及其几何分布和组织结构。中期视觉所得的 2.5 维图中包含了可见表面的法线方向、大致深度及不连续轮廓等，信息比二维要多，但还不是真正的三维。

多年来，研究者针对 Marr 理论及其框架的不足从不同方面进行了深入研究，提出一些改进的新理论，如在视觉加工早期加入知识的作用、采用拓扑学分析整体性特征等，这些新理论都包含 Marr 的基本成分，绝大部分可看作是 Marr 理论的补充和发展。

当前视觉注意模型的研究也多以 Marr 为基础，按照所采用的特征及注意单元的不同，主流的注意模型可分为基于空间的注意模型、基于客体的注意模型两大类[25]。

1. 基于空间的注意模型

探照灯假设（spotlight metaphor）是 Treisman 1985 年提出的一种视觉注意假设，该模型将视觉注意比喻为探照灯，在探照灯内部，信息会优先加工或者激活，而外部的信息所采用处理方式不同或者根本不处理[26]。空间注意模型在过去几十年里主导了关于注意的研究，研究方向包括探照灯的大小、形状、边界、转移速度等，提出了一些新的改进模型，如放大镜模型、渐变理论等。放大镜模型认为注意区域的大小可以放大或缩小；渐变理论认为注意力主要集中于焦点位置，离焦点越远所能分配的处理资源就越少。

最经典的空间注意模型以 1998 年 Laurent 等提出的 ITTI 注意模型[1]为代表，该模型首先提取图像的颜色、亮度和方向特征的多尺度特征图，然后根据 Treisman[19,20]提出的特征整合理论，采用中心-周围算子计算每个特征通道上的关注图，并归一化合并得到最终的图像显著图，用于度量图像中各个像素的显著性大小。

对于输入影像 I，ITTI 模型首先采用高斯模型计算其多尺度表达：

$$S(x,y,\sigma) = I(x,y) \otimes G(x,y,\sigma) \tag{4.4}$$

式中：$G(x,y,\sigma)$ 为高斯滤波器，$\sigma \in [0,0.8]$。图像特征图分为亮度、颜色和方向三大类，假设图像含有 r、g、b 三个颜色通道，则其亮度（Intensity）、颜色（红 R、绿 G、蓝 B、黄 Y）和方向特征 T 计算公式分别如下：

$$\text{Intensity} = (r+g+b)/3 \tag{4.5}$$

$$R = r - (g+b)/2 \tag{4.6}$$

$$G = g - (r+b)/2 \tag{4.7}$$

$$B = b - (r+g)/2 \tag{4.8}$$

$$Y = (r+g)/2 - |r-g|/2 - b \tag{4.9}$$

$$T(x,y,\theta) = I(x,y) \otimes \text{Gabor}(\theta), \quad \theta \in \{0^\circ, 45^\circ, 90^\circ, 135^\circ\} \tag{4.10}$$

方向特征为 4 个方向上 Gabor 小波的方向向量。在特征图的基础上，采用中央-周边差（center-surround）算子依次计算各特征图的显著图，其中 center 表示精细尺度 c，surround 表示粗略尺度 s，对于亮度通道，c、s 设定如下：

$$c \in \{2,3,4\}, \quad s = c + \sigma, \quad \sigma \in \{3,4\} \tag{4.11}$$

$$I(c,s) = |I(c) \Theta I(s)| \tag{4.12}$$

式（4.12）计算得到亮度显著图，共计 6 个通道。

颜色、方向显著图计算如下式所示：

$$RG(c,s) = |(R(c) - G(c))\Theta(G(s) - R(s))| \qquad (4.13)$$

$$BY(c,s) = |(B(c) - Y(c))\Theta(Y(s) - B(s))| \qquad (4.14)$$

$$T(c,s,\theta) = |T(c,\theta)\Theta T(s,\theta)| \qquad (4.15)$$

按照上式可得到 12 个颜色通道、24 个方向通道。将上述共计 48 个特征图通过归一化因子 $N(\cdot)$，平衡各特征图中的显著峰分布，将归一化的显著图合并即可以得到最终显著图，如式（4.16）所示，$\tilde{I}$，$\tilde{C}$，$\tilde{T}$ 分别表示归一化的亮度、颜色、方向显著图。

$$\text{SailencyMap} = \frac{1}{3}[N(\tilde{I}) + N(\tilde{C}) + N(\tilde{T})] \qquad (4.16)$$

ITTI 模型突出了检测点，因而具有较好的潜在显著区检测能力，但是该算法所检测的显著区面积限制在 5%以下，对于目标面积较大的图像结果并不理想。

2003 年，伦敦大学的 Stentiford[27]提出将图像的显著性用视觉注意力图（visual attention map，VAMap）表示，该模型与 HVS 并无密切的关系，认为越稀少的模式越显著，即如果图像中某个像素及其周围像素的组合模式在限定的空间范围内出现的频率越少，则该像素的 VA 值越大。Stentiford 的 VA 不受 5%的面积限制，但是当目标区域不够显著时，VA 图有一定偏差。

Marques 等[28,29]在 ITTI 模型和 Stentiford 模型的基础上，将计算所得的显著图和 VA 图首先进行二值化处理，得到注意焦点和显著区域，然后进行掩膜操作得到感兴趣区域。

2. 基于客体的注意理论

心理学的研究表明，具有实际意义的客体能够限制注意对刺激的空间分配[25,30]，以此为基础的基于客体的注意理论认为注意的基本单元不是视觉表征上的连续区域，而是具有实际物理意义的客观对象。分散注意范式和空间线索范式是支持客体注意理论最常见的证据。Duncan[25]在测试分散注意范式时发现，当两个注意任务同时涉及同一个客观对象时，比两个注意任务分别涉及两个客观对象更加准确，这种现象称之为"同客体效应"（same-object effect）。由于两个客体位于同一空间区域，若采用基于空间的注意理论，二者应当具有相同的显著度，与实际情况相违背。Scholl[30]和 Lavie 等[31]分别研究了无效线索和空间距离对注意引导的影响，前者设定两个探测对象具有相同的空间距离，当线索无效时，同一客观对象上的探测对象能够更快地被识别出来；后者设定同一客观对象上的两个探测对象的空间距离大于不同客体上的两个探测对象，检测结果仍然是同客体识别速度更为准确，验证了同客体优势。

在基于客体注意模型的研究中，最具代表性的是 Sun 等[32,33]提出的基于对象的层次注意模型（hierarchical object based attention model，HOAM），如图 4.10 所示，该模型将图像视为由多个具有物理意义的对象的组合，以强度和方向作为初始特征引导，采用高斯金字塔结构，由粗到细分别提取每层的显著图，每个像素显著度的抑制通过与周围像素间的高斯距离加权实现。

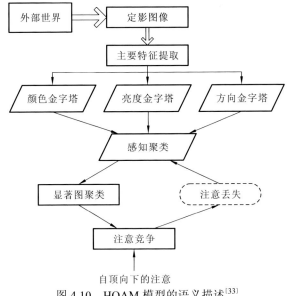

图 4.10　HOAM 模型的语义描述[33]

　　模型首先从采样生成的视觉影像中，采用多尺度金字塔滤波器提取出颜色、强度和方向三类主要特征，感知聚类处理后，通过基于显著性计算得到不同聚类对象的自底向上的特征图。这些特征图是动态的，它随着分辨率及注视环境的变化而不同。这个步骤所得到的特征图作为下一步注意竞争的输入，提取潜在的选择性注意。特征竞争的过程是一个自底向上显著性和自顶向下注意过程的动态交互的过程，HOAM 模型中采用"赢者取全"（winner-take-all）神经网络和返回抑制策略确保选择注意是准确的。

　　其他基于客体的注意力计算方法包括 Fu 等[34]在特征显著图的基础上，对原图像采用聚类的方法分割得到区域分割图，融合两种显著图以检测显著区，该方法将对象提取与显著性计算分为两个步骤进行，其显著性度量本质上仍然来源于空间特征。

4.2　基于感兴趣局部显著特征的影像检索方法

　　经典的基于内容的影像检索方法通过分析影像的低层视觉特征（包括颜色、纹理、形状、对象的空间关系等），采用特征向量的方式进行特征描述并应用于影像的相似性度量。经典的基于内容的检索方法能够比较方便地搜索到特征相似性影像，如 QBIC、VisualSEEK、MARS 等系统已经有了广泛的应用，但是此类方法也存在两大问题。

（1）低层视觉特征表征的是"视觉相似"，然而在现实生活中人们判断图像的相似性并不仅仅建立在"视觉相似"上。人们总是按照一定的概念信息去查找图像，这样的概念信息是建立在对图像内容语义理解基础上的，即"语义相似"。显然"视觉相似"与"语义相似"是不对等的，这种不对等最终导致了"语义鸿沟"的出现。

（2）俗语说"一图抵千言"，图像所表征的信息虽然丰富，但是根据生物视觉理论，人类视觉系统往往将注意力集中于某个或某些景物上，从而选择有限个局部点或者区域作为场景的代表进行视觉信息处理，如何选择准确的兴趣点或者兴趣区需要进一步的研究。

以上两个问题既是当前研究的热点也是难点，从人眼感知外界事物的特点分析，可以认为注意焦点是反映观察者兴趣的客观体现，通过分析兴趣点的分布规律及兴趣度，可获取具有客观化和个性化的兴趣信息。一方面，这些兴趣信息可作为一种反映用户高层语义的新特性，能缩小图像低层视觉特征和高层语义之间的语义鸿沟，另一方面有限的兴趣点可忽略大量的背景信息，有利于集中计算资源精确处理感兴趣信息。

4.2.1 局部显著特征的概念及相关工作

局部特征是相对于全局特征来说的，全局特征描述的是影像的全局信息，如全局颜色直方图、小波纹理等[35]，它无法体现影像中所包含的具体对象或物体。而局部特征从图像内容出发，描述感兴趣的具体目标，它通常与一种或几种图像属性的改变相关联，存在点、线、图像区块等多种形式。生理学和心理学的研究表明，在人眼识别对象的过程中，全局特征主要负责粗略匹配，而局部特征则用于识别细节的变化和对象的特性，负责精细匹配，采用局部特征来表征视觉物体，目前已经成为一种解决视觉物体表征问题的有效途径[36,37]。

局部显著特征提取的关键在于如何根据图像特征确定图像中的显著位置及其分布。目前常采用的局部特征提取方法主要分为角点类和边缘类。

1. 角点类局部特征提取

以影像中的关键点为目标的角点类检测算法，包括 Moravec 算子、Harris 算子[38]、Harris-Laplace 算子[39]、仿射不变的 Harris-Affine 算子[40]、SUSAN 算子[41]，以及 Lowe[42,43] 提出的 SIFT 算法和其改进算法 PCA-SIFT[44]、GLOH[45] 等，图 4.11 为 Harris、SUSAN、LoG、Harris-Laplace、SIFT、MSER 等几种常用的局部特征提取算子检测示意图。其中 MSER 算法为 Matas 等[46,47] 提出的最大稳定极值区域

（maximally stable extremal regions）检测算法的简称，其检测出的局部特征区域内的像素强度均大于或均小于其轮廓上的像素强度。

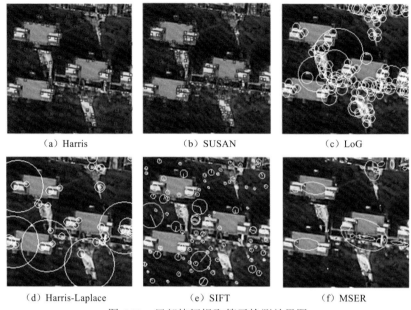

（a）Harris   （b）SUSAN   （c）LoG

（d）Harris-Laplace   （e）SIFT   （f）MSER

图 4.11   局部特征提取算子检测效果图

综合分析，上述算法所提取的角点分布位置并不连续，与周边像素相比呈孤立状态，一般多位于边缘或者纹理结构复杂的区域，这与角点提取算法中普遍采用梯度类度量公式有关。以角点作为显著点提取的空间显著特征的局部位置具有一定的局限性，角点是空间特征显著点，它与人类视觉注意焦点并不是完全重合的，即角点邻域内的局部特征不一定为感兴趣局部特征。

2. 边缘类局部特征提取

边缘是图像中灰度发生剧烈变化的地方，一般是对象与背景的边界，可用于表征对象的轮廓信息。经典的微分类边缘检测算子如 Robert 算子、Sobel 算子、Prewitt 算子、Kirsh 算子和 Laplacian 算子等，这类算子边缘定位精度不高，且容易受噪声影响；以能量最小化为准则的最优拟合法如 LoG 算法、Canny 算法[48]等能够在噪声抑制和边缘检测之间取得较好的平衡，具有很好的边缘检测性能；第三类则是以小波变换、Contourlet 变换、高斯变换等为理论基础的多尺度空间的检测方法，边缘检测算子的尺度越大抑制噪声的能力越强，但是对细节的保护能力越差；反之，小尺度能较好地保护细节但是对噪声敏感，多尺度边缘检测方法[49-52]一般采用由粗到细或者由细到粗的尺度综合策略，可缓解两者之间的矛盾。

无论采用什么算法，边缘检测的结果均可以视为一种特殊的角点分布，即沿着对象与背景边界分布的集合，边缘特征可综合表达影像中对象的整体轮廓特征。图 4.12 为边缘检测算子的提取效果图。

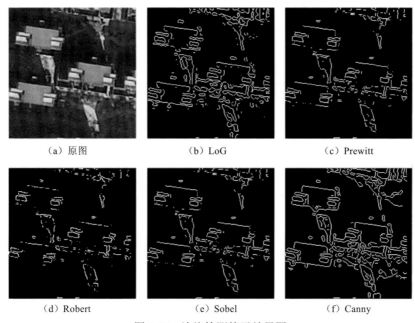

(a) 原图　　　　　　　(b) LoG　　　　　　　(c) Prewitt

(d) Robert　　　　　　(e) Sobel　　　　　　(f) Canny

图 4.12　边缘检测算子效果图

图 4.12 的实验结果表明，经典检测算子所得边缘零散、精度较低，LoG 与 Canny 算子边界定位精度高，连续性好，能提取出较弱的边界，但是 LoG 算子计算量大，提取效率不高；而小波变换等多尺度边缘检测方法使用过程中多伴随着阈值、母小波等参数的选择问题，算法复杂，而且检测效果严重依赖于参数的设定；综合分析，Canny 算子利用高斯函数的一阶微分，采用非极大抑制和滞后阈值法来定位导数最大值，该方法能够在完整提取图像边缘点和算法稳定性方面取得较好的平衡，是一种比较实用的边缘检测算子。

从图 4.12（f）可以看出 Canny 算子虽然能够完整提取对象的边缘，但是由于遥感影像中地物种类众多，在影像上灰度特征分布具有更强的跳跃性，边缘图中出现较多的干扰性边缘。人眼观察图像中物体轮廓时，只会关注较长的显著边缘，忽略不显著的细小边缘。目前已有一些提取显著边缘的方法，如 Wang 等[53] 按照最短路径法将离散边缘连接成显著闭合边缘，Elder 等[54] 采用比率切分法，搜索无向图中的闭合轮廓作为显著边缘；然而由于边缘间隙填充及平滑算法复杂度较高，现有的显著边缘提取算法效率较低，且由于算法多考虑边缘的连接特性未考虑视觉注意特点，所提取出的边缘不一定符合视觉注意特性。

4.2.2 基于视觉注意模型的局部显著特征提取

1. 焦点提取及描述

1）迭代提取视觉注意焦点

为保证局部显著特征不仅仅满足视觉特征空间的显著性要求，同时符合视觉注意的规律，本小节采用了一种基于视觉显著图的迭代注意焦点提取方法，依据焦点转移的基本规律依次提取影像中的视觉注意焦点作为局部显著点。首先，依据场景中各像元相对于其周边的视觉反差计算各个像元的显著程度，进而得到影像的全局显著图，并且以全局显著图中的显著度最高的点作为初始注意焦点；然后根据视觉注意焦点的经典转移规律[55]，计算像元相对于上一次注意焦点的相对显著程度，得到相对显著图，并提取最显著位置作为新的注意焦点。如此，依次提取前 n 个注意焦点作为局部显著点，迭代提取注意焦点。提取流程如图 4.13 所示。

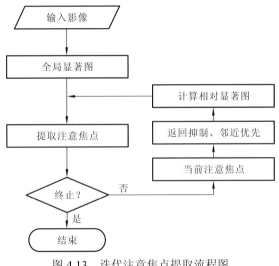

图 4.13　迭代注意焦点提取流程图

具体计算流程如下。

（1）计算全局显著图。全局显著图是视觉计算模型的一般表示形式，以 ITTI 视觉注意模型[55,56]最具代表性，该模型依据 Teisman 的特征整合理论，将图像在不同尺度下的颜色、纹理、亮度特征通过 center-surround 算子计算得到特征图，最终融合为一幅显著图，用于表征图像中各个像素的显著程度。但是该模型只能对图像中目标较小的情况比较有效，对于城市高分辨率遥感影像来说，影像中目标结构清晰，且相对于背景所占面积比例较大，ITTI 模型的计算结果不够准确。

目前主流的视觉显著方法主要包含特征提取、激活图和归一化/融合三个步骤。经典算法中特征提取多采用仿生滤波器方法，提取结果称为特征图；激活图采用不同尺度特征图之差（如中央-周边算子）计算；步骤 3（归一化/融合）的实现方法主要包括三种：①基于局部最大值的归一化方法；②基于不同 DoG 算子卷积的迭代方法；③将局部特征值按照周边权重均值划分为多个子块的非线性交叉方法。Harel 等[57]提出一种基于图的视觉显著性计算方法（graph-based visual saliency，GBVS），该方法对步骤 2（激活图）和步骤 3（归一化/融合）进行了改进，分别在不同的特征图上定义 Markov 链，将各个图中相同位置的均衡分布视为显著值，实验表明该方法能够更加准确地预测视觉注意焦点的位置。

假设影像 I、M 为某一特征图，为计算激活图 A，以 $M(i,j)$ 和 $M(p,q)$ 为例，GBVS 定义的不相似性计算方法为

$$d((i,j)\|(p,q)) \triangleq \ln\left|\frac{M(i,j)}{M(p,q)}\right| \tag{4.17}$$

通过连接特征图 M 中的每个节点形成全连接图 G_A，节点 (i,j) 和节点 (p,q) 之间的边缘定义为权重，如式（4.18）所示：

$$\begin{cases} w((i,j),(p,q)) \triangleq d((i,j)\|(p,q)) \cdot F(i-p,j-q) \\ F(a,b) \triangleq \exp\left(-\frac{a^2+b^2}{2\sigma^2}\right) \end{cases} \tag{4.18}$$

式中：σ 为调节参数。将边缘的权重进行归一化，并在全连接图 G_A 上定义 Markov 链，通过 Markov 链之间的平衡分布反映注视焦点。

图 4.14 分别为两种算法计算所得的全局显著图，全局显著图计算方式采用 GBVS 方法。

  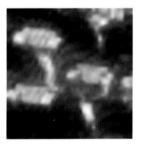

（a）原图　　　　　　　　（b）ITTI　　　　　　　　（c）GBVS

图 4.14　全局显著图

（2）若为初始注意焦点，全局显著图 F 即为相对显著图，搜索显著度最大的点作为注意焦点，并作为当前注意焦点，如下：

$$(\hat{x},\hat{y}) = \arg\max_{(x,y)}[F_{(x,y)}] \tag{4.19}$$

（3）计算相对显著图。注意焦点转移过程遵循"返回抑制"和"邻近优先"的原则，返回抑制指已经注意过的区域在下次注意时受到抑制，以图 4.14 为例，显著焦点附近的区域具有相似的显著度，焦点转移需要首先抑制这部分已经注视

过的区域。以显著焦点为圆心、以 r 为半径作为当前显著区，已经提取的显著焦点，按照式（4.20）抑制该点的显著区域：

$$F^k = \begin{cases} 0, & (x,y) \in R^{k-1} \\ F^k, & \text{其他} \end{cases} \tag{4.20}$$

式中：R^{k-1} 为第 k-1 次注意焦点的显著区。

邻近优先指焦点转移时倾向于与当前注意内容相近的位置，设前一注视焦点为 $P_{(x,y)}$，候选位置为 $P'_{(x',y')}$，则候选位置相对于前一注视焦点的相对显著程度 $RF_{(P')}$ 的计算公式为

$$RF_{(P')} = F_{(P')} \cdot G_{(P,P',\sigma)} \tag{4.21}$$

式中：$G_{(P,P')}$ 为两点之间的高斯距离；σ 为高斯方差，用于控制位置影响程度。

（4）提取注意焦点。从相对显著图中搜索最大显著位置作为当前注意焦点。然后判断注意焦点个数是否已经达到最大限值，若满足终止条件则终止算法，否则，重复步骤（3）。

2）注意焦点多特征描述子

图像中的视觉属性是多方面的，表现出的图像特征也具有多样性的特点，要完整地描述焦点的局部特性，就需要针对其各个方面的视觉属性选择多种简单图像特征进行融合表示。传统角点提取算子如 SIFT 等提取的点多位于边缘或突变位置，其描述子多为邻域梯度分布信息，而本章所提取的注意焦点周围的显著区内的像素多为有意义客观对象，采用梯度分布描述方法无法完全反映兴趣区的内部属性，将注意焦点的邻域范围视为显著区，提取显著区内的色调及纹理特征信息作为描述算子。

显著区色调特征采用 HSV 颜色空间中色调通道 H 进行量化计算，HSV 的空间距离比 RGB 颜色空间更符合人的视觉特征，色调表示为 m 维的特征矢量，m 为量化级数。纹理特征是区分地物的重要特征之一，同一地物在不同尺度上的纹理属性不尽相同，本章采用文献[58]中基于小波变换的方法提取多尺度纹理特征向量。

2. 显著边缘提取及描述

1）边缘显著度度量及提取

边缘显著性度量以全局显著图为主，并受到边缘长度及边缘形状的影响，边缘长度影响因子 El 为绝对度量准则，当边缘长度小于阈值时，长度影响因子为 0，否则为 1。边缘形状影响因子 Es 采取紧凑度计算公式，即边缘长度与其最小外界矩形的比值；F 为边缘平均显著值；边缘显著度公式为

$$\text{Saliency}_{(i)} = F_{(i)} \times \text{El}_{(i)} \times \text{Es}_{(i)} \tag{4.22}$$

当 $\text{Saliency}_{(i)}$ 小于规定阈值则忽略该边缘。

2）显著边缘方向直方图描述子

边缘方向直方图（edge orientation histogram，EOH）[59]是MPEG-7所推荐的三种标准的纹理描述子之一，在显著图像特征提取[60-64]、目标检测[65]、图像检索[63,66]等领域均有应用。MPEG-7将边缘方向划分为5种模式：0°边缘、45°边缘、90°边缘、135°边缘及无边缘[67]，如图4.15所示。

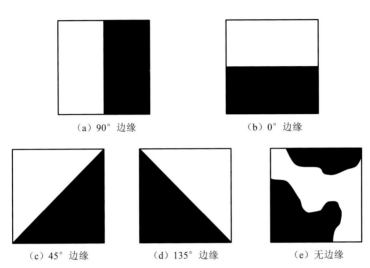

（a）90°边缘　　　　　　　　　　（b）0°边缘

（c）45°边缘　　　　（d）135°边缘　　　　（e）无边缘

图4.15　5种边缘类型示意图

以边缘位置 (i,j) 为例，$a_1(i,j),a_2(i,j),a_3(i,j),a_4(i,j)$ 分别为 (i,j) 上、左、下、右4个相邻方向子块的灰度均值，见图4.16（a），以2×2子块为例。首先按照表4.1计算5种边缘模式的计算方式，其中 $f(\cdot)$ 为相应的滤波系数，见图4.16（b）。

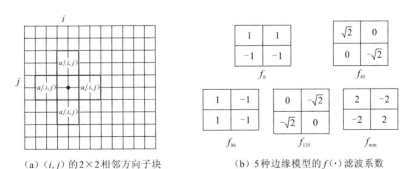

（a）(i,j) 的2×2相邻方向子块　　　　（b）5种边缘模型的 $f(\cdot)$ 滤波系数

图4.16　EOH计算

表 4.1　边缘模式计算公式

边缘类型	计算公式
0° 边缘	$d_0(i,j) = \left\| \sum_{m=0}^{3} a_m(i,j) f_0(m) \right\|$
45° 边缘	$d_{45}(i,j) = \left\| \sum_{m=0}^{3} a_m(i,j) f_{45}(m) \right\|$
90° 边缘	$d_{90}(i,j) = \left\| \sum_{m=0}^{3} a_m(i,j) f_{90}(m) \right\|$
135° 边缘	$d_{135}(i,j) = \left\| \sum_{m=0}^{3} a_m(i,j) f_{135}(m) \right\|$
无边缘	$d_{non}(i,j) = \left\| \sum_{m=0}^{3} a_m(i,j) f_{non}(m) \right\|$

边缘点 (i,j) 的边缘值 $E(i,j) = \max(d_0, d_{45}, d_{90}, d_{135}, d_{non})$，若 $E(i,j)$ 小于规定阈值，则 (i,j) 为无边缘模式，否则最大值即为该点的边缘模式。

4.2.3　基于局部显著特征的遥感影像检索算法

由于遥感影像所覆盖的地物具有层次性特点，表征影像局部信息的特征也应当具有层次性，采用不同检测算子和描述算子得到的局部特征具有相异的视觉特性，适合表示不同类型的物体与图像，采用特征融合策略表征对象属性的方法越来越多[68,69]。

本小节设计了两类显著性局部特征：以显著点为代表的邻域特征和以显著边缘为代表的对象整体轮廓特征。多特征组合中包含了对象的局部色调信息、纹理分布特点及边缘轮廓信息，采用多通道视觉特征可以更全面准确地描述对象，但是随着图像层次性的增长，显著特征的信息量会随之增加，复杂度也相应增长，相似性检索实时性要求高，因此需要进行特征组合，降低特征的复杂性。

特征组合主要包含两部分的工作。第一，降低局部显著特征的特征维数；影像中显著点的数量较多,但是根据 4.2.1 小节第一部分中实验表明显著点在空间上具有聚集性的特点，相应其特征空间会出现数据冗余，经典的 k-means 聚类算法[70]对初始聚类中心依赖性比较大，随机选取初始聚类中心的缺点是如果使得初始聚类中心得到的分类严重偏离全局最优分类，这样算法可能会陷入局部最优值。具有噪声的基于密度的聚类方法（density-based spatial clustering of applications with noise, DBSCAN）[71]将具有足够高密度的区域划分为簇，可以发现任意形状的聚类，能较好地处理"噪声"，适合显著点聚集的情况。采用 DBSCAN 算法将显著点聚类为多个聚类中心，以中心向量表征局部显著色调及纹理的分布，将数量众多的显著点之间的特征比较转化为聚类中心之间的比较，可大大简化特征向量的复杂性。

将独立的多视觉特征进行组合主要有两种方式：竞争式和联合式。竞争式主要以"赢者取全"（winner-take-all，WTA）神经网络为代表，这种方式一定程度上反映了人类视觉系统（human visual system）的选择性，但是 WTA 神经网络效率低，不适合大量数据比较的检索应用；联合式（包括有偏权值和、无偏代数和、无偏几何和、无偏几何积等）从数学方面简化了特征整合过程，与 HSV 差别较大但是效率很高，当选择的视觉特征比较全面时，可弥补一定的视觉偏差。综合考虑效率与准确率，对于本节提取的三类不同类型的局部显著特征，兼顾了局部空间特征及对象属性特征，采取线性加权组合的方式计算视觉相似性。

图 4.17 为基于局部显著特征检索算法流程示意图。

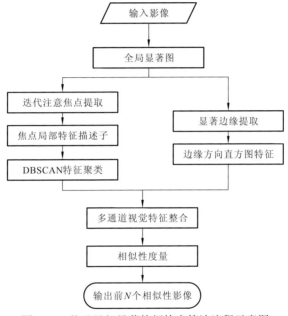

图 4.17　基于局部显著特征检索算法流程示意图

4.2.4　实验结果及分析

1. 显著焦点提取实验

图 4.18 为采用迭代焦点提取算法应用于单目标、双目标、多目标影像的实验结果，抑制区域半径均设定为 5 个像素。其中图 4.18（b）为采用 ITTI 显著图的结果，图 4.18（c）为 GBVS 显著图提取结果，在单目标影像上两者效果相近，随着影像中目标分布的复杂性增加，基于 ITTI 模型所提取的显著点明显不如 GBVS 模型准确，验证了上文的论述。与角点类检测算子不同，显著焦点的分布并不一定位于对象边缘位置，且在对象区域范围内呈现聚集性特点，更有利于强调图像中显著对象区域。

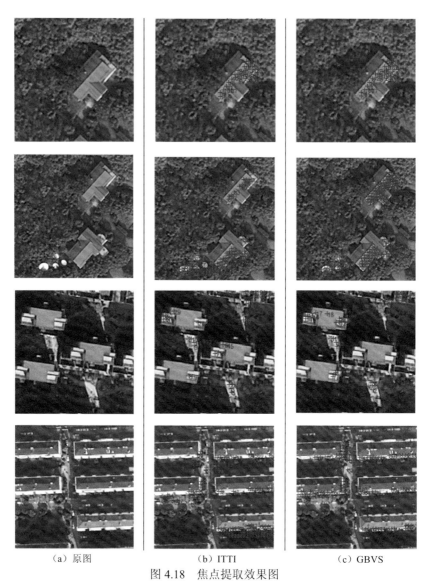

（a）原图　　　　　　　　（b）ITTI　　　　　　　（c）GBVS

图 4.18　焦点提取效果图

图中十字形为焦点位置，数字表示提取的显著点的顺序

2. 显著边缘提取实验

图 4.19 选择了稀疏居住区、厂房、立交桥及密集居住区 4 类地物进行显著边缘提取实验，图 4.19（b）为采用 GBVS 注意模型提取的显著图，图 4.19（c）按照式（3.4）提取的显著边缘，图 4.19（d）为背景边缘图。从图中可以看出，该方法能够比较准确地提取出图像中的显著对象区域的主要边缘，边缘点轮廓完整，能完整反映显著区的整体特征。

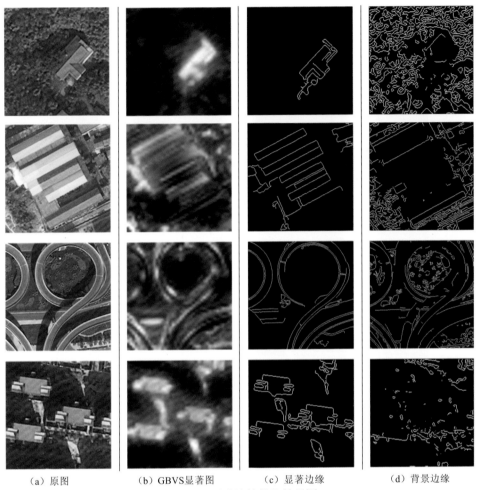

（a）原图　　　　（b）GBVS显著图　　　（c）显著边缘　　　　（d）背景边缘

图 4.19　显著边缘提取效果图

3. 检索精度评定

算法的检索精度采用平均查准率进行度量，即将返回的影像按照相似性大小从高到低排列，取前 N 幅影像中相似性图像的数量与 N 的比值作为平均查准率。

实验数据以 Sydney 的 WorldView 卫星影像为源数据，影像分辨率为 0.5 m，大小为 3 716×3 557 像素，按照无重叠划分方法将影像划分为 128×128 的子块，构成数量为 840 的检索影像库。图 4.20 为遥感影像全图。

按照子块所覆盖地物类型的不同将子块划分为单一目标、密集建筑物、道路、稀疏建筑物、立交桥 5 大类，每类影像中随机选择多幅影像进行检索实验，分别计算其平均查准率，5 类影像的平均查准率即为算法的平均查准率。

图 4.20   Sydney 的 WorldView 卫星影像

表 4.2 为采用该算法在不同特征组合比例下的检索精度，其中特征矢量权重满足 $\alpha+\beta+\gamma=1$，N 取值为 6。

表 4.2   不同特征组合比例下的遥感影像检索精度

覆盖类型	特征组合比例			
	$\alpha=0.4,\ \beta=0.3,\ \gamma=0.3$	$\alpha=1,\ \beta=0,\ \gamma=0$	$\alpha=0,\ \beta=1,\ \gamma=0$	$\alpha=0,\ \beta=0,\ \gamma=1$
单一目标	0.813	0.755	0.692	0.686
密集建筑物	0.782	0.760	0.732	0.742
道路	0.768	0.741	0.709	0.611
稀疏建筑物	0.825	0.808	0.784	0.735
平均查准率	0.797	0.766	0.729	0.694

从表 4.2 中可以看出，与基于单一特征类型的检索方法相比，融合多类别特征的检索方法一方面可以提高算法的平均查准率，另一方面能够保证对不同土地覆盖类型的影像块均具有较强的适应性。

为比较算法的有效性，对比分析了以下两种算法在不同返回影像数量情况下的检索精度。

（1）基于局部显著特征的检索算法，显著度计算模型为 GBVS 显著模型，特征组合比例为 $\alpha = 0.4$，$\beta = 0.3$，$\gamma = 0.3$；

（2）基于 SIFT 显著点特征的检索算法。

从图 4.21 可看出，当返回影像数量较少时，两种算法提取出的局部显著特征区分相似图像性能相近，但随着返回图像数量增加，局部显著特征表征图像信息更全面，算法检索性能更加稳定。

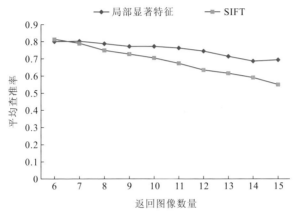

图 4.21　算法平均查准率与影像返回数量对比

4.3　基于视觉关键词的遥感影像检索算法

以航空影像、卫星影像为代表的遥感影像数据已成为对地观测的重要数据来源，影像的空间分辨率逐步提高，遥感影像数据量也越来越庞大，受限于有限的数据处理能力，大量信息被淹没，数据并未得到充分利用，高效且符合视觉感知特性的遥感影像检索算法是遥感领域一个急需解决的难题。

在遥感影像中，地面上的各类人工地物、自然地物呈现出丰富的视觉信息，如显著的角点信息、排列整齐的纹理分布、鲜明的颜色特征及各种各样规律性的组合模式等，这些视觉特征信息是解译遥感对象的重要依据，目前绝大部分研究集中于采用图像提取出原始特征信息进行检索[72,73]，造成特征维数高、描述复杂且缺乏规律性等问题。本节致力于研究符合人类视觉感知特性的影像分析方法，将复杂的遥感影像特征抽象为具有语义信息的视觉关键词，通过视觉关键词建立底层特征、中层对象及高层语义信息之间的关联，探索适合遥感影像检索的高效算法。

视觉关键词按级别分为低层视觉词汇、中层关键模式及高层含有语义的视觉关键词，中层关键模式为低层视觉词汇的代表性实例表达，它可以具有不同类型的属性如点特征、纹理和颜色等，利用机器学习方法，不同类型的关键模式组合即可表示为具有语义的视觉关键词。低层视觉词汇为视觉特征元素的集合表达，为保证算法结果符合人类视觉感知特性，视觉特征空间中的距离度量必须包含原始数据间的视觉相似性，这是影像检索领域的核心问题[74,75]。采用自动聚类算法，将视觉特征即低层视觉词汇，聚类为特征空间中的多个中心，文中称之为关键模式，采用混合高斯模型（Gaussian mixture models，GMMs）对关键模式进行建模，按照"赢者取全"策略将低层视觉词汇映射为中层关键模式，最终使用由中层关键模式组合表达的高层语义场景进行遥感影像检索实验。

4.3.1 视觉关键词层次模型

遥感影像可表示为从像素到局部显著特征或基元、目标对象和场景的层次模型，在模型的各层次上都包含一系列描述视觉信息的视觉词汇，从而形成影像表达场景中语义标签与图像特征的连接。设某一影像视觉词汇定义为集合 $\varnothing$，其中 i 为词汇类型标识，N 为词汇类型总数，R 为整个可能的词汇空间集合，则有

$$\varnothing = \{\alpha_i | \ \alpha_i \in R, \quad i = 1, 2, \cdots, N\} \tag{4.23}$$

目前，利用传统小波、Gabor 变换等方法提取的特征都可以作为视觉词汇的一种，这些提取出的影像局部特征或基元类似于字母表中英语字母或音素，是低层视觉的词汇表达，它们可组合成更高的层次，形成更为复杂的结构或对象，其对应于中层关键词的概念实例则与格里塔学派提出的中心问题[76,77]密切相关，图 4.22 表示了视觉关键词模型的层次结构图。

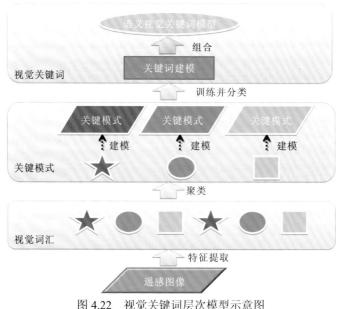

图 4.22　视觉关键词层次模型示意图

视觉词汇的聚合可以产生任意尺度的影像，其中一些聚合属于全局聚合，这些词汇组合可还原出影像中大部分信息，文中将这些词汇组合模式称之为关键模式，以式（4.23）为基础，某一关键模式 KP 定义为

$$KP = \{\bigcup \alpha_i | \ \alpha_i \in R, \ i = 1, 2, \cdots, N\} \qquad (4.24)$$

关键模式集合需满足近似完备条件即 $\bigcup_{i=1}^{M} KP_i \cong f_{(I)}$，$f_{(I)}$ 为图像特征空间。因此，视觉关键词模型即为对关键模式的建模。自动聚类算法在特征空间自动寻找聚类中心方面得到了广泛的应用，即通过常用的 k 均值自动聚类算法[78]从庞杂的视觉词汇表中寻找关键模式；高斯混合模型能够用参数化的方法描述样本空间中的数据分布，将高斯混合模型的参数作为图像的特征具有简洁高效的优点，假设特征空间中视觉词汇分布服从高斯分布，则关键模式分布服从高斯混合分布 GMMs，每个类别的语义关键词即由 K 个词汇空间的聚类中心组成，以特征分布 $x \in R^d$ 为例，其属于关键词 m 的概率密度函数可表示为

$$P(x | \theta_m) = \sum_{j=1}^{K} \alpha_{mj} \frac{1}{[2\pi | \Sigma_{mj} |]^{d/2}} \exp\left[-\frac{1}{2}(y - \mu_{mj})^{\mathrm{T}} \Sigma_{mj}^{1}(y - \mu_{mj})\right] \qquad (4.25)$$

式中：K 为 GMM 模型的维数；θ_m 为视觉关键词 m 的 GMM 模型参数，$\theta_m = \{\alpha_{mj}, \mu_{mj}, \Sigma_{mj}\}_{j=1}^{K}$，$\alpha_{mj}$ 为模型中第 j 个高斯变量的混合系数；μ_{mj} 为第 j 个高斯变量的均值；Σ_{mj} 为相应的协方差矩阵；d 为样本维数。模型参数估计以所选取的各类别影像为训练数据，方法采用文献[79]中的期望最大化估计方法，每个类别的视觉关键词对应特征空间唯一的 GMM 分布。

4.3.2 遥感影像语义建模

上一节中所提出的视觉关键词层次模型能够有效克服低层视觉特征描述子对遥感影像描述的局限性，为保证视觉关键词能有效表征影像的真实场景信息，首先必须保证用于关键词建模的特征空间能够真实、全面地反映图像的视觉特点。遥感影像覆盖地物种类繁多，单一的特征空间很难形成对地物的有效区分，这里选择代表局部特征的显著点、对象驱动的主色调及纹理特征三大类特征组成低层特征空间，分别构造出三类视觉关键词模型以表征遥感影像的语义信息。

1. 多类别特征提取

1）显著点特征的语义关键词

对于遥感影像来说，角点是表示和分析影像的重要特征，从显著点的邻域中提取的图像特征可以有效地反映图像的局部信息，并且当人们关注一幅影像时，往往容易被图像中显著的部分吸引，其中部分视觉焦点即影像中的角点。Lowe[42]

提出的一种图像局部特征描述算子（SIFT）具有较强的代表性，SIFT 特征向量对旋转、尺度缩放、亮度变化保持不变，并且其特征向量维数达到 128 维（4×4×8），高维特征向量一方面包含了丰富的图像内容信息，另一方面降低了检索的效率。采用视觉关键词层次模型，首先采用特征空间聚类算法将 128 维的 SIFT 特征向量聚类为 K 个子空间，每个子空间的中心代表一个关键模式，假设每个 SIFT 特征关键模式服从高斯分布 $N(x, \mu, \Sigma)$，则可利用 GMM 模型拟合 K 个 SIFT 特征关键模式的组合表达一个 SIFT 类型的语义关键词。

假设影像语义关键词数目为 M，则训练后影像 I 的 SIFT 类型视觉关键词层次模型 $\text{VKM}_{(I,\text{SIFT})}$ 表示为

$$\text{VKM}_{(I,\text{SIFT})} = \{\bigcup P(j\,|\,x)\,|\,j = 1, 2, \cdots, M\}, \quad \text{where } P(j\,|\,x) = \sum_{i=1}^{K} \alpha_i N_j(x, \mu_i, \Sigma_i) \quad (4.26)$$

式中：$N_j(x, \mu_i, \Sigma_i)$ 为属于第 j 个关键词的第 i 个 SIFT 特征关键模式的高斯分布。

计算所提取的显著点描述子 x 属于第 j 个关键词的后验概率 $P(j\,|\,x)$，采用最大后验概率分类器（maximum a posteriori，MAP）将 SIFT 描述矢量 x 标记为 j^* 关键词，其中

$$j^* = \arg\max[P(j\,|\,x)] \quad (4.27)$$

如果将每幅图片看成由视觉关键词库中的若干关键词组成的"文本"，则在文本检索技术中的经典统计方法词条频率-倒排文本频率（term frequent-inverse document frequency，TF-IDF），可用以评估字词对于一个文件集或一个语料库中某份文件的重要程度。字词的重要性随它在文件中出现的次数呈正比增加，但同时会随着它在语料库中出现的频率呈反比下降。以单个点为统计单元，影像 I 基于视觉关键词的 SIFT 特征矢量可表示为

$$\overline{S}_{(I,\text{sift})} = (p_{(vk_1)}, p_{(vk_2)}, \cdots, p_{(vk_M)}) \quad (4.28)$$

$$p_{(vk_i)} = \frac{n_{iI}}{n_I} \ln \frac{F}{n_i} \quad (4.29)$$

式中：$P_{(vk_i)}$ 即为视觉关键词 i 的词条频率-倒排文本频率；I 为要检索的图像；n_{iI} 为第 i 个关键词在图像 I 中出现的次数；n_I 为图像 I 中关键词的总数；n_i 为第 i 个关键词在整个图像库中出现的次数；F 为整个图像库中的图像数目；$\text{TF}_i = n_{iI} / n_I$ 即为词条频率，$\text{IDF}_i = \ln F / n_i$ 为倒排文本频率。

2）主色调及主纹理特征提取

遥感影像的基本组成单元为像素，但是人类视觉感知的基本单元为影像中的对象，对象在图像中通常表现为具有相似视觉特征的区域，本节即以分割后的对象为基本单元，分别提取影像的主色调视觉关键词和纹理视觉关键词。

（1）影像分割。影像分割是一个相似像素聚集为区域的过程，由于光照条件或者对象本身属性特征的不一致造成影像上的颜色、纹理信息比较琐碎[80]，即"过分割"现象，而且分割区域本身是没有语义信息的。然而现实世界中的图像理解

并不一定需要针对目标的精确分割（强分割），而是可以根据用户的不同需求，分割出图像中相对同质的区域（弱分割）并提取关键特征，因此特征提取方法即假定影像分割结果为过分割情形。

Quick Shift[81]是一种改进的快速均值漂移算法，利用空间一致性和颜色一致性进行图像分割，以遥感影像为例的分割实验表明该算法速度快，分割区域一致性好，但是依然存在过分割，如图 4.23（b）所示。

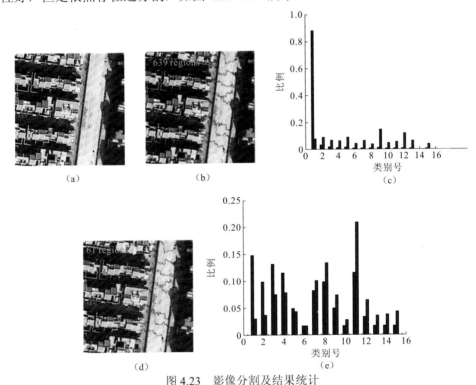

图 4.23　影像分割及结果统计

（a）为原始影像；（b）为 Quick Shift 分割结果；（c）中蓝色部分为（b）中分割区域面积分布，
红色部分为相应分割区域的面积之和；（d）、（e）为合并后分割结果及对应分布

从图 4.23（c）的区域面积分布中可以看出，分割区域数量的 90%以上集中于区域面积小于影像面积 1%的琐碎区域，且近 90%的区域数量仅覆盖了 10%左右的影像面积。图 4.23（b）表明这些琐碎区域多是较大对象的边角细节或者是周边地物背景的干扰，从算法的处理效率及抗干扰的角度考虑，将琐碎区域与主要对象区域合并很有必要。

（2）区域合并。分割区域的目的是用于提取一致性对象区域的主色调关键词及纹理关键词，在表示形式上每个对象会根据其属性信息所属类别的最大后验概率准则被赋以语义关键词描述，为保证语义关键词与对象信息之间的一致性，所要求的对象应当满足三个条件：①对象区域内部差别应尽可能小；②对象与其周围邻接对象之间差别应较大；③对象区域面积 A 应大于某一阈值 A_0。

条件①的目的是限定对象为纯净单元，提高语义赋值的准确性；条件②控制对象区域合并的程度；条件③的主要目的是剔除干扰视觉判定的琐碎区域，突出显著的主要特征，提高算法的效率。假设 R 为影像分割后的某一区域，区域 R 的内部差别 $D_{(R)}$ 定义为

$$D_{(R)} = w_1 \cdot \sigma_{R_c} + w_2 \cdot \sigma_{R_s} \tag{4.30}$$

式中：w_1、w_2 为特征权重，满足 $w_1 + w_2 = 1$；σ_{R_c} 为区域内部颜色的标准差，σ_{R_s} 为区域形状指数，定义如式（4.30）、式（4.31）所示。

$$\sigma_{R_c} = \sqrt{\sum_{i=1}^{n}(X_i - \bar{X})^2 / n - 1} \quad X_i \in R_c, \quad \bar{X} = \sum_{i=1}^{n} X_i / n \tag{4.31}$$

$$\sigma_{R_s} = A_R \frac{l_R}{b_R} \tag{4.32}$$

式中：A_R 为区域 R 的面积；l_R 为区域周长；b_R 为区域最小外接矩形周长。区域间的差别定义为

$$D_{(R,R')} = D_{\text{merge}} \cdot A_{\text{merge}} - (D_{(R)} \cdot A_R + D_{(R')} \cdot A_{R'}) \tag{4.33}$$

式中：D_{merge}、A_{merge} 分别为合并后区域的内部差别和面积。进行区域合并时，首先判定区域面积，若满足条件③则遍历该区域的邻接区域，当 $D_{(R, R')}$ 小于一定的阈值时则合并区域，否则不对对象进行操作；若不满足条件③则遍历邻接区域选择 $D_{(R, R')}$ 值最小的区域进行合并。流程图如图 4.24 所示。

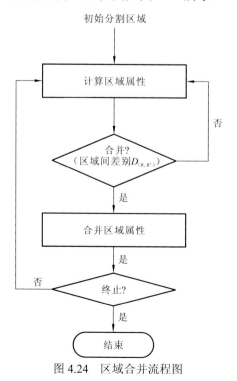

图 4.24　区域合并流程图

区域合并结果如图 4.23（d）所示，处理后的分割区域数量仅为原来的十分之一，直方图中各区域的面积分布更为均衡，且合并后区域内部特征仍然保持单一性，可有效提高后续特征提取的效率。

（3）区域主色调。HSV 模型直接对应于人眼色彩视觉特征的三要素[82]，三个颜色通道各自独立，根据其色调通道的量化结果可提取出图像的主色调。首先将色调通道量化为 n 个子区，将区域合并中提取的每一个对象区域分别用量化后的主色调直方图表示，则对象 O 的主色调特征矢量可表示为式（4.34），其中 h_i 为第 i 类色调出现的频率。

$$C_{(R,O)} = (h_1, h_2, \cdots, h_n) \tag{4.34}$$

（4）区域纹理。多尺度多方向纹理特征描述[83]是进行纹理分析的有效手段，采用小波变换后各尺度高频分量的均值和方差作为纹理描述子，这种描述方法所得的特征向量维数低、效率高并且具有一定的代表性。为便于比较，对小波变换系数进行了归一化处理，对象 O 的纹理特征矢量表示如式（4.35）所示，$\bar{\mu}_i, \bar{\sigma}_i$ 为第 i 个分量的归一化均值和方差，n 为分量总数，等于尺度数量的三倍。

$$T_{(R,O)} = (\bar{\mu}_1, \bar{\sigma}_1, \bar{\mu}_2, \bar{\sigma}_2, \cdots, \bar{\mu}_n, \bar{\sigma}_n) \tag{4.35}$$

2. 视觉关键词建模

在关键词提取模型的支持下，按照式（4.27）的原则，单个特征矢量均可映射为有限个数的关键词。但是每个关键词标识影像的贡献率并非完全一样，以区域对象为例，一般来说影像中心区域或较大面积区域对影像解译的贡献要大于边角面积较小的区域，文中对特征点采用均匀权重，即每个点特征关键模式的权重均相同，对区域关键词（主色调、纹理）采用面积因子作为权重参数，则可以统计出每个关键词在影像中出现的频率，以单类特征为例，影像 I 关键词建模后的特征矢量 I_{vk} 可表示为

$$I_{vk} = \{w_1, w_2, \cdots, w_K\} \tag{4.36}$$

式中：K 为关键词数目；w_i 为关键词 i 出现的频率，对特征点而言，$w_i = n_i / n$，n_i 为第 i 个点特征关键模式出现的次数，n 为所有点特征关键模型出现的总次数；对主色调或纹理特征而言，$w_i = \sum A_i / A$，A 为影像总面积，A_i 为关键词 i 在影像中的面积大小。根据式（4.36）即可得到影像的归一化视觉关键词特征矢量。

图 4.25 以密集居住区为例，展示了基于主色调特征的视觉关键词模型的建模过程。图 4.25（a）为训练影像；图 4.25（b）为其对应主色调特征示意图；根据高斯分布概率密度函数的含义可知，符合高斯分布的二维点在平面上符合近似椭圆形，图 4.25（c）为对训练影像集的主色调特征聚类所得的关键模式进行 GMM 建模后的椭圆形分布示意图，从图中可以看出各关键模式的模型表现出高度的可分性，从而验证了聚类所得的关键模式正确表征了特征空间的聚集状况；图 4.25（d）

中红色虚线为密集居住区的主色调特征的 GMM 分布曲线。

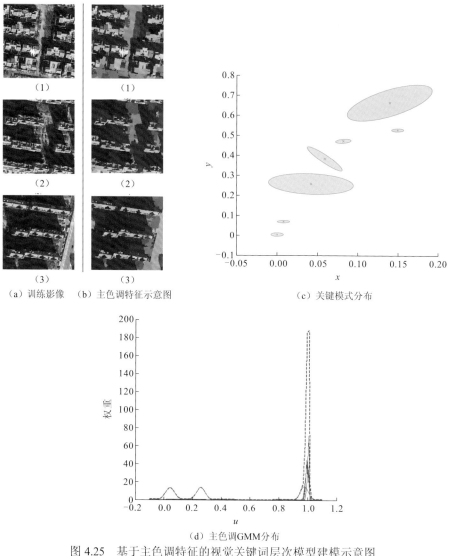

（a）训练影像　（b）主色调特征示意图　　　　　　　　　（c）关键模式分布

（d）主色调 GMM 分布

图 4.25　基于主色调特征的视觉关键词层次模型建模示意图

4.3.3　遥感影像检索

1. 相似性度量

根据 4.3.2 小节的特征提取算法，可获取影像中三种类型的关键词分别描述影像的显著点、主色调和纹理特征。关键词的描述借鉴文本表示方法中的调频-逆文本频率指数（term frequency-inverse document frequency，TF-IDF）描述方法，则每幅图像都可以描述为某一类或几类视觉关键词的特征矢量 $\boldsymbol{I}$。检索过程中，若从向量场距离度量的角度分析，两幅影像 i、j 之间的相关性可表示为其特征矢量之间的标量积，即特征矢量 $\boldsymbol{I}_i$、$\boldsymbol{I}_j$ 夹角的余弦值：

$$\text{Relevance}(i,j)=\frac{\boldsymbol{I}_i^{\mathrm{T}}\cdot\boldsymbol{I}_j}{\|\boldsymbol{I}_i\|_2\|\boldsymbol{I}_j\|_2} \tag{4.37}$$

式中：$\|\boldsymbol{I}\|_2=\sqrt{\boldsymbol{I}^{\mathrm{T}}\cdot\boldsymbol{I}}$ 为 $\boldsymbol{I}$ 的二阶范数。多种不同类型的视觉关键词特征可采取加权融合的方式计入最终距离计算，且满足权重之和为 1。可以看出图像相似性与相关度呈正比，当相关性为 1 时两幅影像完全一样。

从信息论的角度来分析，提取出的特征矢量所表达的含义是一幅影像中视觉关键词出现的概率分布关系，假设各视觉关键词之间相互独立，且服从概率密度函数 $p(X;\theta_i)$ 的分布，则两幅影像之间的距离也可表示为 Kullback-Leibler（KL）散度[84]，如式（4.38）所示。

$$D(p(X;\theta_i)\|p(X;\theta_j))=\int p(X;\theta_i)\ln\frac{p(X;\theta_i)}{p(X;\theta_j)}\mathrm{d}x \tag{4.38}$$

视觉关键词特征矢量之间的 KL 散度计算公式为

$$\text{KL}(\boldsymbol{KW}_{I1},\boldsymbol{KW}_{I2})=\sum_{\alpha}^{K}(\text{KW}_{I1}^{(\alpha)}-\text{KW}_{I2}^{(\alpha)})\ln\frac{\text{KW}_{I1}^{(\alpha)}}{\text{KW}_{I2}^{(\alpha)}} \tag{4.39}$$

式中：K 为关键词总数，$\text{KW}_{I1}^{(\alpha)}$、$\text{KW}_{I2}^{(\alpha)}$ 分别为视觉关键词特征矢量 $\boldsymbol{KW}_{I1}$、$\boldsymbol{KW}_{I2}$ 的第 α 维矢量。上式包含对数运算，计算效率低，选择其一阶近似距离 χ^2 可有效降低复杂度，如下：

$$\chi^2(\boldsymbol{KW}_{I1},\boldsymbol{KW}_{I2})=\sum_{\alpha=1}^{K}\frac{(\text{KW}_{I1}^{(\alpha)}-\text{KW}_{I2}^{(\alpha)})^2}{\text{KW}_{I1}^{(\alpha)}+\text{KW}_{I2}^{(\alpha)}}=\sum_{\alpha=1}^{K}\chi^2(\text{KW}_{I1}^{(\alpha)},\text{KW}_{I2}^{(\alpha)}) \tag{4.40}$$

下节将对以上三种相似性度量方式进行比较分析。对一个影像块，一个语义标签采用显著点、主色调、主纹理三类特征矢量进行表达，影像语义分布的相似性大小采用三类特征的加权距离进行计算，如下：

$$S_{(I_i,I_j)}=\alpha_1\cdot\text{dis}(S,I_i,I_j)+\alpha_2\cdot\text{dis}(C,I_i,I_j)+\alpha_3\cdot\text{dis}(T,I_i,I_j) \tag{4.41}$$

式中：$0<\alpha_1<1$，$0<\alpha_2<1$，$0<\alpha_3<1$，$\alpha_1+\alpha_2+\alpha_3=1$；$S$、$C$、$T$ 分别为显著点、主色调、主纹理。文中关键词特征矢量表达方式类似于影像直方图，只是其输入的是不同特征类型的语义标签，而不是影像的灰度值。这种表达方式与影像大小无关，只需要设定相同的语义维数，不同大小的影像就可采用式（4.41）进行相似性度量。

2. 检索实验及分析

1）实验数据

检索实验所采用的数据来自于 2009-12-27 采集的郑州城区 WorldView 影像，影像空间分辨率为 0.5 m，大小为 8 740×11 644 像素，将影像按照 Tiles 分块方式分割为320×320大小的子块,构成1 036幅子影像的检索影像库。由于遥感影像覆盖面积大,地物种类复杂,对地物在影像上所呈现出的特征进行聚类,可将地表的覆盖类型分为8类:农田、裸露地、道路、密集居住区、稀疏居住区、广场、立交桥、绿地,图4.26依次为8类地表覆盖类型的示例图像。

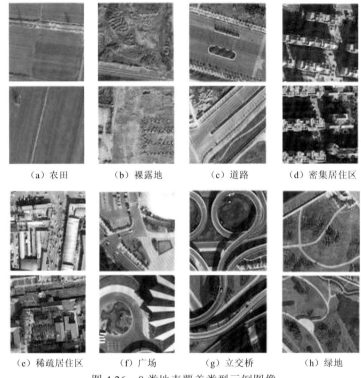

（a）农田　　　　　（b）裸露地　　　　　（c）道路　　　　（d）密集居住区

（e）稀疏居住区　　　（f）广场　　　　　（g）立交桥　　　　（h）绿地

图4.26　8类地表覆盖类型示例图像

　　假设影像由以上8类地物组成,也即描述影像的8类关键词,分别选择相应类型纯净的影像块作为训练样本,每个类别GMM模型中包含的广义高斯分布分量（GGD）数量为8,根据4.3.2小节中的建模方法分别构建各类别的关键词模型。

　　图4.27的实验简要描述了从特征提取到视觉关键词建模的过程,首先通过训练样本影像特征空间的子空间的中心也即关键模式,得到各关键模式的高斯分布,然后多个关键模式的独立组合也即高斯分布的合并构成一个含有语义的关键词,整幅影像表示为影像中各类语义关键词的分布直方图,至此,完成无语义的视觉特征到含语义的关键词标签的建模过程。从图4.27（c）的视觉关键词直方图可以看出,三类视觉关键词中均突出了密集居住区在影像中占据主要比例,但是在单类别视觉关键词中也存在较大程度的误判,如在图4.27（c2）中密集居住区与绿地误差较大,在图4.27（c3）中产生干扰的类别则主要是稀疏居住区类别,采用三类视觉关键词综合识别结果见图 4.27（d）所示,其中各类别的分布关系更符合原始影像的类别分布。

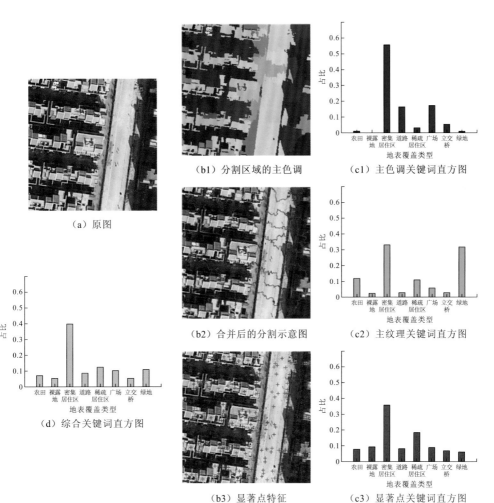

（a）原图

（b1）分割区域的主色调

（c1）主色调关键词直方图

（d）综合关键词直方图

（b2）合并后的分割示意图

（c2）主纹理关键词直方图

（b3）显著点特征

（c3）显著点关键词直方图

图 4.27　视觉关键词模型建模过程

2）分割尺度对特征提取的影响

图 4.27 中分别展示了显著点、主色调及主纹理特征的提取过程，由于主色调及主纹理特征的提取是以分割对象为单元，且计入特征矢量时进行面积加权，过分割对特征矢量的影响有限。图 4.28 为不同分割尺度下所得关键词特征向量的直方图表示形式。

图 4.28 中关键词直方图横坐标 1～8 为上文定义的 8 类关键词，依次对应为农田、裸露地、道路、密集居住区、稀疏居住区、广场、立交桥、绿地，蓝、绿、红色柱体依次为主色调、主纹理及显著点关键词直方图。从图中可以看出，经过合并步骤后区域数量大幅减少，各类关键词的组分有细微变化，但是总体分布状态仍保持一致，对照原图合并后的关键词特征矢量更能突出影像中的主要特征类别，代表性更强。

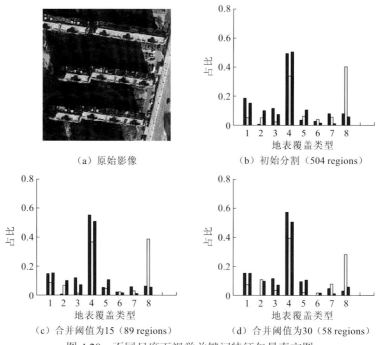

（a）原始影像　　　　　　　　　　（b）初始分割（504 regions）

（c）合并阈值为15（89 regions）　　（d）合并阈值为30（58 regions）

图 4.28　不同尺度下视觉关键词特征矢量直方图

3）检索精度评定

检索实验中，以上节所构建的含有 8 类地物的影像库为数据源，计算检索影像与目标影像的语义相似性（大小为 0 到 1 之间），检索结果按照相似性从高到低排序。定量化评价采取平均查准率，即返回的前 16 幅影像中含有相似影像的比例。图 4.29 显示了采用不同权重的 8 类影像的平均查准率，距离度量准则采用了余弦距离，综合特征检索中显著点、主色调、主纹理三类视觉关键词的权重分别设定为 0.50、0.25、0.25。

从图 4.29 中可以看出，采用单一特征关键词无一例外在 8 类影像中的平均查准率都具有较大的波动性，主纹理特征和主色调特征基本无法识别出农田类影像，从结果来看，产生混淆的主要是绿地类别影像。显著点关键词虽然在某些类别上要优于综合特征，但是，一方面其全部类别影像的检索稳定性不好，另一方面对稀疏居住区等复杂场景，单一特征均无法有效识别，综合特征此时表现出很强的识别能力。

为比较不同相似性度量方法对图像相似性度量的影响，采用同一数据集，表 4.3 列出了 8 类影像分别采用余弦距离、KL 距离及 χ^2 距离度量的平均查准率，其中显著点、主色调、主纹理三类视觉关键词的权重设定为 $\alpha_1 = 0.50$ ， $\alpha_2 = 0.25$ ， $\alpha_3 = 0.25$ 。

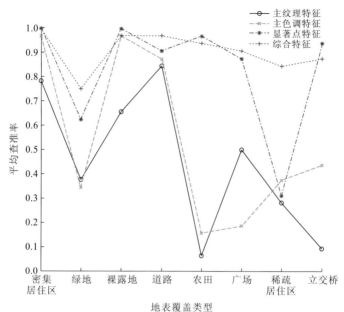

图 4.29 不同特征权重条件下 8 类影像的检索效果

表 4.3 8 类影像在三种距离度量方式下的平均查准率

覆盖类型	度量准则		
	KL 距离	余弦距离	χ^2 距离
密集居住区	1.000 0	1.000 0	1.000 0
绿地	0.750 0	0.812 5	0.825 0
裸露地	0.850 0	0.912 5	0.925 0
道路	0.925 0	0.950 0	0.950 0
农田	0.700 0	0.712 5	0.750 0
广场	0.512 5	0.575 0	0.550 0
稀疏居住区	0.875 0	0.900 0	0.887 5
立交桥	0.625 0	0.837 5	0.887 5
平均查准率	0.779 6	0.837 5	0.846 8

从表 4.3 中可以看出，采用余弦距离与 χ^2 距离的平均查准率相似，两者具有相似的相似性度量性能，用于信息量度量的 KL 距离虽然可以用于度量图像相似性，但是其准确性要明显弱于余弦距离和 χ^2 距离。

采用前 N 个返回影像中平均查准率作为衡量指标，对以下 4 种算法的检索性能进行了比较。

（1）采用广义高斯模型（GGD）拟合影像全局多尺度纹理信息，然后采用 KL 距离度量影像间的相似性，称之为"离度量影"[14]；

（2）影像全局直方图之间的欧氏距离，称之为"全局直方图"；

（3）融合显著点、主色调、主纹理三类视觉关键词的影像检索算法，其中 $\alpha_1 = 0.50$，$\alpha_2 = 0.25$，$\alpha_3 = 0.25$，采用 χ^2 距离度量方式，称之为 VK1；

（4）融合显著点、主色调、主纹理三类视觉关键词的影像检索算法，其中 $\alpha_1 = 0.3$，$\alpha_2 = 0.3$，$\alpha_3 = 0.4$，采用 χ^2 距离度量方式，称之为 VK2。

图 4.30 为当返回影像数量增加时，4 类算法的平均查准率分布图，其中算法的查准率采用 8 大类影像平均查准率的平均值。从图中可以看出：①4 种算法的平均查准率均表现出相同的趋势，即准确识别力随着返回影像数量的增多而降低，但基于视觉关键词的方法要明显优于另外两种方法；②当返回影像数量小于 16 时，VK1 与 VK2 算法结果相近，且查准率均较高，但是当返回影像数量增加时，VK1 比 VK2 表现出更好的稳定性，从其检索参数比较分析，基于显著点特征的视觉关键词对算法识别能力的贡献要大于主色调和主纹理特征。

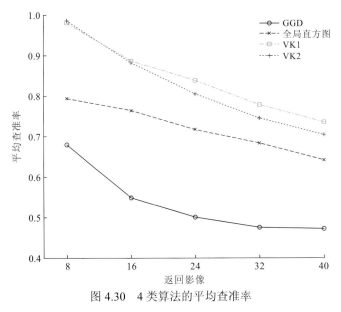

图 4.30　4 类算法的平均查准率

图 4.31 以同一幅稀疏居住区影像为例，展示了 4 种算法所返回的前 16 幅相似影像。从检索效果来看，算法适用于复杂场景建模，与 GGD、全局直方图等算法相比，对具有相似视觉特征的地物类别如水泥房顶和路面、草地和农田等具有更强的识别能力。

024016　0　　001009　0.0566　020027　0.0609　033006　0.0671　027022　0.0690　013007　0.0820　024003　0.0821　032027　0.0841

013013　0.0850　017010　0.0851　031021　0.0853　018027　0.0887　033023　0.0901　026025　0.0914　009010　0.0949　000005　0.0958

（a）GGD

024016　0　　025014　0.0407　032003　0.0513　024015　0.0541　029013　0.0576　000001　0.0645　025016　0.0651　032002　0.0674

024017　0.0675　025022　0.0722　000003　0.0788　001002　0.0822　019026　0.0831　002002　0.0929　028004　0.1004　029012　0.1036

（b）全局直方图

024016　0　　035011　0.192008　024015　0.198621　025016　0.296482　035010　0.303316　035023　0.374952　000002　0.397206　036010　0.413816

036011　0.463613　034018　0.541280　028017　0.567353　034003　0.569307　036023　0.611158　000012　0.6374　001009　0.638102　032005　0.659966

（c）VK1

024016　0　　024015　0.278070　035011　0.370126　025016　0.408474　035010　0.308676　036010　0.441827　001009　0.452530　000002　0.494250

003023　0.498241　029013　0.520982　000012　0.525805　029025　0.526464　008006　0.548176　025013　0.549602　000001　0.552628　026015　0.553247

（d）VK2

图 4.31　以稀疏居住区为例所得的前 16 个检索结果图

参 考 文 献

[1] LAURENT I, CHRISTOF K. Computational modelling of visual attention[J]. Nature Reviews, 2001, 2: 194-203.

[2] 沈政, 林庶芝. 生理心理学[M]. 北京: 北京大学出版社, 1993: 1.

[3] 毛晓波, 陈铁军. 仿生型机器视觉研究[J]. 计算机应用研究, 2008, 25(10): 2903-2910.

[4] 付世敏. 视觉选择性注意的机制及其在视觉信息处理中的作用[D]. 合肥: 中国科学技术大学, 1998.

[5] 寿天德. 视觉信息处理的脑机制[M]. 上海: 上海科技教育出版社, 1997: 139-158.

[6] LEVINE M W, SHEFNER J M. Fundamentals of sensation and perception[M]. 2nd ed. Oxford: Oxford University Press, 2000.

[7] 罗四维. 视觉感知系统信息处理理论[M]. 北京: 电子工业出版社, 2006: 11-15.

[8] HUBEL D H, WIESEL T N. Receptive fields, binocular interaction and functional architecture in the cat's visual cortex[J]. Journal of Physiology, 1962, 160(1): 106-154.

[9] ZEKI S. The visual image in mind and brain[J]. Scientific American, 1992, 267(3): 68-76.

[10] RODIECK R W. Quantitative analysis of cat retinal ganglion cell response to visual stimuli[J]. Vision Research, 1965, 5(11): 583-601.

[11] RODIECK R W, STONE J. Analysis of receptive fields of cat retinal ganglion cells[J]. Journal of Neurophysiology, 1965, 28(5): 832-849.

[12] HUBEL D H, WIESEL T N, STRYKER M P. Orientation columns in macaque monkey visual cortex demonstrated by the 2-deoxyglucose autoradiographic technique[J]. Nature, 1977, 269(5626): 328-30.

[13] LIVINGSTONE M S, HUBEL D H. Psychophysical evidence for separate channelsfor the perception of form, color, movement, and depth[J]. Journal of Neuroscience, 1987, 7(11): 3416-3468.

[14] LIVINGSTONE M S, HUBEL D H. Connections between layer 4B of area 17 and the thick cytochrome oxidase stripes of area 18 in the squirrel monkey[J]. Journal of Neuroence, 1987, 7(11): 3371-3377.

[15] GAZZANIGA M S. The Cognitive Neurosciences[J]. Journal of Cognitive Neuroence, 1995, 7(4): 514-21.

[16] 肖洁, 蔡超, 丁明跃. 一种图斑特征引导的感知分组视觉注意模型[J]. 航空学报, 2010, 31(11): 2266-2274.

[17] NOTON D, STARK L. Scanpaths in eye movements during pattern perception[J]. Science, 1971, 171(3968): 308-311.

[18] ZABRODSKY H, PELEG S. Attentive transmission[J]. Journal of Visual Communication &

Image Representation, 1990, 1(2): 189-198.

[19] TREISMAN A M, GELADE G. A feature-integration theory of attention[J]. Cognitive Psychology, 1980, 12(1): 97-136.

[20] TREISMAN A M. Feature binding, attention and object perception[J]. Philosophical Transactions of The Royal Society B Biological Sciences, 1998, 353(1373): 1295-1306.

[21] NIEUWENHUYS R, VOOGD J, HUIJZEN C V. The human central nervous system: A synopsis and atlas[J]. Journal of Anatomy, 2008, 129(4): 843.

[22] LEE T S. Computations in the early visual cortex[J]. Journal of Physiology-Paris, 2003, 97(2-3): 121-139.

[23] DEUTSCH J A, DEUTSCH D. Attention: Some theoretical considerations[J]. Psychological Review, 1963, 70(1): 80-90.

[24] KAHNEMAN D. Attention and effort[M]. Englewood Cliffs: Prentice-Hall, 1973.

[25] DUNCAN J. Selective attention and the organization of visual information[J]. Journal of Experimental Psychology General, 1984, 113(4): 501-517.

[26] 陈文锋, 焦书兰. 选择性注意中的客体与空间因素[J]. 心理科学, 2005, 28(2): 395-397.

[27] STENTIFORD F W M. Attention-based similarity measure with application to content-based information retrieval[C]// Storage and Retrieval for Media Databases 2003. International Society for Optics and Photonics, 2003, 5021: 221-232.

[28] MARQUES O, MAYRON L M, BORBA G B, et al. Using visual attention to extract regions of interest in the context of image retrieval[C]// Proceedings of the 44th Annual Southeast Regional Conference, 2006: 638-643.

[29] MARQUES O, MAYRON L M, BORBA G B, et al. An attention-driven model for grouping similar images with image retrieval applications[J]. EURASIP Journal on Advances in Signal Processing, 2006, 2007: 1-17.

[30] SCHOLL B J. Objects and attention: The state of the art[J]. Cognition, 2001, 80(1-2): 1-46.

[31] LAVIE N, DRIVER J. On the spatial extent of attention in object-based selection[J]. Perception & Psychophysics, 1996, 58(8): 1238-1251.

[32] SUN Y, FISHER R. Object-based visual attention for computer vision[J]. Artificial Intelligence, 2003, 146(1): 77-123.

[33] SUN Y. Hierarchical object-based visual attention for machine vision[D]. Edinburgh: University of Edinburgh, 2003.

[34] FU H, CHI Z, FENG D. Attention-driven image interpretation with application to image retrieval[J]. Pattern Recognition, 2006, 39(9): 1604-1621.

[35] LAZEBNIK S. Local, semi-local and global models for texture, object and scene recognition[D]. Urbana-Champaign: University of Illinois, 2006.

[36] TUYTELAARS T, MIKOLAJCZYK K. Local invariant feature detectors: A survey[J].

Foundations & Trends in Computer Graphics & Vision, 2008, 3(3): 177-280.

[37] ZHANG J, MARSZAŁEK M, LAZEBNIK S, et al. Local features and kernels for classification of texture and object categories: A comprehensive study[J]. International Journal of Computer Vision, 2007, 73(2): 213-238.

[38] HARRIS C G, STEPHENS M J. A combined corner and edge detector[C]// Alvey Vision Conference, 1988, 15(50): 10-5244.

[39] MIKOLAJCZYK K, SCHMID C. Scale & affine invariant interest point detectors[J]. International Journal of Computer Vision, 2004, 60(1): 63-86.

[40] LINDEBERG T, GÅRDING J. Shape-adapted smoothing in estimation of 3-D shape cues from affine deformations of local 2-D brightness structure[J]. Image and Vision Computing, 1997, 15(6): 415-434.

[41] SMITH S M, BRADY J M. SUSAN: A new approach to low level image processing[J]. International Journal of Computer Vision, 1997, 23(1): 45-78.

[42] LOWE D G. Distinctive image features from scale-invariant keypoints[J]. International Journal of Computer Vision, 2004, 60(2): 91-110.

[43] LOWE D G. Object recognition from local scale-invariant features[C]// Proceedings of 7th International Conference on Computer Vision, Los Alamitos, CA, USA, 1999: 1150-1157.

[44] KE Y, SUKTHANKAR R. PCA-SIFT: A more distinctive representation for local image descriptors[C]// Proceedings of the 2004 IEEE Computer Society Conference on Computer Vision and Pattern Recognition, 2004, 2: II.

[45] MIKOLAJCZYK K, SCHMID C. A performance evaluation of local descriptors[J]. IEEE Transactions on Pattern Analysis and Machine Intelligence, 2005, 27(10): 1615-1630.

[46] MATAS J, CHUM O, URBAN M, et al. Robust wide-baseline stereo from maximally stable extremal regions[C]// Proceedings of 13th British Machine Vision Computing, Cardiff, UK, 2002: 384-393.

[47] MATAS J, CHUM O, URBAN M, et al. Robust wide-baseline stereo from maximally stable extremal regions[J]. Image and Vision Computing, 2004, 22(10): 761-767.

[48] CANNY J. A computational approach to edge detection[J]. IEEE Transactions on Pattern Analysis and Machine Intelligence, 1986(6): 679-698.

[49] WILLIAMS D J, SHAH M. Edge contours using multiple scales[J]. Computer Vision Graphics & Image Processing, 1990, 51(3): 256-274.

[50] DUCOTTET C, FOURNEL T, BARAT C. Scale-adaptive detection and local characterization of edges based on wavelet transform[J]. Signal Processing, 2004, 84(11): 2115-2137.

[51] MA W Y, MANJUNATH B S. Edge flow: A framework of boundary detection and image segmentation[C]// Proceedings of IEEE Computer Society Conference on Computer Vision and Pattern Recognition. IEEE, 1997: 744-749.

[52] PELLEGRINO F A, VANZELLA W, TORRE V. Edge detection revisited[J]. IEEE Transactions on Systems, Man, and Cybernetics, Part B(Cybernetics), 2004, 34(3): 1500-1518.

[53] WANG S, KUBOTA T, SISKIND J, et al. Salient closed boundary extraction with ratio contour[J]. IEEE Transactions on Pattern Analysis and Machine Intelligence, 2005, 27(4): 546-561.

[54] ELDER J H, ZUCKER S W. Computing contour closure[C]// European Conference on Computer Vision. Berlin: Springer, 1996: 399-412.

[55] ITTI L, KOCH C. A saliency-based search mechanism for overt and covert shifts of visual attention[J]. Vision Research, 2000, 40(10-12): 1489-1506.

[56] 杨俊. 图像数据的视觉显著性检测技术及其应用[D]. 长沙: 国防科学技术大学, 2007.

[57] HAREL J, KOCH C, PERONA P. Graph-based visual saliency[C]// Advances in Neural Information Processing Systems, 2007: 545-552.

[58] LIU Y, ZHANG D, LU G, et al. A survey of content-based image retrieval with high-level semantics[J]. Pattern Recognition, 2007, 40(1): 262-282.

[59] 张成刚, 毕建涛, 池天河. 遥感影像内容的语义查询算法与应用[J]. 地球信息科学, 2007, 9(3): 109-115.

[60] ZABRODSKY H, PELEG S. Attentive transmission[J]. Journal of Visual Communication and Image Representation, 1990, 1(2): 189-198.

[61] MA W Y, MANJUNATH B S. Texture features and learning similarity[C]// Proceedings CVPR IEEE Computer Society Conference on Computer Vision and Pattern Recognition. IEEE, 1996: 425-430.

[62] 董立娟, 练秋生. 基于视觉显著性和视觉信息处理模型的特征提取方法[J]. 电子测量技术, 2007(1): 130-132.

[63] 康勤. 基于 MPEG-7 边缘直方图描述符的图像检索算法[J]. 西南大学学报, 2008, 30(5): 149-153.

[64] LOWE D G. Distinctive image features from scale- invariant key points[J]. International Journal of Computer Vision, 2004, 60(2): 91-110.

[65] LEVI K, WEISS Y. Learning object detection from a small number of examples: The importance of good features[J]. IEEE Computer Vision Pattern Recognit, 2004, 2(II): 53-60.

[66] CESMELI E, WANG D. Texture segmentation using Gaussian-Markov random fields and neural oscillator networks[J]. IEEE Transactions on Neural Networks, 2001, 12(2): 394-404.

[67] WON C S, PARK D K, PARK S J. Efficient use of MPEG-7 edge histogram descriptor[J]. ETRI Journal, 2002, 24(1): 35-42.

[68] MARSZAŁEK M, SCHMID C, HARZALLAH H, et al. Learning object representations for visual object class recognition[R].Visual Recognition Challange Workshop, in Conjunction with ICCV, Oct 2007, Rio de Janeiro, Brazil. 2007.

[69] SUDDERTH E B, TORRALBA A, FREEMAN W T, et al. Describing visual scenes using

transformed objects and parts[J]. International Journal of Computer Vision, 2008, 77(1-3): 291-330.

[70] VEDALDI A, FULKERSON B. VLFeat[C] // Proceedings of the International Conference on Multimedia-MM, 2008, 10(3): 1.

[71] ESTER M, KRIEGEL H P, SANDER J, et al. A density-based algorithm for discovering clusters in large spatial databases with noise[C] // Proceedings of the Second International Conference on Knowledge Discovery and Data MiningAugust, 1996, 96(34): 226-231.

[72] DO M N, VETTERLI M. Wavelet-based texture retrieval using generalized Gaussian density and Kullback-Leibler distance[J]. IEEE Transactions on Image Processing, 2002, 11(2): 146-158.

[73] LIU X W, WANG D L. Texture classification using spectral histograms[J]. IEEE Transactions On Image Processing, 2003, 12(6): 661-670.

[74] PICARD R W. Light-years from Lena: Video and image libraries of the future[C] // Proceedings of International Conference on Image Processing. IEEE, 1995, 1: 310-313.

[75] SHYU C R, KLARIC M, SCOTT G J, et al. GeoIRIS: Geospatial information retrieval and indexing system-content mining, semantics modeling, and complex queries[J]. IEEE Transactions on Geoscience and Remote Sensing, 2007, 45(4): 839-852.

[76] KANISZA G. Organization in vision[M]. New York: Praeger, 1979.

[77] ZHU S C. Embedding gestalt laws in Markov random fields[J]. IEEE Transactions on Pattern Analysis and Machine Intelligence, 1999, 21(11): 1170-1187.

[78] MANJUNATH B S, MA W Y. Texture features for browsing and retrieval of image data[J]. IEEE Transactions on Pattern Analysis and Machine Intelligence, 1996, 18(8): 837-842.

[79] CALINON S, GUENTER F, BILLARD A. On learning, representing, and generalizing a task in a humanoid robot[J]. IEEE Transactions on Systems, Man, and Cybernetics, Part B(Cybernetics), 2007, 37(2): 286-298.

[80] DENG Y, MANJUNATH B S. Unsupervised segmentation of color-texture regions in images and video[J]. IEEE Transactions on Pattern Analysis and Machine Intelligence, 2001, 23(8): 800-810.

[81] VEDALDI A, SOATTO S. Quick shift and kernel methods for mode seeking[C] // European Conference on Computer Vision. Berlin: Springer, 2008: 705-718.

[82] PASCHOS G. Perceptually uniform color spaces for color texture analysis: An empirical evaluation[J]. IEEE Transactions on Image Processing, 2001, 10(6): 932-937.

[83] MESSAOUDI W, FARAH I R, SOLAIMAN B. Semantic strategic satellite image retrieval[C] // 2008 3rd International Conference on Information and Communication Technologies: From Theory to Applications. IEEE, 2008: 1-6.

[84] KOUROSH J K, HAMID S Z. Radon transform orientation estimation for rotation invariant texture analysis[J]. IEEE Transactions on pattern Analysis and Machine Intelligence, 2005, 27(6): 1004-1008.

第5章 基于关联规则挖掘的遥感影像检索

从遥感影像到语义信息的过程，可以看作是从数据到知识的过程，而数据挖掘技术能够从海量数据中挖掘出有意义的、潜在的、先前未知而可能有用的信息或模式，并最终转化为知识。经过一个多世纪的发展，数据挖掘技术已经取得了长足的发展，广泛应用于各个领域。利用数据挖掘，尤其是关联规则数据挖掘技术，从多源遥感影像中获取知识，并应用于影像检索，是本章最主要的研究工作。本章将使用关联规则数据挖掘的手段从影像数据中挖掘出丰富而有兴趣的规则和关联模式，建立影像内容与语义之间的桥梁，为实现遥感影像的语义检索提供一条可行的途径。

5.1 关联规则数据挖掘技术

5.1.1 概述

关联分析（association analysis）是数据挖掘领域的一个重要课题和分支，主要用于挖掘大量数据中存在的有意义的联系，并将这些联系用关联规则（association rules）的形式进行描述。该方法最初用于分析商场的顾客购物数据，如表 5.1 所示。

表 5.1 商场顾客购物数据

TID	商品（项集）
1	牛奶，面包，啤酒
2	尿布，牛奶，鸡蛋，可乐
3	牛奶，鸡蛋，啤酒
4	可乐，尿布，牛奶

上述购物数据包含两部分，第一部分是顾客购买行为的序号（TID），第二部分为顾客购买的商品。每一个顾客购买的商品都形成一条事务，以唯一标识的 TID 和商品（项集）构成，所有顾客购买的商品形成事务集，通常称作购物篮事务（market basket transaction）。关联分析的目的就是从这些购物篮事务中找出有意义的关联规律，比如提取出如下规则：

$$\{尿布\} \rightarrow \{牛奶\}$$

该规则的意义是，购买了尿布的顾客一般都会购买牛奶。零售商们就可以利用这样的规则，重新对商品进行整理，以提高交叉销售的绩效。

在其他领域，例如医疗诊断、生物信息学等，关联规则数据挖掘也有大量的应用。在遥感影像处理和信息提取领域，关联规则数据挖掘可以用来寻找影像中的频繁模式和空间模式，以及建立与其他数据的联系，也可以用来提取影像特征，用于影像检索等。

目前已提出的关联规则挖掘算法有很多，其中 Agrawal 等[1]提出的 Apriori 算法一直作为经典的关联规则挖掘算法被引用。后来的一些数据挖掘算法[2, 3]大多是建立在 Apriori 算法基础上的。以下以购物篮数据为例，先给出关联规则数据挖掘中的基本术语及定理，然后介绍几种经典的关联规则挖掘算法。

项（item）：购物篮数据中每一种商品称为一个项。

项集（itemset）：购物篮数据中若干商品构成的集合称为项集。

事务（transaction）和事务集（transactions）：令 $I = \{i_1, i_2, \cdots, i_n\}$ 表示购物篮数据中所有项的集合，其中 i_n 为一个项；一个事务包含若干个项，而所有事务的集合 $T = \{t_1, t_2, \cdots, t_m\}$ 构成事务集，其中 t_m 为一个事务。

k-项集：包含 k 个项的集合。

频繁 k-项集：支持度大于最小支持度的 k-项集。

支持度（support）：指包含特定项集的事务个数。项集 X 的支持度 $\sigma(X)$ 可以表示为

$$\sigma(X) = |\{t_i | X \subseteq t_i, t_i \subseteq T\}| \tag{5.1}$$

关联规则：是形如 $X \rightarrow Y$ 的蕴含表达式，其中 X 和 Y 是不相交的项集，即 $X \cap Y = \varnothing$。可以用支持度和置信度（confidence）来衡量关联规则的强度，其中支持度用于确定项集在整个事务集中出现的频繁程度，而置信度反映了 Y 在包含 X 的事务中出现的频繁程度，计算公式如下：

$$\text{support}(X \rightarrow Y) = \frac{\sigma(X \cup Y)}{N} \tag{5.2}$$

$$\text{confidence}(X \rightarrow Y) = \frac{\sigma(X \cup Y)}{\sigma(X)} \tag{5.3}$$

定理：先验原理　如果一个项集是频繁的，那么它的所有子集也一定是频繁的。

推论：如果一个项集是非频繁的，那么它的所有超集也必定是非频繁的。

该定理和推论，广泛应用于频繁项的挖掘中，用于减少候选项集的数量，以提高关联规则挖掘的效率。

5.1.2　Apriori 算法

Apriori 算法使用频繁项集的先验知识产生关联规则，基本步骤包含频繁项集

的生成和关联规则的计算。设 min_sup 和 min_conf 分别为最小支持度和最小置信度，C_k 为候选 k-项集，F_k 为大于最小支持度的频繁 k-项集，Apriori 算法的基本步骤如下。

（1）扫描整个事务集，计算 C_1，然后删除支持度小于最小支持度的项，得到 F_1（频繁 1-项集）。

（2）将 F_1 和自己连接，生成 C_2（候选 2-项集），扫描整个事务集，删除支持度小于最小支持度的候选 2-项集，得到 F_2（频繁 2-项集）。

（3）依次类推，通过 F_{k-1} 与自己连接生成 C_k，扫描整个事务集，得到 F_k。

（4）直到不能产生频繁项为止。

（5）根据生成的各项频繁集，计算关联规则：对于每个频繁项集 l，产生其所有非空子集。对于每一个非空子集 s，如果满足以下条件，则输出关联规则 $s \rightarrow l-s$，其中 $l-s$ 表示 l 中除去 s 后剩余的非空子集：

$$\frac{\text{support}\,[s \bigcup (l-s)]}{\text{support}\,[s]} \geq \min \text{conf} \tag{5.4}$$

以下以一个实例说明 Apriori 的基本步骤：假设有一个由 7 个事务组成的购物篮事务集，如表 5.2 所示。

表 5.2　购物篮事务集

TID	商品（项集）
1	牛奶，啤酒，牙刷，杯子
2	啤酒，筷子，牛奶
3	牙膏，牛奶，牙刷，毛巾
4	筷子，牙刷，杯子，毛巾，啤酒
5	牙刷，杯子，牙膏
6	牙刷，牙膏，毛巾，牛奶
7	啤酒，牛奶，牙刷，牙膏

为方便起见，将牛奶、啤酒、牙刷、牙膏、筷子、杯子和毛巾分别用 a、b、c、d、e、f 和 g 表示，并按字母顺序重新排列，则购物篮事务集重新表示如表 5.3 所示。

表 5.3　用字母表示购物篮事务集

TID	商品（项集）
1	a，b，c，f
2	a，b，e
3	a，c，d，g

TID	商品（项集）
4	b，c，e，f，g
5	c，d，f
6	a，c，d，g
7	a，b，c，d

设定最小支持度为 0.4，则对应的事务个数为 3 个，最小置信度为 0.5。按照 Apriori 算法的原理，首先计算候选 1-项集，如表 5.4 所示。

表 5.4　候选 1-项集

项集	支持度计数	项集	支持度计数
a	5	e	2
b	4	f	3
c	6	g	3
d	4		

删除支持度计数小于 3 的项集，得到频繁 1-项集如表 5.5 所示。

表 5.5　频繁 1-项集

项集	支持度计数	项集	支持度计数
a	5	d	4
b	4	f	3
c	6	g	3

将频繁 1-项集（表 5.5）与自己连接，生成候选 2-项集，并扫描整个事务集，计算每个候选 2-项集的支持度计数，如表 5.6 所示。

表 5.6　候选 2-项集

项集	支持度计数	项集	支持度计数
ab	3	bg	1
ac	4	cd	3
ad	3	cf	2
af	1	cg	3

项集	支持度计数	项集	支持度计数
ag	2	df	1
bc	3	dg	2
bd	1	fg	1
bf	2		

扫描整个事务集,删除支持度计数小于 3 的项集,得到频繁 2-项集,如表 5.7 所示。

表 5.7　频繁 2-项集

项集	支持度计数	项集	支持度计数
ab	3	bc	3
ac	4	cd	3
ad	3	cg	3

将频繁 2-项集与自己连接,得到候选 3-项集,如表 5.8 所示。

表 5.8　候选 3-项集

项集	支持度计数	项集	支持度计数
abc	2	bcd	1
abd	1	bcg	1
acd	3	cdg	2
acg	2		

扫描整个事务集,删除支持度计数小于 3 的候选 3-项集,得到频繁 3-项集,如表 5.9 所示。

表 5.9　频繁 3-项集

项集	支持度计数	项集	支持度计数
acd	3	—	—

此时只有 1 个频繁 3-项集,不能再产生候选 4-项集,因此生成频繁项集的步骤到此结束。根据这些频繁项集,即可生成关联规则,如表 5.10 所示。

表 5.10　关联规则

规则	支持度/%	置信度/%	规则	支持度/%	置信度/%
a → b	42.86	60	b → a	42.86	75
a → c	57.14	80	c → a	57.14	66.67
a → d	42.86	60	d → a	42.86	75
b → c	42.86	75	c → b	42.86	50
c → d	42.86	50	d → c	42.86	75
c → g	42.86	50	g → c	42.86	100
a → cd	42.86	60	cd → a	42.86	100
c → ad	42.86	50	ad → c	42.86	100
d → ac	42.86	75	ac → d	42.86	75

从以上的实例和分析可以看出,Apriori 算法的计算复杂度主要受到以下几个因素的影响。

（1）最小支持度。在候选频繁集生成频繁集的过程中,需要将候选频繁项的支持度与最小支持度进行比较,大于最小支持度的候选频繁项才能成为频繁项,因此最小支持度越小,生成的频繁项会越多;而随着频繁项的增多,遍历事务集以计算频繁项的支持度的操作将会增多,因此耗时也会随之增长。

（2）项数。随着项数的增加,生成的候选频繁项和频繁项会更多,随之而来的,就需要更多的空间存储频繁项及支持度,同时产生的候选项增多,进而需要更多地遍历事务集以计算其支持度,带来更大的计算量和 I/O 开销。

（3）事务数。Apriori 算法在计算每个候选频繁项的支持度时,需要遍历事务集。因此事务数越多,遍历事务集所带来的计算量就会更大。

鉴于以上几点,众多 Apriori 改进算法都将重点放在了提高频繁项的生成速度和减少遍历事务集的次数上。

5.2　基于多维数据立方体的关联规则快速挖掘方法

如前所述,在 Apriori 算法中,需要多次遍历事务集,以确定每个频繁项的支持度,当事务集很大时,多次遍历事务集就需要大量的计算耗时。因此如何减少遍历事务集的次数,成为提高关联规则挖掘效率的关键之一。

5.2.1 多维数据立方体

多维数据立方体最早是在数据仓库（data house）和联机分析处理（online analytical processing，OLAP）中提出的数据模型，以实现对数据仓库中多维数据的多角度多层面的分析和处理。文献[4]给出了数据立方体和多维模式的形式化定义，在本节中，将事务中的每一个项定义为一个维，而每一个项的取值范围定义为该维的长度，例如对于如表 5.11 所示的一个事务集。

表 5.11　某事务集的部分事务

事务	项集		
	Item1	Item2	Item3
T1	1	4	3
T2	5	2	4
T3	3	1	2

该事务集中，包含 3 个维，分别为 Item1、Item2 和 Item3，这 3 个维的长度分别为 5、4、4。由此可以将该事务集用一个三维数据立方体表示，三维数据立方体可以用如图 5.1 所示的三维直角坐标系表达。

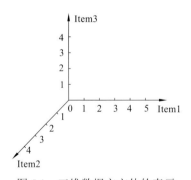

图 5.1　三维数据立方体的表示

事务集中的每一个事务，均可以用三维直角坐标系中的一个点来表示。在物理存储上，该三维数据立方体可以用一个三维数组来存储，如果将三维数据立方体用 C 表示，则 T1 事务可以用 $C[1][4][3]=1$ 来表示，同理可表示 T2 和 T3 事务。事务集中的所有事务均可以用三维数组中的一个点来存储，而三维数组中不包含在事务集中的点则用 0 来表示。由此，即可将数据集转换为一个三维数据立方体。同理，包含 N 个项的事务集可以表示为 N 维数据立方体，而在存储上，N 维数据立方体可以表示为一个 N 维数组。在关联规则挖掘的过程中，只需要遍历一遍事务集，即可将该事务集转换为一个多维数据立方体，后续的处理将由该多维数据立方体来完成，从而达到提高计算效率的目的。

根据事务集中每个事务的项的取值不同，本节将事务集转化得到的数据立方体分为如下 4 个不同的类型。

1. 单值数据立方体

单值数据立方体对应于单值事务集，也称为布尔型事务集，是指在事务集中，每个事务的项的取值仅包含 0 和 1，表示该项在该事务中的存在性，如表 5.12 所示。

表 5.12 单值事务集

事务	项集
T1	b d e f i
T2	a e g h
T3	a b f h i

上述事务集中，a～i 表示每一个事务所包含的项，并不是每个事务都包含所有的项，因此上述事务集可以转化为如表 5.13 所示的单值或布尔型事务集。

表 5.13 单值或布尔型事务集

事务	项集								
	a	b	c	d	e	f	g	h	i
T1	0	1	0	1	1	1	0	0	1
T2	1	0	0	0	1	0	1	1	0
T3	1	1	0	0	0	1	0	1	1

表 5.13 中字母 a～i 表示项，而 1 和 0 表示该项在事务中的取值。在将上述事务集转换为多维数据立方体时，采用项集分段的思想，按照 3 个项分成 1 段，则上述项集可以分为 3 段，并将每段的三个布尔值当成二进制数，并转换为十进制数，则转换后的事务集如表 5.14 所示。

表 5.14 转换后的事务集

事务	项集		
	Item1	Item2	Item3
T1	2	7	1
T2	4	2	6
T3	6	1	3

经过上述转换，该事务集可以表示为一个三维数据立方体，每个维的长度为6、7、6，也可以定义每个维的长度均为7，只不过此时会存在一些数据冗余，而在存储时用三维数组表示。根据分段时所选择的项的个数不同，可以得到不同的分段，则对应的数据立方体的维数和每个维的长度会有所不同，可以根据实际情况进行合理选择。

2. 多值无序数据立方体

多值是指事务集中每一个事务的每一个项的取值不是 0 和 1，而是任意数，一般取值为整数；无序是指一个事务中项的取值是没有顺序的，例如对于一个三项集，取值为[1 2 3]和[3 1 2]的两个事务是一样的。

对于这样的多值无序事务集，在表示为多维数据立方体时，可以先将事务中的项按照从小到大排序，然后按照多维数据立方体的结构进行存储；也可以不排序，直接进行存储。为了命名方便，这样的事务集表示成的多维数据立方体命名为多值无序数据立方体。

3. 多值有序数据立方体

与多值无序数据立方体类似，多值有序是指事物集中每一个事务的每一个项的取值为任意数，一般为整数，且项的取值是有顺序的，取值为[1 2 3]和[3 1 2]的事务是不一样，表示两个不同的事务。在存储为多维数据立方体时，按照事务中项的顺序，依次存入多维数据立方体的对应维中。为了命名方便，这样的事务集表示成的多维数据立方体命名为多值有序数据立方体。

4. 属性数据立方体

在进行关联规则挖掘时，经常要处理一些和属性有关的问题，例如对于一幅图像，经过面向对象的图像分割，图像被分割成若干个对象，对于每个对象，可以提取各种属性，如色调、熵、形状等，如果要挖掘这些属性之间的关联规则，就需要用到属性数据立方体。

具体步骤：首先计算每个对象的每个属性；然后按照一定的规则，对每个属性的值进行量化，量化等级需要根据实际情况确定，每个属性的量化等级可以相同，也可以不同；每一个对象的所有属性量化后可以用一个事务表示，一个属性对应事务中的一个项；最后将事务中的每一项依次存入多维数据立方体的某一维中。经过上述操作，这些属性数据即转化为多值数据立方体。由于该属性数据源与传统的数据源有所差异，所以在命名时将由属性转化的事务集构成的多维数据立方体命名为属性数据立方体。

5.2.2　获取频繁项集

沿用 Apriori 算法中关于频繁项的定义,在利用多维数据立方体挖掘关联规则时,也需要获取 k-项频繁集,进而计算关联规则。

具体步骤如下。

首先扫描一遍事务集,将事务集转化为多维数据立方体,同时记录下整个事务集的长度,设为 Len。为叙述方便,本章假设将事务集转化为三维多值有序数据立方体,即每一个事务由三个项构成,项之间是有序的,并将该三维数据立方体表示为 A。设置最小支持度为 min_sup,最小置信度为 min_cof。

1. 获取 1-项集和 1-项频繁集

由于项是有序的,同一个数在三个维度上出现时,其意义是不一样的,此时在获取 1-项集时需要单独处理。采用数组的循环操作,在三个维度上分别统计每个值出现的频度:

```
for k=1:maxkv
    sup_k=sum(A(k,:,:))/Len;
end
```

其中:maxkv 为在第一维上的最大值;sup_k 为第一维上每个值的支持度;sum( )为求和操作;A(k,:,:)为三维数据立方体 A 中第一维等于 k 的所有子集。由于 A 的三个维度的长度是有限的,且远小于原始事务集的长度,数组求和的计算速度非常快。

对三个维度都执行相同的操作,即可获得 1-项集,由于事务中的项是有序的,依然用数组存储最终的项集,如表 5.15 所示。

表 5.15　1-项集

	1-项集		支持度
1	0	0	0.8
0	2	0	0.7
0	0	2	0.7

保留支持度大于最小支持度的 1-项集,即为频繁 1-项集。

2. 获取 k-项集和 k-项频繁集

可以采用以下三种方法,实现利用 k-项集生成 k+1-项集的步骤。

1)第一种:频繁 k-项集自交

思路与传统 Apriori 算法类似,频繁 k-项集自交,生成 k+1-项集。考虑频繁

k-项集的存储结构，在进行频繁项自交前，可以先用逻辑运算判断该频繁项是否能够自交，如果不能，则放弃，以提高计算效率。

判断规则：假设利用频繁 1-项集自交产生 2-项集，频繁 1-项集中的两个频繁项为[１００]和[２００]，先做逻辑或运算，结果为[１００]，计算逻辑或运算的和，如果和等于 2，则可以相交，否则不可以。显然，此时不能相交。而对于两个频繁项为[１００]和[０２０]，逻辑或运算的结果为[１１０]，其和为 2，则可以相交，结果为[１２０]；在相交的基础上，利用 sum(A(1,2,:))即可迅速计算该 2-项集的支持度，其中 A(1,2,:)表示第一个维度为 1，第二个维度为 2 的所有子集。在此过程中无需遍历原始事务集，仅需利用数组的寻址功能，快速地计算支持度。

2）第二种：频繁 k-项集扩展

基本思路是将频繁 k-项集与频繁 1-项集相交，生成 k+1-项集，因此在相交之前，需要先判断该频繁项是否能够相交，如果不能，则放弃。考虑频繁项集的存储结构，只需要查找特定维度的频繁 1-项集即可。

规则：假设要将频繁 2-项集扩展为 3-项集，对于频繁 2-项集中的某个频繁项[１２０]，在扩展时只需要查找频繁 1-项集中类似[００k]这样的频繁项，其中 k 为第三维度上的任意值。这样就可以避免频繁的相交操作，提高计算效率。

3）第三种：以上两种方法的结合

从以上两种方法的思路可以看出，第一种方法中利用频繁 k-项集生成 k+1 项集时需要遍历频繁 k-项集，而第二种方法中需要遍历频繁 1-项集，主要的计算量消耗在遍历操作上。对于一个关联规则挖掘的任务而言，通常 1-项集是比较小的，而频繁项集越到最后越小，中间的项集比较大，因此在利用 k-项集生成 k+1-项集时，可以通过比较频繁 k-项集与频繁 1-项集的大小来决定使用哪一种方法。如果频繁 k-项集大于频繁 1-项集，则可以选择第二种方法，否则使用第一种方法。通过这种选择，可以在一定程度上提高频繁项集的生成速度。

5.2.3 频繁项集的统一存储

在上一节中，获取了频繁项集及其支持度，也通过特定的格式保存了每一个频繁项集，事实上，这种特定的格式可以利用多维数据立方体进行统一存储，在后续生成关联规则时，可以利用数组的寻址功能，快速生成各类关联规则。

以三维数据立方体为例，获取的频繁 1-项集中频繁项的格式为[１００]，而频繁 2-项集中频繁项的格式为[１２０]，如果在三维数据立方体的每一维上再加一列，比如第 0 列，由于大多数数组的访问都是从 0 开始的，那么这些频繁项即可加入到三维数据立方体中，如此一来，就可以将频繁项集与原始事务集统一存储。

需要指出的是，如果要使用这种统一存储结构，那么在建立多维数据立方体时，需要将每一维的值都量化为大于等于 1 的整数，这样才能将频繁项集存储在每一维的第 0 列。如果某些应用环境不支持数组的第 0 列，那么在建立多维数据立方体时，需要将每一维的值都量化为大于等于 2 的整数，将第 1 列用于存储频繁项集，效果是一样的。

5.2.4　生成关联规则

经过上述处理，原始事务集和各频繁项集均存储在多维数据立方体中，在生成关联规则时，仍然采用传统 Apriori 算法的生成模式，包括以下步骤。

对于每个频繁项集，产生该频繁项集的所有子集，根据下面的公式判断是否产生一条规则：

$$\frac{\text{support}(l)}{\text{support}(s)} \geqslant \text{min\_cof} \tag{5.5}$$

式中：l 为某个频繁项；s 为该频繁项的某个子集，如果满足此条件，则输出关联规则：

$$s \Rightarrow l-s, \text{ support }(l), \frac{\text{support }(l)}{\text{support }(s)} \tag{5.6}$$

式中：$l-s$ 为频繁项 l 中去除 s 后剩下的子集，$\text{support }(l)$ 和 $\frac{\text{support}(l)}{\text{support}(s)}$ 分别为该规则的支持度和置信度。

生成关联规则的主要计算量在于获取每个频繁子集的支持度。传统方法是将每个子集与事先获取的各频繁集进行比较，如果匹配了，就获取其支持度，进而输出规则。一般而言，匹配的过程是比较耗时的，尤其是当最小支持度设置得比较低、获取的各频繁集比较多时，更耗时。本节将每个频繁项都统一存储在多维数据立方体中，利用数组的快速寻址能力，能够快速地获取每个频繁子集的支持度，从而提高生成关联规则的速度。

从以上的分析过程可以看出，整个关联规则挖掘过程仅遍历了一遍事务集，虽然在计算频繁项集及关联规则时需要多次遍历多维数据立方体，但遍历后者的时间消耗要远小于遍历事务集，因此从运行速度上来说，本节的方法要明显快于传统的 Apriori 算法。

5.2.5　实验与分析

由于本节的主要研究内容是从遥感影像中挖掘关联规则，以一幅 302×302 像素大小的 QuickBird 融合影像进行实验，以测试基于多维数据立方体的关联规则快速挖掘算法的有效性。在进行关联规则挖掘之前，需要先将彩色遥感影像灰度化，并进行灰度级的压缩，以减少数据量。按照以下公式进行彩色影像的灰度化：

$$Y = 0.299R + 0.587G + 0.114B \qquad (5.7)$$

式中：Y 为灰度化后的影像；R、G 和 B 分别为彩色影像的 3 个波段。然后直接采用最简单的分段线性压缩的方式，对灰度化后的影像进行灰度级压缩：

$$g' = \mathrm{ceil}\left(\frac{g+1}{256} \times G\right) \qquad (5.8)$$

式中：ceil( )为向上取整函数；g 为压缩前的灰度级；G 为压缩后的最大灰度级，在下面的实验中，取 $G = 8$。图 5.2（a）为原始彩色影像，图 5.2（b）为经过灰度级压缩后的影像，基本上保持了原始彩色图像上的地物结构信息。

（a）原始彩色影像　　　　　　　　　　　　（b）经过灰度级压缩后的影像

图 5.2　原始彩色影像与经过灰度级压缩后的影像

以下测试的内容是从灰度级压缩后的影像上提取像素之间的关联规则，为简单起见，仅考虑连续 3 个像素的关联规则。则该事务集中每个事务包含 3 个项，每个项的最大值为 8，项之间是有顺序的，事务集中事务的最大数量为 300×300＝90 000 个，为测试事务数量对算法性能的影响，将事务数量从 30 000 增加到 90 000。设置最小支持度从 0.1%到 0.5%，增量步长为 0.05%，最小置信度为 0.2，考察在某个事务数量水平下，运行时间随支持度变化的关系。测试环境为笔记本电脑，Windows XP 系统，2 G 内存，CPU 为酷睿双核 P8400，主频 2.26 GHz，运行环境为 MATLAB 7.0。结果如图 5.3 所示。

图 5.3 中的运行时间包括从读取数据到输出关联规则的所有 CPU 时间。从图中可以看出，运行时间基本上维持在 0.15 s 左右，从整体上看，随着最小支持度的增加，运行时间会减少，这是因为最小支持度增加后，频繁项的数量会减少。由于在整个挖掘过程中，仅仅只遍历一遍原始事务集，而且在遍历事务集时将事务集转换为多维数据立方体，遍历多维数据立方体远比遍历事务集的效率高，总

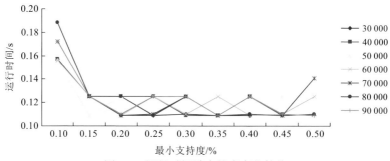

图 5.3　运行时间随支持度变化趋势

的运行时间非常低。当最小支持度增加到一定程度后，运行时间基本上保持稳定，有小幅波动，波动产生的原因主要是受操作系统后台运行的其他服务的影响。

最小支持度增加到一定程度后，运行时间基本上没有变化；随着事务数量的增加，运行时间也没有显著变化，说明算法对于事务集的大小和最小支持度的变化有一定的鲁棒性，能够保证较快速地挖掘出满足要求的关联规则。但是这种鲁棒性不是绝对的，当事务数量进一步增大时，运算时间会明显延长。由于本节主要采用此算法进行分块遥感影像的关联规则挖掘进而用于影像检索，影像的尺寸不会太大，因此该算法在本节的后续实验中具有很高的运行效率。

在上述实验中，没有将该方法与现有的 Apriori 及 FP-Growth 等算法进行比较，原因在于 Apriori 及 FP-Growth 等算法对数据有一定的要求，即同一个事务中，项的取值不能相同，也就是说，[2 2 5]这样的事务是不符合要求的。但是在本章的实验中，影像经过灰度级压缩，相邻像素的灰度值很可能相等，那么在构成事务时，一个事务中项的取值有可能相同，即类似[2 2 5]这样的事务可能大量存在，而且，在本章后续的基于像素和对象的影像检索中，类似的事务也会大量存在，因此 Apriori 及 FP-Growth 等算法不能适应于这种情况，因此在上述实验中，没有进行比较，只是对本章算法进行了性能测试，以证明该算法的有效性及对后续影像检索实验的适应性。

5.3　基于像素关联规则的遥感影像检索

关联规则反映了数据内部元素之间的关联关系，对于影像而言，则反映了影像内像素之间的空间分布规律。同一传感器获取的两幅遥感影像，如果包含相同或类似地物，则其像素之间的空间分布规律（也即是关联规则）应该具有一定的相似性，基于此思想，本节提出利用关联规则进行遥感影像检索的方法，即首先利用关联规则挖掘的手段获取影像的关联规则，然后比较关联规则之间的相似度来实现影像检索。

5.3.1 影像关联规则挖掘

影像的关联规则挖掘包含影像灰度级压缩、构建事务集、生成关联规则这三个主要步骤。

1. 影像灰度级压缩

以像素为基础的影像有 256 个灰度级，如果直接利用 256 个灰度级进行关联规则挖掘，那么数据量是相当庞大的，同时由于灰度级过多，频繁项的支持度会非常小，不利于提取到支持度和置信度都足够大的关联规则，在进行关联规则挖掘之前，需要先进行影像压缩，一般是将影像压缩至少数几个灰度级，以减小数据量。

Rushing 等[5]提出了一种以邻域均值和方差进行影像压缩的方法，对于影像上每个 3×3 邻域内的像素，计算该邻域的均值 μ 和标准差 σ，然后利用下式计算该邻域中心像素在压缩后的灰度级：

$$g' = \begin{cases} 0, & g \leqslant \mu - c\sigma \\ 1, & \mu - c\sigma < g < \mu + c\sigma \\ 2, & g \geqslant \mu + c\sigma \end{cases} \qquad (5.9)$$

式中：g 为中心像素原始灰度级；g' 为压缩后的灰度级；c 为比例系数，取值范围在 [0.1，0.5]。通过该方法，可以将原始影像压缩至 0、1、2 这 3 个灰度级。

也可以采用平均压缩的方法，将 256 个灰度级平均分配到若干个灰度级中，例如：

$$g' = \begin{cases} 0, & g \leqslant 85 \\ 1, & 86 < g < 170 \\ 2, & g \geqslant 171 \end{cases} \qquad (5.10)$$

或者采用线性分段的方法进行压缩，首先计算影像的最大灰度级 g_{max} 和最小灰度级 g_{min}，然后利用下式计算压缩后的灰度级：

$$g' = \begin{cases} 0, & g \leqslant g_{min} + (g_{max} - g_{min}) / 3 \\ 1, & g_{min} + (g_{max} - g_{min}) / 3 < g < g_{min} + 2(g_{max} - g_{min}) / 3 \\ 2, & g \geqslant g_{min} + 2(g_{max} - g_{min}) / 3 \end{cases} \qquad (5.11)$$

压缩后的灰度级越多，则进行关联规则挖掘的计算量越大，但反映出的像素之间的关系越接近于真实；反之灰度级越少，压缩后像素之间的差异会越小，越不利于挖掘出有意义的关联规则，因此选择一个合适的灰度级非常重要。本章选定灰度级为 8，采用的压缩方式为平均压缩：

$$g' = \text{ceil}\left(\frac{g+1}{256} \times G\right) \qquad (5.12)$$

式中：G 为最大灰度级，其中 $G = 8$；ceil( ) 为向上取整函数；$g+1$ 是为了使影像的灰度级被压缩为 1~8。

2. 构建事务集

影像以像素为基础,因此在影像数据挖掘中需要在像素的基础上构建事务集。通常以邻域为单位,以该邻域内所有像素灰度值的排列作为事务集中的某一个事务,例如 3×3 邻域内 9 个像素的灰度值即可构成一个事务。那么对于 100×100 像素大小的影像,可以构成由 98×98=9 604 个事务组成的事务集,每个事务包含 9 个项。影像越大,则生成的事务越多,构建的事务集越大;一个事务包含的项越多,则需要计算的频繁项集越大,计算量也就越大,因此需要对每个事务包含的项数做一定的限制。考虑影像的边缘处包含了影像的大量有用信息,同时边缘具有方向性,因此首先利用 Canny 算子提取影像的边缘,然后提取边缘点像素的 4 个方向,以每个方向上的 3 个像素灰度值作为一个项的元素。对于一个边缘点像素,其 4 个方向的示意图如图 5.4 所示。

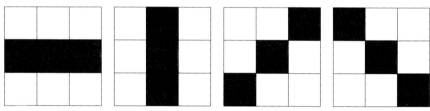

图 5.4　边缘点 4 个方向示意图

由于影像上的边缘点像素占整个影像的比例很小,同时每个事务只包含 3 个项,计算量能够明显地降低。图 5.5(a)为原始影像,大小为 128×128 像素,图 5.5(b)为压缩后影像,为显示方便,每个灰度级均乘以 256/G,从压缩影像可以看出,压缩后尽管灰度级缩小至 8 个,但影像的内容并没有太大的变化,图 5.5(c)为边缘检测影像,检测出的边缘点数量为 1964,因此构成的事务集大小为 1964×4=7856,每个事务包含 3 个项。如果影像内的地物比较丰富,那么检测出的边缘点将更多,则最终生成的事务集将更大。表 5.16 显示了该事务集中的部分事务。

（a）原始影像

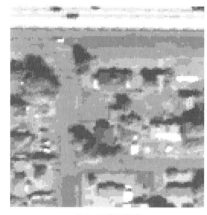

（b）压缩后影像

（c）Canny 边缘检测

图 5.5　构建事务集

表 5.16　事务集中的部分项

事务	项集		
T1	1	1	2
T2	2	7	8
T3	2	5	6
T4	1	3	4

3. 生成关联规则

构建了事务集之后，采用 5.2 节提出的方法构建多维数据立方体。由于事务集中每个事务仅包含 3 个项，那么可以从事务集中构建三维数据立方体，在此基础上，可以按照 5.2 节的方法生成关联规则。

首先需要生成频繁项集。计算频繁项集是关联规则挖掘中一个非常关键的步骤，其计算量直接影响了整个关联规则挖掘的计算量。对于由 3 个元素组成的项，设为[a b c]，如果不考虑支持度，其生成的关联规则则有 12 条：①a→b；②a→c；③b→c；④b→a；⑤c→a；⑥c→b；⑦ab→c；⑧ac→b；⑨bc→a；⑩a→bc；⑪b→ac；⑫c→ab。

由于前 6 条规则仅涉及两个像元之间的关系，尚不足以表达影像的内容，且会增加关联规则挖掘和后续相似度计算的运算量，本节仅生成后 6 条关联规则。如果利用 Apriori 算法生成关联规则，则每计算一个频繁项，都需要遍历事务集，以确定其支持度，因此效率是非常低下的。本节方法将庞大的事务集转换为一个很小的三维矩阵，因此生成关联规则的效率比 Apriori 算法要快很多倍。

为了简单起见，本节仅考虑了边缘点附近的 3 个像素。一般而言，选择的像素越多，则每一条事务所包含的项越多，计算量越大，但是每条规则所表现出的物理意义越丰富，检索精度会越高。

5.3.2　相似性度量指标

支持度反映了关联规则在影像中的分布频度，而置信度则反映了该关联规则的可信程度，因此可以用支持度与置信度的乘积来表示该关联规则在影像中的真实比重。对于一幅影像获取的若干条关联规则，每条规则支持度与置信度的乘积联合起来，即构成一个规则向量，可以用该规则向量来描述该影像的内容。对于内容相同或者相似的影像，其规则向量应该是相似的。

同时人眼视觉系统 HVS 的视觉特性可以用韦伯定律来描述。根据韦伯定律，HVS 对相对亮度改变的敏感性要高于绝对亮度改变，影像的均值反映了人眼对于影像的整体感受，设变化前影像的均值为 μ_1，R 为相对于背景亮度的亮度改变，变化后的均值可以表示为 $\mu_2 = (1+R)\mu_1$，则表达式 $\dfrac{2\mu_1\mu_2}{\mu_1^2+\mu_2^2}$ 可以用来衡量该影像变化的整体感受：

$$\frac{2\mu_1\mu_2}{\mu_1^2+\mu_2^2} = \frac{2(1+R)}{1+(1+R)^2} \tag{5.13}$$

因此 $\dfrac{2\mu_1\mu_2}{\mu_1^2+\mu_2^2}$ 仅为 R 的函数，表明与韦伯定律是一致的，能够表达人眼对于图像亮度的反应。当 μ_1 与 μ_2 越接近，$\dfrac{2\mu_1\mu_2}{\mu_1^2+\mu_2^2}$ 越接近于 1，说明两幅影像在亮度上的相似度越高。本节在设计检索方法的过程中，充分考虑了 HVS 的这一视觉特性。

设待检索影像的关联规则有 N 条，影像库中任一检索影像的关联规则有 M 条，则以待检索影像的 N 条规则为基准，将检索影像的关联规则与之匹配，两条关联规则匹配成功的条件是两条规则的前件和后件分别相同。如果匹配成功，则保留该规则的支持度与置信度的乘积；如果匹配不成功，则该乘积设置为 0。因此该检索影像同样可以生成一个 N 维的规则向量，通过比较待检索影像与影像库中所有影像的 N 维规则向量的相似度，即可实现影像检索。

考察以下 3 幅 QuickBird 分块影像，大小为 150×150 像素，设置支持度为0.015，置信度为 0.3，先计算其亮度影像，然后计算关联规则，生成影像的规则向量，如图 5.6 所示。

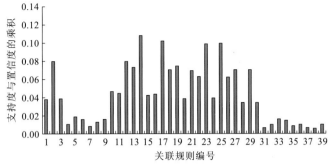

（a）影像1

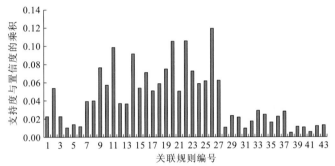

（b）影像2

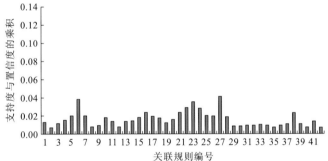

（c）影像3

图 5.6　影像及其关联规则向量

左边为影像，右边为影像的关联规则向量

从原始影像图可以看出，前 2 幅影像比较相似，而且均与第 3 幅影像差别显著。从规则向量图可以看出，横轴表示关联规则的编号，纵轴表示每个关联规则的支持度与置信度的乘积。虽然每幅影像计算得到的关联规则的数量并不相同，且在横轴上坐标相同（例如均为 17）的关联规则也不一定匹配，但从整体趋势上可以看出，前 2 幅影像的规则向量比较相似，且均与第 3 幅影像的规则向量相去甚远，因此通过比较规则向量可以衡量两幅影像的相似度。

衡量两个向量相似性的度量有很多种，本章选用 KL 散度一阶近似距离作为规则向量相似性的度量，其表达式为

$$\text{dis} = \sum_{i=1}^{N} \frac{[r_1(i) - r_2(i)]^2}{r_1(i) + r_2(i)} \quad\quad (5.14)$$

式中：r_1 和 r_2 为两个规则向量。同时考虑人眼视觉特性，最终的相似性度量指标为

$$D = \sum_{i=1}^{N} \frac{[r_1(i) - r_2(i)]^2}{r_1(i) + r_2(i)} + \left(1 - \frac{2\mu_1\mu_2}{\mu_1^2 + \mu_2^2}\right) \quad\quad (5.15)$$

如果两个规则向量越接近，同时两幅影像的均值越接近，则 D 的值越小，相似度越高。

5.3.3　实验与分析

为了验证本节方法的有效性，采用不同传感器的影像进行检索实验，同时将本节方法与直方图匹配、颜色矩、Gabor 小波[6]、双数复小波变换（dual-tree complex wavelet transform，DT-CWT）[7]方法进行比较。颜色矩特征描述了颜色的分布信息，常用一阶矩（均值）、二阶矩（标准差）和三阶矩来表达图像的颜色分布信息，具有简单有效和计算量小的特点，这三个矩特征的定义如下：

一阶矩（均值）：

$$\mu_i = \frac{1}{n} \sum_{j=1}^{n} h(i, j) \quad\quad (5.16)$$

二阶中心矩（标准差）：

$$v_i = \sqrt{\frac{1}{n} \sum_{j=1}^{n} [h(i, j) - \mu_i]^2} \quad\quad (5.17)$$

三阶中心矩：

$$s_i = \sqrt[3]{\frac{1}{n} \sum_{j=1}^{n} [h(i, j) - \mu_i]^3} \quad\quad (5.18)$$

对于彩色影像，本节方法可以使用亮度影像和各波段影像分别进行关联规则挖掘，对应的规则分别命名为亮度关联规则和多波段关联规则。其中，前者采用 YUV 颜色空间来提取亮度影像，其与 RGB 3 个波段的关系为

$$Y = 0.299R + 0.587G + 0.114B \quad\quad (5.19)$$

式中：Y 为 YUV 颜色空间的亮度，当然也可以采用其他颜色空间中的亮度来挖掘关联规则。

Gabor 小波选取 5 个尺度 6 个方向，因此每幅影像可以统计得到 30 维的向量；DT-CWT 方法是采用双树复小波对影像进行变换，得到变换谱，然后计算变换谱的谱直方图作为影像的特征向量，谱直方图的计算方法参见文献[8]。

在波段关联规则挖掘方法中，首先对 3 个波段分别挖掘关联规则，然后分别比较对应波段的关联规则的相似度，最后取这 3 个相似度的均值作为总的相似度，输出检索结果。因此从方法上看，该方法的计算量比亮度关联规则要大，但是由

于利用了 3 个波段的信息，其检索精度比亮度关联规则要高。

1. QuickBird 影像检索实验

由于 QuickBird 影像库比较大，包含 1512 幅分块影像，同时影像上的地物类型较多，为方便统计检索精度，仅选择疏林地、居民地、高速公路和密林地这 4 类易区分的地物，每类地物随机选择 8 幅分块影像，以这 8 幅影像作为待检索影像。由于不知道影像库中每类影像的具体数目，无法使用查全率、漏检率等指标，而前 N 幅影像的平均查准率能够反映检索算法的检索性能，同时兼顾到用户的体验，因此本章使用前 64 幅影像的平均查准率来衡量各检索算法的性能。计算时，分别统计前 8、前 16、前 24、前 32、前 40、前 48、前 56、前 64 幅返回影像中的正确影像，取 8 幅影像的平均查准率作为最终的查准率。

1）疏林地

从图 5.7 中的影像上来看，疏林地的分块影像中只包含少量树木，大部分是裸露的土壤，限于篇幅，仅给出多波段关联规则和 Gabor 小波检索方法的前 24 幅返回影像，如图 5.8 所示。

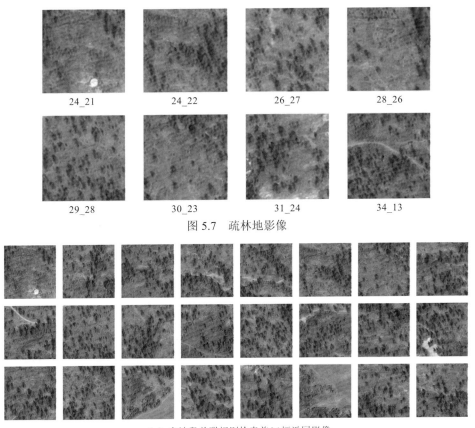

24_21　　　　　24_22　　　　　26_27　　　　　28_26

29_28　　　　　30_23　　　　　31_24　　　　　34_13

图 5.7　疏林地影像

（a）多波段关联规则检索前24幅返回影像

（b）Gabor 小波检索前24幅返回影像

图 5.8　疏林地部分检索结果

各检索方法的统计结果见图 5.9。

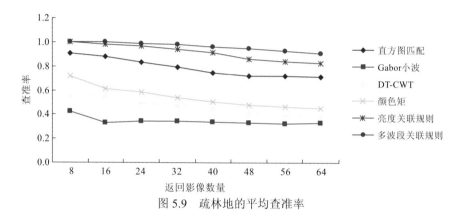

图 5.9　疏林地的平均查准率

从图 5.9 可以看出，本节提出的多波段关联规则方法的查准率始终高于其他方法，在很多检索结果中能够达到 100%的查准率，因此总体查准率始终维持在 90%以上。由于亮度关联规则方法只用到了亮度信息，所以其查准率稍低，但仍然高于其他方法。对于疏林地，每个分块影像上的林木数量不等，因此纹理信息不是很丰富和完整，但是整体而言，有大量的裸露地，颜色信息相对比较统一，因此颜色矩的效果要好于 Gabor 小波和 DT-CWT 方法。

2）居民地

从图 5.10 中的影像上看，居民地一般都集中在道路附近，且房屋呈明亮的白色，房屋周围分布着一定数量的树木。本章多波段关联规则检索方法和颜色矩方法的前 24 幅返回影像如图 5.11 所示。

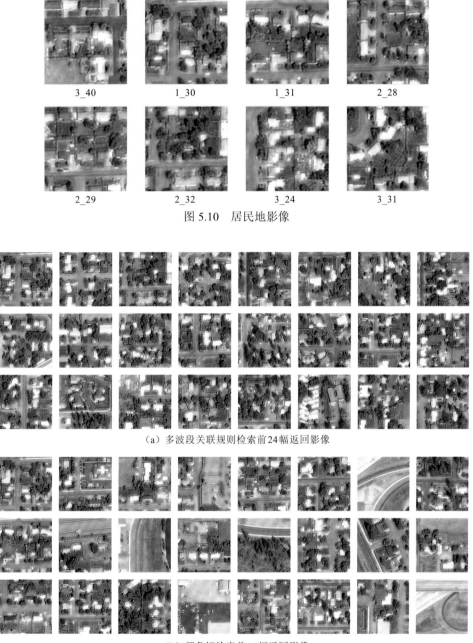

3_40   1_30   1_31   2_28

2_29   2_32   3_24   3_31

图 5.10　居民地影像

（a）多波段关联规则检索前24幅返回影像

（b）颜色矩检索前24幅返回影像

图 5.11　居民地部分检索结果

各检索方法的统计结果如图 5.12 所示。

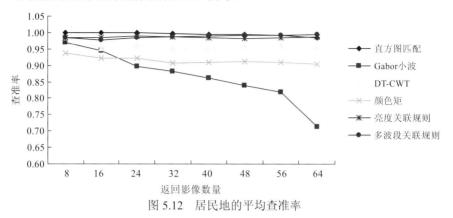

图 5.12　居民地的平均查准率

在分块影像上，居民地的视觉特征比较统一，白色的房子四周分布着一定的树木及灰色的道路，相互之间的直方图比较相似，所以前 24 幅返回影像的平均查准率基本保持在100%，但随着返回影像数量的增加，其平均查准率反而比本章提出的多波段关联规则方法和亮度关联规则方法要低。DT-CWT 和颜色矩的平均查准率比较稳定，而 Gabor 小波的平均查准率波动比较大，这是因为虽然居民地的地物内容比较类似，但在各个方向上的分布并不统一。虽然多波段关联规则方法和亮度关联规则方法在前 32 幅影像上的平均查准率比直方图稍差，但随着返回影像的增多，其平均查准率却更高。实验中发现，这是因为在某一幅影像的返回结果中，前 8 幅返回影像中有 2 幅影像不属于居民地，如图 5.13 所示。

图 5.13　多波段关联规则检索的前 8 幅返回影像

正是因为第 4 幅和第 8 幅影像的影响，才导致所有影像的平均查准率一直偏低，以下是多波段关联规则方法在所有影像中查准率。

从表 5.17 中可以看出，第 8 幅影像的查准率比较低，导致前 32 幅返回影像的平均查准率低于99%，但是大多数影像的平均查准率均达到100%，而且最终整体平均查准率达到99.41%，说明本章方法仍然具有非常高的检索精度。

表 5.17　多波段关联规则方法的查准率

序号	返回影像数量							
	8	16	24	32	40	48	56	64
1	1	1	1	1	1	1	1	1
2	1	1	1	1	1	1	1	1

序号	返回影像数量							
	8	16	24	32	40	48	56	64
3	1	1	1	1	1	1	1	1
4	1	1	1	1	1	1	1	1
5	1	1	1	1	1	1	1	1
6	1	0.937 5	0.958 3	0.968 8	0.975 0	0.979 2	0.982 1	0.984 4
7	1	1	1	1	1	1	1	1
8	**0.875 0**	**0.875 0**	**0.916 7**	**0.937 5**	**0.950 0**	**0.958 3**	**0.964 3**	**0.968 8**
平均	0.984 4	0.976 6	0.984 4	0.988 3	0.990 6	0.992 2	0.993 3	0.994 1

3）高速公路

从图 5.14 的影像上看，高速公路的亮度非常高，呈带状分布，公路周围为裸露的土地。本节的多波段关联规则检索方法和直方图匹配检测法的前 24 幅返回影像如图 5.15 所示。

5_35　　　　　10_20　　　　　18_8　　　　　21_5

21_6　　　　　22_4　　　　　22_5　　　　　23_3

图 5.14　高速公路影像

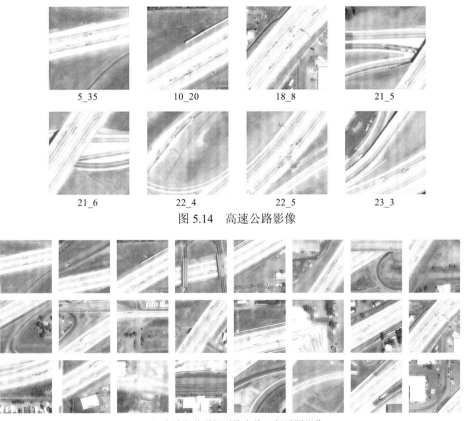

（a）多波段关联规则检索前24幅返回影像

（b）直方图匹配检索前24幅返回影像

图 5.15　高速公路部分检索结果

各检索方法的统计结果如图 5.16 所示。

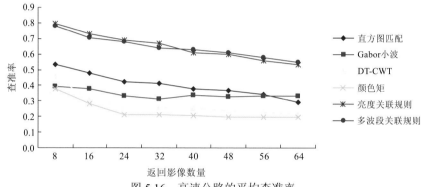

图 5.16　高速公路的平均查准率

从图 5.16 可以看出，各方法对于高速公路的查准率均不高，最低的达到 20%，这里有两个原因：首先，影像库中包含高速公路的分块影像数量不到 55 幅，因此返回前 64 幅影像时的平均查准率会显著降低；其次，高速公路在分块影像上呈带状分布，且亮度非常高，周围通常又是大面积的裸露黄土地，因此在返回影像中存在大量裸露黄土地的影像，即使在前 8 幅或者前 24 幅返回影像上，也会检索出大量包含裸露黄土地和高亮度荒地、屋顶的影像，实际上这些影像与高速公路影像在视觉效果上的确比较相似，一定程度上说明本章的多波段关联规则检索方法符合人眼视觉特性。尽管如此，本章提出的两种方法仍然比其他方法具有更高的平均查准率。由于高速公路分块影像的颜色分布及纹理结构信息更加多样化，所以其他方法的平均查准率会低至 20%～35%，在实验中发现，这些方法对某些影像的平均查准率甚至会低于 10%。

　　4）密林地

　　从图 5.17 中的影像上看，与疏林地不同的是，密林地上的树木比较浓密，只有少量裸露土地。本章的多波段关联规则检索方法和 DT-CWT 方法的前 24 幅返回影像如图 5.18 所示。

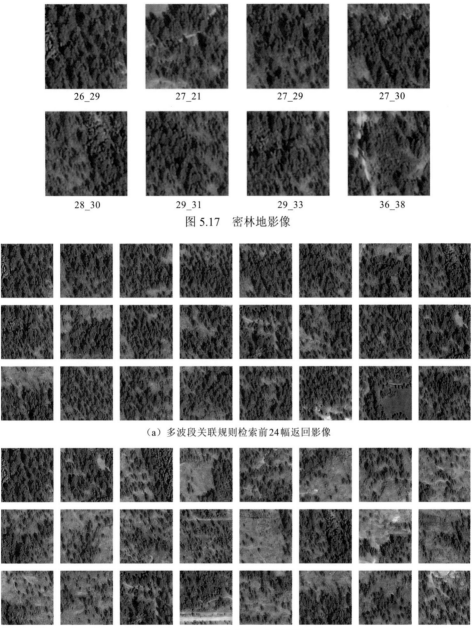

26_29 27_21 27_29 27_30

28_30 29_31 29_33 36_38

图 5.17　密林地影像

（a）多波段关联规则检索前24幅返回影像

（b）DT-CWT检索前24幅返回影像
图 5.18　密林地部分检索结果

各检索方法的统计结果如图 5.19 所示。

由于密林地上有大量的树木，只有少量的裸土地，颜色信息以深绿色为主，各分块影像的直方图会比较接近，但仍然会与某些具有浓密树林的居民地混淆。在前 32 幅影像上，直方图匹配的平均查准率接近 100%，但是随着返回数量的增

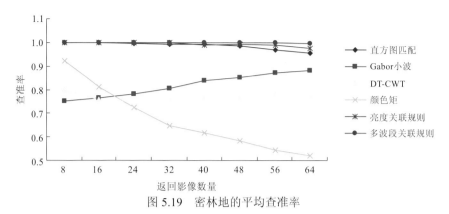

图 5.19　密林地的平均查准率

加，其平均查准率有所下降，而本章提出的多波段关联规则方法的平均查准率一直维持在接近100%，亮度关联规则方法也高于直方图匹配。Gabor 小波和DT-CWT方法的平均查准率比较接近，因为密林地的纹理特征比较有规律。由于密林地上的树林的数量不确定，影像的矩特征并不一致，且易与疏林地混淆，导致颜色矩的平均查准率随着返回数量的增加而急剧降低。

统计 4 类地物的总体平均查准率，结果如图 5.20 所示。

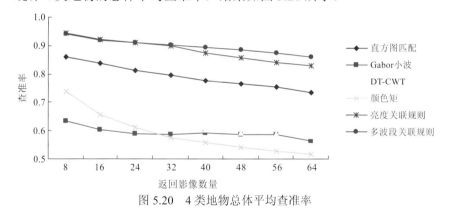

图 5.20　4 类地物总体平均查准率

可以看出，本节提出的两种方法的平均查准率远高于其他方法，且多波段关联规则的平均查准率要高于亮度关联规则。由于 Gabor 小波和 DT-CWT 方法适合描述影像的纹理特征，两者的平均查准率比较相近。对于质量比较高的融合影像，同类地物的直方图是比较接近的，所以直方图匹配的方法的检索效果也比较好。事实上，受高速公路的平均查准率整体偏低的影响，此处统计出的总体查准率也整体偏低，如果不考虑高速公路的影响，各方法的总体查准率还将得到一定程度的提高，但这些方法之间的排名顺序不会改变。

2. WorldView-2 影像检索实验

与 QuickBird 影像检索实验类似，WorldView-2 影像采用同样的融合方法将全色和红绿蓝三波段组成的真彩色影像进行融合，采用不重叠分块的方法建立影像库，只不过建立的影像库更大，包含3250幅分块影像，同时影像上的地物类型更多，为方便统计检索精度，本章仅选择房屋、广场、森林和水体这4类易区分的地物，每类地物随机选择8幅分块影像，以这8幅影像作为待检索影像。由于不知道影像库中每类影像的具体数目，无法使用查全率、漏检率等指标，而前 N 幅影像的平均查准率能够反映检索算法的检索性能，同时兼顾到用户的体验，因此本章使用前 64 幅影像的平均查准率来衡量各检索算法的性能。计算时，分别统计前 8、前16、前 24、前 32、前 40、前 48、前 56、前 64 幅返回影像中的正确影像，取 8 幅影像的平均查准率作为最终的查准率。以下是 4 类地物及对应的检索结果。

1）房屋

在图 5.21 中，影像库中的房屋包括比较大的独栋房体，有可能跨越两个分块影像，也包括密集型的小房屋，在检索时不做区分，统一归为房屋一类。房屋的屋顶一般比较黑，周围可能有绿色的树木和深黑色的阴影。限于篇幅，本章的多波段关联规则检索方法和直方图匹配法的前 24 幅返回影像如图 5.22 所示。

| 1_44 | 1_45 | 1_46 | 1_47 |
| 3_26 | 3_27 | 3_40 | 3_41 |

图 5.21　房屋影像

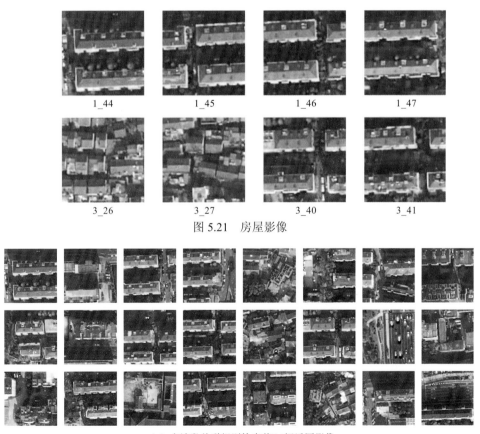

（a）多波段关联规则检索前24幅返回影像

（b）直方图匹配检索前24幅返回影像

图 5.22　房屋部分检索结果

各检索方法的统计结果如图 5.23 所示。

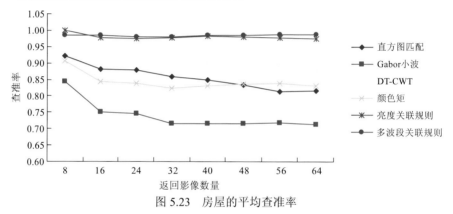

图 5.23　房屋的平均查准率

从图 5.23 可以看出，本章提出的两种方法的平均查准率比较稳定，且均高于其他方法。由于房屋及其周边地物的颜色和纹理信息比较明显，所以其他方法的平均查准率也比较稳定。Gabor 小波的平均查准率最低，是因为房屋结构比较多样化，在各个尺度和方向上的信息不一致。

2）广场

如图 5.24 所示，广场的亮度比较高，分布比较规则，包含的地物比较单一，可能会有树木和草坪环绕。限于篇幅，本章的多波段关联规则检索方法和颜色矩检测方法的前 24 幅返回影像如图 5.25 所示。

各检索方法的统计结果如图 5.26 所示。

由于广场的灰度值比较统一，地物内容不确定，颜色矩特征和纹理特征不明显，从而导致直方图匹配的平均查准率要高于 Gabor 小波、DT-CWT 方法和颜色矩，但均低于本章提出的亮度和多波段关联规则方法。本章提出的两种方法的平均查准率比较接近，因为对于广场，灰度值比较统一，仅用亮度信息，就可以得到比较好的检索结果。

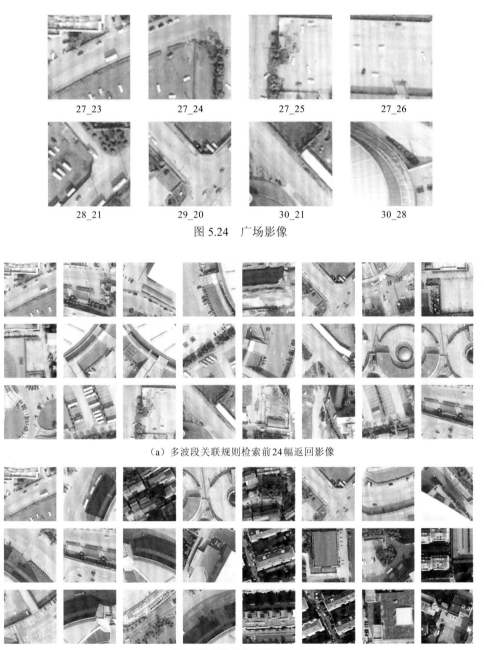

27_23	27_24	27_25	27_26

28_21	29_20	30_21	30_28

图 5.24　广场影像

（a）多波段关联规则检索前24幅返回影像

（b）颜色矩检索前24幅返回影像

图 5.25　广场的部分检索结果

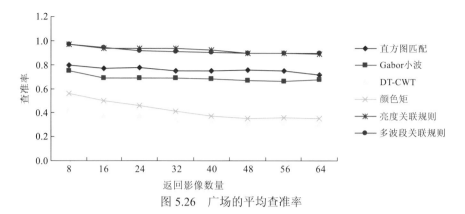

图 5.26 广场的平均查准率

3）森林

在图 5.27 中，该影像库中的森林植被比较茂盛，因此呈现浓密的绿色，且纹理比较丰富。限于篇幅，本章的多波段关联规则检索方法和 DT-CWT 方法的前24 幅返回影像如图 5.28 所示。

图 5.27　森林影像

（a）多波段关联规则检索前24幅返回影像

（b）DT-CWT检索前24幅返回影像

图 5.28　森林的部分检索结果

各检索方法的统计结果如图 5.29 所示。

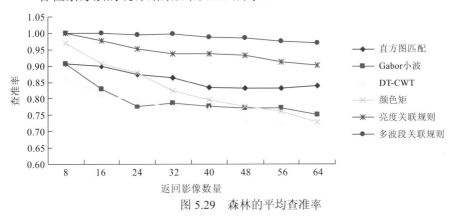

图 5.29　森林的平均查准率

多波段关联规则的前 32 幅返回影像的平均查准率接近 100%，总体平均查准率也远高于其他方法，亮度关联规则的平均查准率稍低于多波段关联规则，这是因为对于森林这种高密度且纹理信息丰富的地物，各波段的综合信息能提供比亮度影像更多更强的关联规则。颜色矩的平均查准率急剧下降是因为随着返回影像的增多，很多水体的分块影像也被当做森林检索出来。分析认为，这是由于水体的颜色单一，矩特征明显，与高密度森林的矩特征非常相似；另一方面，虽然大部分森林的密度很高，纹理很丰富，但受光照等因素的影响，有些森林影像的像素之间反差很大，导致矩特征跟输入检索影像差别较大，反而检索不出来。由于森林明显的纹理信息，Gabor 小波和 DT-CWT 方法的平均查准率比较相近。

4）水体

原始影像上有一大片水域（图 5.30），为杭州西湖，水体在影像上的颜色比较单一，灰度值起伏不大。限于篇幅，本章的多波段关联规则检索方法和 Gabor 小波法的前 24 幅返回影像如图 5.31 所示。

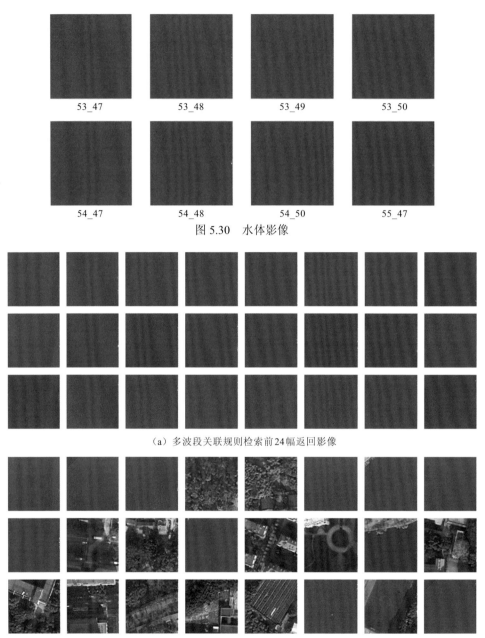

| 53_47 | 53_48 | 53_49 | 53_50 |

| 54_47 | 54_48 | 54_50 | 55_47 |

图 5.30　水体影像

（a）多波段关联规则检索前24幅返回影像

（b）Gabor小波检索前24幅返回影像

图 5.31　水体的部分检索结果

各检索方法的统计结果如图 5.32 所示。

颜色矩和多波段关联规则的平均查准率都达到 100%，亮度关联规则的结果稍差，在前 24 幅返回影像的结果里面，直方图匹配的平均查准率接近 100%，但随着返回影像数量的增加，直方图匹配的平均查准率下降幅度较大，但仍高于

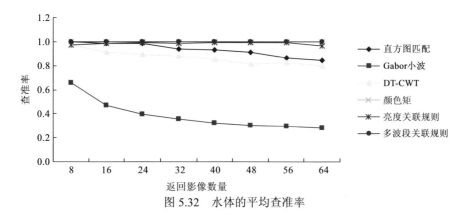

图 5.32　水体的平均查准率

DT-CWT 方法和 Gabor 小波，而后者的平均查准率最低。直观来看，水体分块影像的颜色比较单一，因此矩特征具有很好的一致性。而实际上，水体分块影像的灰度值之间有细小差异，基于纹理特征的方法对于这些不规则的细小差异非常敏感，因此 DT-CWT 方法和 Gabor 小波的检索效果并不是太好。由于在提取关联规则之前，对影像进行了灰度级压缩，这些细小差异得到了很好的抑制，并且同其他地物相比，这些关联规则内部具有很好的一致性，因此基于关联规则的方法能够非常准确地将水体与其他地物区分开。

　　同样地，计算这 4 类地物的总体平均查准率，结果如图 5.33 所示。

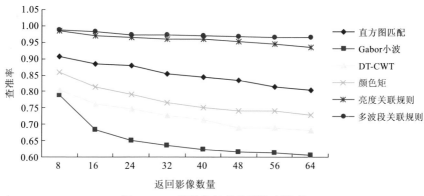

图 5.33　4 类地物的总体平均查准率

　　从图 5.33 可以看出，本章提出的多波段关联规则和亮度关联规则的总体平均查准率远高于其他方法，前者达到 95%以上，而后者也达到 93%。由于所选检索地物的颜色在整个影像上具有较好的一致性，直方图匹配的效果比其他三种方法要好。Gabor 小波和 DT-CWT 方法对于纹理影像具有较好的查准率，但是对于这种高分辨率影像，由于地物很少表现出各向同性的纹理信息，在实验中，Gabor 小波和 DT-CWT 方法的检索效果并不是太好，甚至比常规的基于其他视觉特征的方法（如直方图匹配和颜色矩）的效果还要差。

5.4 基于对象关联模型的遥感影像检索

现有的影像检索方法，大多基于像素信息，例如基于直方图的检索方法是统计影像上某个灰度级的全局分布，基于纹理特征的检索方法是计算相邻若干像素间的灰度共生关系等。在这些方法中，每个像素被当作一个个体单独进行处理，未能充分挖掘像素与对象、对象与对象之间的关系，属于较低层次的影像分析方法。

面向对象思想的出现，为尝试解决上述问题提供了一条可行的途径。在面向对象的影像处理中，影像首先被分割为一个个的对象，然后利用这些对象所反映出的颜色、纹理、形状等特征进行对象的识别和分析。但是在现有的面向对象的影像处理方法中，如何通过影像分割的方法，分割出合理的具有明确意义的对象仍然是一个尚未解决的难点，例如从人的视觉感知来说，在理想情况下，一个被浓密树木环绕的房子，应该被分割成一个单独的对象，而实际上，现有的分割方法不可能达到这种分割效果，在绝大多数情况下，这个房子会被分割成若干个对象。因此现有的面向对象影像处理方法大多包含对象合并的操作，即先将影像分割成大量的小对象，也就是所谓的"过分割"，然后通过一定的规则，将具有某些相似特性的对象合并成一个新对象。这种操作在一定程度上能够符合人的视觉感知，但如何选择和设定这样的合并规则，又是一个难题。而且，针对不同的传感器影像，或者同一个传感器获取的不同时期的影像，或者即使同一幅影像上分布于不同区域的同一种地物，其合并规则也不可能完全一样。

因此，影像分割所能达到的效果成为制约面向对象影像检索的一个瓶颈问题。针对上述问题，本节提出一种面向对象的影像检索方法，利用影像分割算法对影像进行分割，但不需要对分割出的对象进行合并操作，从而绕开上述瓶颈问题，同时也具有较高的查准率。

5.4.1 对象关联模型

对于同一个传感器获取的同一时期的影像，同类地物反映出的特性应该是比较一致的，例如地物的颜色、纹理等，同时，地物之间的关系也会比较一致，例如森林中树木的周围还是树木，城区的房子周围可能有树木和道路等。通过比较这些颜色、纹理等特征，以及地物之间的关系，就可以达到影像检索的目的。

为实现上述目的，提出对象关联模型，该模型由以下三个层次来表达，如图 5.34 所示。

数据层：包含了原始影像数据，以及由影像分割算法得到的一系列对象。

特征层：也可以称为关联模式层，包含了对象在属性和邻接对象上的关联模式，分为属性关联模式和邻接关联模式。

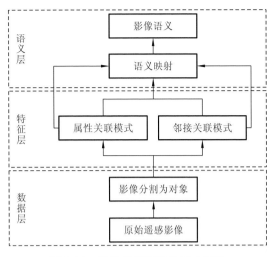

图 5.34 对象关联模型的三个层次

语义层：包含了由关联模式通过映射得到的一系列语义信息。

1. 数据层

首先采用分割算法对影像进行分割，得到一系列的对象，因此分割后影像上的每一个对象可以形式化地表达为

$$O(\text{OID}, P, A) \tag{5.20}$$

式中：OID 为对象的编号；P 为属性的集合，$P = \{P_1, P_2, \cdots, P_n\}$，$n$ 为属性的个数；A 为邻接对象的集合，$A = \{A_1, A_2, \cdots, A_m\}$，$m$ 为邻接对象的个数。上式表明，每一个对象都具有一定的属性和一定的邻接对象，而每一个邻接对象同样具有属性和自己的邻接对象，由此整个影像即可看作是由若干个对象及对象之间的关系网所构成。由于不需要进行对象的合并操作，对分割算法没有严格的要求，只需要分割算法能够将影像分割成若干个对象，在每个对象内部，像素的性质比较一致，大多数分割算法均能达到这一要求。在影像检索中，需要对影像库中的每一幅影像进行分割，要求分割算法具有较高的效率，因此，本章选用 Quick Shift 分割算法实现影像分割。

可以根据实际需求选择合适的对象属性，一般而言，只要是能将一个对象与其他对象区分开的属性，均可用于描述该对象。考虑对象的颜色、纹理等特性及后续计算量，本章仅选择如下三个属性来描述对象，其他属性可以依此类推。

（1）均值：反映了对象的平均亮度，计算公式如下：

$$\begin{cases} I = [f(x,y,1) + f(x,y,2) + f(x,y,3)] / 3 \\ \mu = \dfrac{1}{N} \sum_{i=1}^{N} I(i) \end{cases} \tag{5.21}$$

式中：f 为原始的三个波段的影像；(x, y) 为像素坐标；I 为均值影像；μ 为均值；N 为对象内像素的个数；$I(i)$ 为对象内某个像素的灰度值。

（2）标准差：反映了对象的纹理特征，标准差越大，说明对象内像素灰度值的差异程度越高，计算公式如下：

$$\sigma = \sqrt{\frac{1}{N} \sum_{i=1}^{N} [I(i) - \mu]^2} \qquad (5.22)$$

式中：各变量的定义跟均值中的定义是一样的。

（3）色调：反映了对象的颜色信息，使用 HSI 色彩空间的色调分量来描述对象的色调属性，其表达式如下：

$$\begin{cases} H = \begin{cases} \arccos \varphi, & \text{当} G \geqslant R \\ 2\pi - \arccos \varphi, & \text{当} G < R \end{cases} \\ \varphi = \dfrac{(2B - G - R) / 2}{\sqrt{(B - G)^2 + (B - R)(G - R)}} \end{cases} \qquad (5.23)$$

式中：R、G、B 分别为对象在三个波段上的均值。计算对象的色调可以有两种方式，第一种是计算对象内所有像素色调的均值，第二种是计算对象内所有像素灰度值均值的色调，考虑影像分割后，每个对象内的所有像素的色调会比较均一，因此本节采用第二种方式计算对象的色调，以减小计算量。

在关联规则数据挖掘中，连续属性是不能进行关联规则分析的，因此需要将各属性进行量化。可以采用各种量化方法，如不均匀分段或者均匀分段。为方便起见，采用均匀分段的方式，将各属性量化到 $[1, \max G]$，其中 $\max G$ 为量化的最大级数。

由于邻接对象仅需要存储对象的序号，可以直接采用一维矩阵进行存储。经过以上处理，一个对象可以表示为

$$O_1(1, \{8, 12, 9\}, \{2, 3, 5, 8\}) \qquad (5.24)$$

式中：第一个数"1"为该对象的序号；{8, 12, 9} 为该对象在均值、色调和标准差这三个属性上的量化值；{2, 3, 5, 8} 为该对象与序号为"2，3，5，8"的对象具有邻接关系。属性个数可以根据需要进行设定，而邻接对象的个数也是不定的。通过上述表达方式，即可将影像上的所有对象进行统一化表达，以利于后续的关联规则分析。

2. 特征层

如前所述，对于同一传感器影像上的地物，其颜色、纹理、形状等特性是比较接近的，经过分割，影像由一系列对象组成，有可能一个房子被分割成若干个对象，但是并不影响上述形式化表达，同时这些对象在某些属性上仍然相同或者

相似。同理，对于影像上的同类地物，其对象在这些属性上仍然具有较大的一致性。另外，遥感影像上的地物之间一般具有较强的伴生关系，例如道路两旁可能有房子或者树木，大面积湖泊可能分割出大量具有相同属性的水的区域。如果从对象角度来说，可以从对象的属性或者对象与对象之间的邻接关系来推测对象的性质。同一类地物的对象，其属性之间具有一定的关联性，而其与邻接对象之间也表现出一定的关联。

（1）模式：定义为频繁出现的具有一定关联性的分布关系，可以是单个属性或对象，也可以多个属性或对象，可以形式化表达如下：

$$\langle\{v_i\},n\rangle,s \tag{5.25}$$

式中：v_i 为模式中的属性或者对象；n 为模式的阶；s 为模式的丰度。

（2）模式的阶：定义为模式中属性或对象的数量，一阶模式包含一个属性或者对象，其他阶数的模式依次类推。

（3）模式的丰度：描述了一个模式在影像中出现的频度，丰度越大，说明该模式所反映出的空间分布关系越频繁，由该模式所表达的地物在影像中所占的比例就越大。

（4）关联模式（频繁模式）：描述了影像中频繁出现的分布关系，超出一定频度的模式即构成关联模式（或称频繁模式）。如果两幅影像的内容比较相似，那么这两幅影像的关联模式也将比较相似。

（5）属性关联模式：是指对象的属性间的关联模式，例如以下关联模式：

$$\langle\{3,8,2\},3\rangle,0.85 \tag{5.26}$$

表达的意义是均值为 3、色调为 8、标准差为 2 的三阶关联模式在整个影像中的丰度达到了 85%。这里的属性顺序及取值取决于事先定义的属性顺序及量化规则。

（6）邻接关联模式：是指对象间的关联模式，由于对象具有若干个属性，对象关联模式通常要基于属性关联模式，表明在某一个特定的属性下，对象之间的关联模式，例如在均值属性下，下列关联模式：

$$\langle\{5,7,4\},3\rangle,0.3 \tag{5.27}$$

表达的意义是，在均值属性下，三个量化均值分别为 5、7、4 的邻接对象在整个影像中的丰度为 30%。

通过关联模式，可以发现影像中频繁出现的对象，利用这些对象的丰度关系，就可以对影像的内容进行相似性度量，从而达到影像检索的目的。

3. 语义层

人对影像的理解是基于语义的，就是说，人并不会关心影像上分割出了多少个对象，每个对象的色调、均值等特征，因此需要将这些特征映射为语义信息，从而达到对影像的语义描述。可以直接采用训练样本聚类的方法实现语义映射，也可以采用贝叶斯理论、支持向量机等模式识别的方法。在影像检索过程中，只需要对影像所包含的语义信息进行匹配，就能够实现对影像的语义检索。

5.4.2 Quick Shift 影像分割

影像分割是面向对象分类方法的关键技术。常规的多尺度分割方法处理高分辨率数据时，由于特征参数难以选择导致"过分割"或"欠分割"等现象，且效率较低。Quick Shift[9]是一种改进的快速均值漂移算法，综合利用了空间和颜色一致性进行影像分割，在遥感影像处理方面具有广阔应用前景。

给定 N 个点 $x_1, x_2, \cdots, x_N \in R^d$，一个模式搜索算法都需要计算以下的概率密度估计：

$$P(x) = \frac{1}{N} \sum_{i=1}^{N} k(x - x_i), \quad x \in R^d \qquad (5.28)$$

式中：核函数 $k(x)$ 可以是高斯窗或者其他窗函数，每个点 x_i 由 $y_i(0) = x_i$ 开始，依梯度 $\nabla P(y_i(t))$ 形成的二次曲面限定的渐进轨迹 $y_i(t)$，向模态 $P(x)$ 移动。所有属于同一模态的点形成一个聚类。

在 Quick Shift 算法中，为搜寻密度为 $P(x)$ 的模式，不需要采用梯度或者两次曲面，仅仅将每个点 x_i 移动到最邻近的模式，表达式为

$$y_i(1) = \underset{j:P_j > P_i}{\operatorname{argmin}}(D_{ij}), \quad P_i = \frac{1}{N} \sum_{j=1}^{N} \phi(D_{ij}) \qquad (5.29)$$

该算法具有快速简单、时间复杂度小等优势，核函数 $k(x)$ 参数的选择可平衡"过分割"与"欠分割"现象，使得模式搜索更加高效。图 5.35 是利用 Quick Shift 算法对遥感影像库中的影像进行分割后的结果。

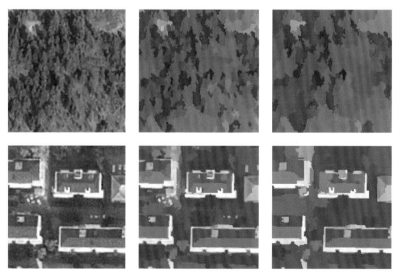

图 5.35　遥感影像 Quick Shift 分割结果

在进行 Quick Shift 分割时，需要设定一个最大距离，用于控制像素被合并为一个对象的最大 L2 距离。图 5.35 中，左边一列为遥感影像原图，中间一列是最大距离为 5 的分割结果，而右边一列是最大距离为 10 的分割结果。从分割后的影像可以看出，地物的颜色信息得到了很好的保留，结构信息也没有受到太大的损坏，但是随着距离的增大，更多的像素被合并为一个对象，每一个对象的面积也会随之增大。

5.4.3 基于对象属性关联模式的影像检索

在获取了影像的所有对象后，可以利用对象关联模型中的属性关联模式实现影像检索，其基本原理是利用对象的属性（本章中使用均值、色调和标准差这三个属性）生成关联规则，比较关联规则的相似度，实现影像检索。

1. 生成关联规则

每一个对象在计算了三个属性之后，再进行量化，以此为基础构建事务集，每一个对象均构成一条事务，以该对象的面积作为该事务的支持度，具体事务结构如表 5.18 所示。

表 5.18　事务集中的部分事务

序号	项	面积（支持度）
1	3 2 5	245
2	8 6 4	356

其中项的顺序依次表示了均值、色调和标准差量化之后的值，面积的单位为像素个数，用面积除以整个影像的大小，即为该对象在整个影像中的比例。

按照上述建立好的事务集，可以构建多值有序三维数据立方体，在构建数据立方体的过程中，每一个事务需要按面积进行累加。利用前文的关联规则挖掘算法生成该事务的关联规则，按照下式计算两幅影像的相似度：

$$D = \sum_{i=1}^{N} \frac{[r_1(i) - r_2(i)]^2}{r_1(i) + r_2(i)} + \left(1 - \frac{2\mu_1\mu_2}{\mu_1^2 + \mu_2^2}\right) \tag{5.30}$$

式中：r_1 和 r_2 为两个规则向量；μ_1 和 μ_2 为两幅影像的均值。如果两个规则向量越接近，同时两幅影像的均值越接近，则 D 的值越小，相似度越高。

2. QuickBird 影像检索实验

利用 QuickBird 影像进行实验，支持度设置为 0.015，置信度为 0.6。由于地物类型较多，仅选择疏林地、居民地、高速公路和密林地这 4 类易区分的地物，每类地物随机选择 8 幅分块影像，以这 8 幅影像作为待检索影像。由于不知道影像库中每类影像的具体数目，无法使用查全率、漏检率等指标，而前 N 幅影像的平均查准率能够反映检索算法的检索性能，同时兼顾到用户的体验，因此本节使用前 64 幅影像的平均查准率来衡量各检索算法的性能，本节其他实验采用类似的方法进行评价。计算时，分别统计前 8、前 16、前 24、前 32、前 40、前 48、前 56、前 64 幅返回影像中的正确影像，取 8 幅影像的平均查准率作为最终的查准率。以下是 4 类地物影像示意图（图 5.36）。

1_30	18_8	26_27	26_29
3_24	21_6	31_24	29_33
（a）居民地	（b）高速公路	（c）疏林地	（d）密林地

图 5.36　4 类地物影像示意图

限于篇幅，本节仅给出 4 类地物检索结果的前 16 幅返回影像（图 5.37）。

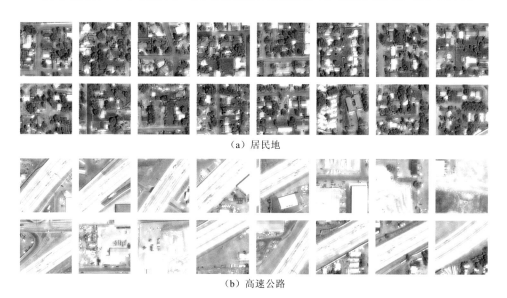

（a）居民地

（b）高速公路

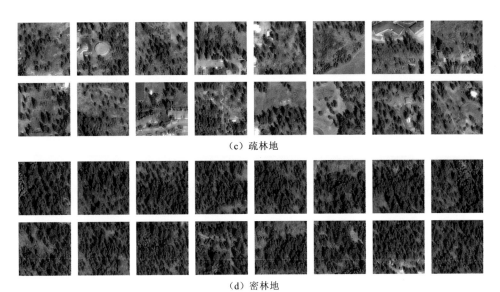

（c）疏林地

（d）密林地

图 5.37　4 类地物检索结果的前 16 幅返回影像

检索查准率结果如图 5.38 所示。

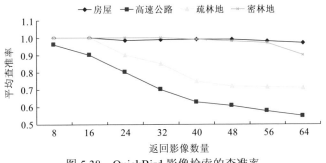

图 5.38　QuickBird 影像检索的查准率

从图 5.38 可以看出，房屋和密林地的平均查准率很高，能达到 90% 以上，这是因为这些地物类型在视觉上纹理特征比较明显，所以分割出的对象在属性上具有很强的一致性，很容易与其他地物分开。但是对于疏林地，随着返回数量增加，平均查准率急剧降低，这是因为疏林地上只有少量的树木且有大量的空地，所以在对象的属性上，很容易与空地混淆，事实上，在返回的影像中，有大量空地影像被当作检索结果返回。同样的情况也出现在高速公路上，由于高速公路的亮度值很高，内部比较均一化，同时周围是大量的空地，而影像库中包含高速公路的影像又不多，所以其平均查准率比较低。事实上，有大量的空地和高亮度的房屋影像被当作检索结果返回。

3. WorldView-2 影像检索实验

利用 WorldView-2 影像进行实验，支持度设置为 0.015，置信度为 0.8。仅选择房屋、广场、森林和水体这 4 类易区分的地物，每类地物随机选择 8 幅分块影像作为待检索影像。由于不知道影像库中每类影像的具体数目，无法使用查全率、漏检率等指标，而前 N 幅影像的平均查准率能够反映检索算法的检索性能，同时兼顾到用户的体验，所以使用前 64 幅影像的平均查准率来衡量各检索算法的性能，本节其他实验采用类似的方法进行评价。计算时，分别统计前 8 幅、前 16 幅、前 24 幅、前 32 幅、前 40 幅、前 48 幅、前 56 幅、前 64 幅返回影像中的正确影像，取 8 幅影像的平均查准率作为最终的查准率。图 5.39 是 4 类地物示意图。

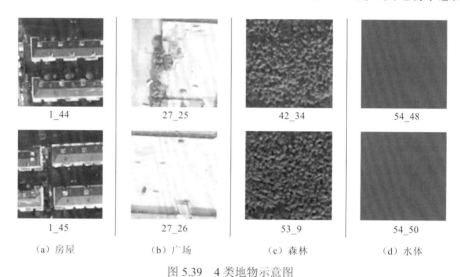

图 5.39 4 类地物示意图

限于篇幅，图 5.40 仅给出 4 类地物检索结果的前 16 幅返回影像。

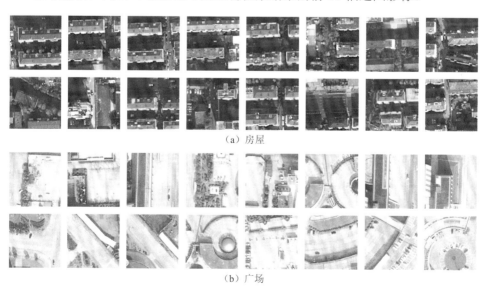

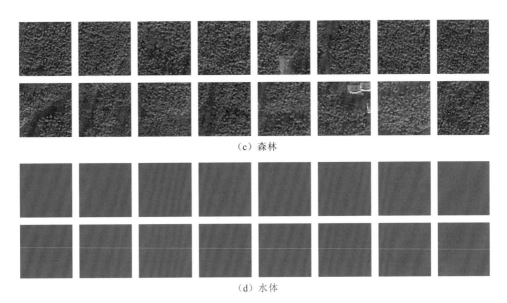

（c）森林

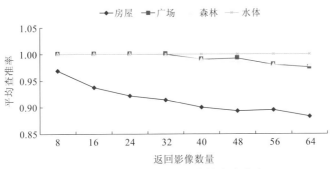

（d）水体

图 5.40　4 类地物检索结果的前 16 幅返回影像

检索查准率结果如图 5.41 所示。

图 5.41　WorldView-2 影像检索查准率

从图 5.41 可以看出，广场、森林、水体等视觉上纹理特征非常明显的地物的平均查准率很高，能达到 95%以上。而对于房屋类型，由于房屋对象内部均值和方差的差异较大，同时房屋周围一般都会有树木和道路，色调偏绿或偏黑，很容易与森林或水体混淆，所以平均查准率没有前三类地物高。

4. 旋转和大比例缩放影像检索实验

在下面的实验中，缩放比例包含 6 个级别，依次是 0.5、0.8、1.0、1.2、1.5、2.0，同时每 30°旋转一次，然后截取中心影像大小依次为 128×128、128×128、128×128、154×154、192×192、256×256，单位为像素。因此 23 幅原始影像，经过这样的旋转、缩放和裁剪，一共得到 1 656 幅子影像，构成本实验的影像库。由于影像大小不一，下面仅选择 Logpolar+关联规则、Gabor 小波这两个方法进行比较，统计所有类别返回影像的平均查准率，如图 5.42 所示。

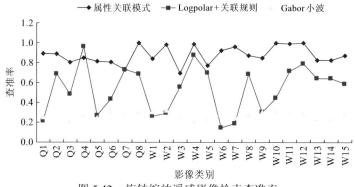
图 5.42　旋转缩放遥感影像检索查准率

从图 5.42 可以看出，Gabor 小波的平均查准率基本上在 0.2 到 0.3 之间，Logpolar+关联规则的平均查准率比 Gabor 小波要高，但是在某些类别如 Q1、W1、W2、W6 和 W7 上比 Gabor 小波要低。除 Q4 外，属性关联模式的平均查准率要高于 Logpolar+关联规则，且远高于 Gabor 小波，在某些类别如 Q8、W2、W4、W10、W11 和 W12 上，平均查准率基本上接近或等于 100%。以上结果表明，属性关联模式方法对于旋转和大比例缩放影像也具有较好的不变性。

统计所有影像的平均查准率，结果如图 5.43 所示。

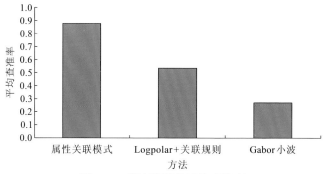
图 5.43　所有影像的平均查准率

属性关联模式的平均查准率达到 87.7%，而 Logpolar+关联规则和 Gabor 小波的平均查准率仅 53.5%和 27.0%。在大比例缩放的情况下，分割出的对象仍然具有与原始比例类似的均值、色调和方差，因此属性具有一定的不变性，在利用属性关联模式进行检索时，能够得到较好的检索结果。但是对于以像素为基础的检索方法，不管是频率还是空域，影像大小的改变必然会引起像素信息量的改变，因此这类方法的平均查准率也会受到较大的影响。

5.4.4 基于对象邻接关联模式的影像检索

1. 生成邻接关联规则

按照邻接关联模式的定义，邻接关联模式反映了在某一个特定的属性下，对象与对象之间的关联关系，因此为了获取影像的邻接关联规则，需要选择合适的属性。为简单起见，本章仍然选用色调、均值和方差这三个属性。邻接关联模式的阶数也很重要，在满足最小支持度和置信度阈值的前提下，阶数越高，表明对象之间的约束力越强，该关联模式所反映出的语义信息越准确。但在实际情况下，阶数越高，其支持度会越低，检索时相似度匹配的计算量也会越大，因此需要选择合适的阶数。考虑到计算量，本章选择 2 阶邻接关联模式。

为了生成邻接关联规则，首先需要建立事务集。如前所述，事务集的个数应该与属性的个数相同，因此本章建立了三个事务集，分别用于生成色调、均值和方差的邻接关联模式。三个事务集的结构是一样的，以色调为例，事务集的一个片段如表 5.19 所示。

表 5.19　事务集中的部分事务

序号	项	支持度（面积）
1	8 9	156
2	5 5	235

其中项表示两个对象的色调，而支持度表示这两个对象的面积的最小值，反映了这个事务在整个影像中所占的面积。由于在影像分割的过程中，没有对对象进行合并，难免会出现一些面积非常小的对象，鉴于此，本节做了一个限定，当两个对象的面积的最小值与最大值的比值小于 0.1 时，就不加入事务集中。三阶的事务集与此类似，只是项变为 3 个。

在构建事务集的基础上，可以利用前文所述的多维数据立方体生成该属性下的邻接关联规则。此时的多维数据立方体退化为二维平面，但为了统一，仍然称为数据立方体。

由于邻接关联规则与属性有关，每个属性的邻接关联规则需要单独存储，在后续的相似度比较时，也需要单独比较。

2. 相似度比较

仍然采用以下方法计算两幅影像的关联规则的相似度：

$$D = \sum_{i=1}^{N} \frac{[r_1(i) - r_2(i)]^2}{r_1(i) + r_2(i)} + \left(1 - \frac{2\mu_1\mu_2}{\mu_1^2 + \mu_2^2}\right) \quad （5.31）$$

式中：r_1 和 r_2 为两个规则向量；μ_1 和 μ_2 为两幅影像的均值。如果两个规则向量越相似，同时两幅影像的均值越接近，则 D 的值越小，相似度越高。在邻接关联模式的检索中，由于与属性相关每一类关联规则单独存储，在计算整幅影像的相似度时，每一类关联规则需要单独计算相似度，然后按照下式计算整体相似度：

$$D = \frac{1}{N}\sum_{i=1}^{N}D_i \qquad (5.32)$$

式中：D_i 为每一类关联规则的相似度；N 为属性的个数。

3. QuickBird 影像检索实验

利用 QuickBird 影像进行实验，支持度设置为 0.015，置信度为 0.3。由于地物类型较多，仅选择疏林地、居民地、高速公路、密林地、荒地这 5 类易区分的地物，每类地物随机选择 8 幅分块影像作为待检索影像，分别统计前 8 幅、前 16 幅、前 24 幅、前 32 幅、前 40 幅、前 48 幅、前 56 幅、前 64 幅返回影像中的正确影像，取 8 幅影像的平均查准率作为最终的查准率，限于篇幅，图 5.44 仅给出 5 类地物检索结果的前 16 幅返回影像。

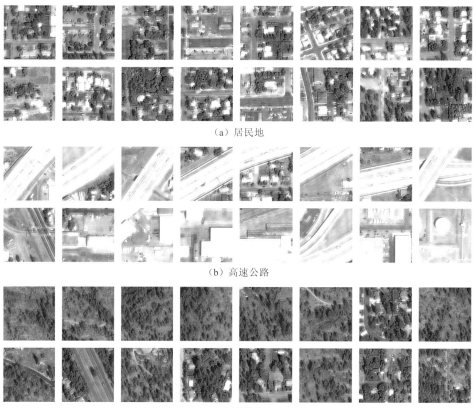

（a）居民地

（b）高速公路

（c）疏林地

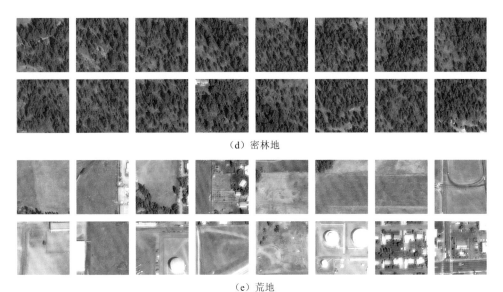

（d）密林地

（e）荒地

图 5.44　5 类地物检索结果的前 16 幅返回影像

整体检索结果如图 5.45 所示。

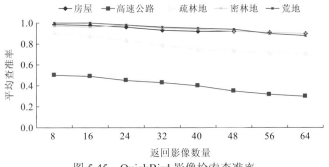

图 5.45　QuickBird 影像检索查准率

　　与之前的实验结果类似，高速公路的平均查准率非常低，这是因为高速公路本身在影像中所占的比例就不高，高速公路周围一般有大片的裸露荒地，而且高速公路的亮度值非常高，其对象的属性在量化后与其他地物比较类似，所以平均查准率降低。疏林地的情况与高速公路类似，其结果容易与裸露荒地混淆。而房屋、密林地、荒地的平均查准率比较高，该结果与这些地物的均一化程度有很大的关系。地物越一致，平均查准率越高。

4. WorldView-2 影像检索实验

　　利用 WorldView-2 影像进行实验，支持度设置为 0.015，置信度为 0.8。仅选择房屋、广场、森林和水体这 4 类易区分的地物，每类地物随机选择 8 幅分块影像作为待检索影像，分别统计前 8 幅、前 16 幅、前 24 幅、前 32 幅、前 40 幅、前 48 幅、前 56 幅、前 64 幅返回影像中的正确影像，取 8 幅影像的平均查准率作为最终的查准率。

限于篇幅，图 5.46 仅给出 4 类地物检索结果的前 16 幅返回影像。

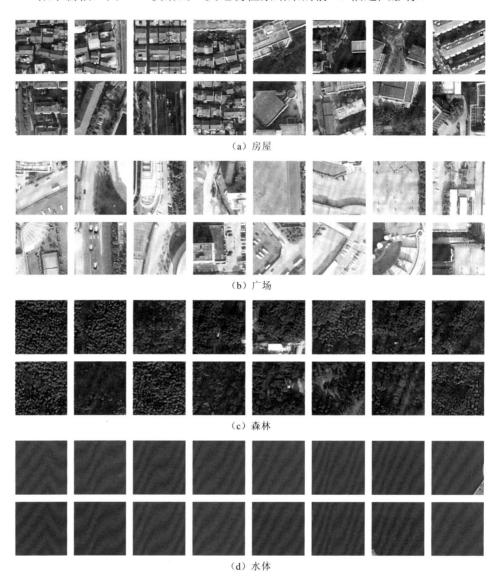

（a）房屋

（b）广场

（c）森林

（d）水体

图 5.46　4 类地物检索结果的前 16 幅返回影像

整体检索结果如图 5.47 所示。

水体仍然有100%的平均查准率，房屋的平均查准率比较低，森林和广场的居中。出现此结果的原因，与 QuickBird 影像检索实验类似。

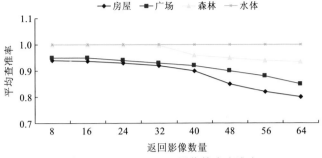

图 5.47　WorldView-2 影像检索查准率

参 考 文 献

[1] AGRAWAL R, IMIELINSKI T, SWAMI A. Mining association rules between sets of items in large databases[C] // Proceedings of the ACMSIGMOD Conference on Management of Data, 1993: 207-216.

[2] MIN F, WU Y X, WU X D. The Apriori property of sequence pattern mining with wildcard gaps[C] // 2010 IEEE International Conference on Bioinformatics and Biomedicine Workshops (BIBMW), 2010: 138-143.

[3] SUMITHRA R, PAUL S. Using distributed apriori association rule and classical apriori mining algorithms for grid based knowledge discovery[C] // 2010 International Conference on Computing Communication and Networking Technologies(ICCCNT), 2010: 1-5.

[4] 裴健, 柴玮, 赵畅, 等. 联机分析处理数据立方体代数[J]. 软件学报, 1999, 10(6): 561-569.

[5] RUSHING J A, RANGANATH H, HINKE T H, et al. Image segmentation using association rule features[J]. IEEE Transactions on Image Processing, 2002, 11(5): 558-567.

[6] WEI N, GENG G H, ZHOU M Q. Research on tree-structured wavelet transform for image retrieval[J]. Computer Applications and Software, 2007, 24(1): 24-26.

[7] KINGSBURY N G. The dual-tree complex wavelet transform: A new efficient tool for image restoration and enhancement[C] // Proceedings of European Signal Processing Conference, Rhodes, 1998: 319-322.

[8] LIU X W, WAN D L. A spectral histogram model for textons modeling and texture discrimination[J]. Vision Research, 2002, 42: 2617-2634.

[9] VEDALDI A, SOATTO S. Quick Shift and kernel methods for mode seeking[C] // Proceedings of the 10th European Conference on Computer Vision. Marseille, France: Springer, 2008: 705-718.

第6章 基于语义特征的遥感影像检索

本章主要介绍结合语义特征的遥感影像检索。介绍对于遥感影像的语义描述定义及建模；总结基于本体论的遥感影像检索研究现状和数据挖掘算法在遥感影像检索中的应用。

6.1 遥感影像的语义描述

对影像进行语义建模是实现基于高层语义遥感影像检索的关键。语义是描述事物及事物间关系，或描述事件含的。语义可以用来描述影像中的客观事物，还可以用于描述对于影像的主观感受，基于遥感影像的语义建模要求语义解释是形式化的，不仅能看得懂，而且在机器上是可操作、可计算的，遥感影像语义模型结构是建立一个模拟人类感知过程的理论模式，认为人对图像的理解本质上是一种认知行为，计算机对影像的语义信息提取应建立在模拟人脑的这种图像感知过程的基础上，具体方法是将影像语义表达式抽象成数学表达式，恰当地表示影像内涵和外延语义，然后把这些语义在计算机内进行处理，即把语义表达式与计算数据结构直接连接。

考虑影像语义的模糊性、复杂性、抽象性，一般建立的语义模型都是层次化的，如图 6.1 所示，其中最底层的是影像的基本视觉内容，其包括影像像素和基础特征（如颜色、纹理等）。在基础视觉的内容上可以进一步抽象获取更高层次的目标内容和场景内容，其中目标内容是一组基于目标模型的基本视觉内容的语义描述，而场景内容则是一组基于场景模型的目标内容的语义描述，同时也是对影像的全局描述。

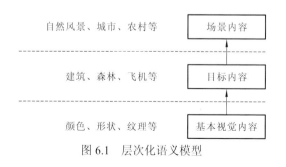

图 6.1 层次化语义模型

6.2 基于本体论的遥感影像检索

本体作为一种能在语义和知识层次上描述信息系统的概念模型建模工具，自20世纪90年代初提出以来就备受关注，本体是共享概念模型的形式化规范说明，它的目标是捕捉相关领域的知识，提供对该领域知识的共同理解，确定该领域内共同认可的词汇，并从不同层次的形式化模式上给出这些词汇和词汇之间相互关系的明确定义。基于本体的数据检索从基于关键词层面提高到基于知识层面，对知识有一定的理解和处理能力，将基于本体的搜索技术与遥感影像检索结合具有可行性，相比于数据库模式，本体提供了更高级的抽象层次上的模型表示方法，对遥感影像内容建立领域本体可以提供用于描述影像的元语义，元语义包含了明确的定义，而且元语义之间有明确的关系，不仅为影像检索提供了领域知识，而且可以通过本体中概念的上下文关系对查询请求进行扩展，图6.2给出了一个基于本体的遥感影像检索框图。

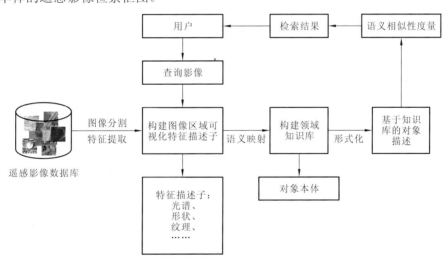

图 6.2　基于本体的遥感影像检索框图

宋广为等[1]利用本体论方法建立图像特征本体及特定类图像本体，同时定义了图像描述因子并建立相应的图像组合规则，最后利用图像的底层特征进行图像检索，结合多分类支持向量机，实现图像底层特征与高层描述信息的关联，进而实现了图像语义检索，缩小了"语义鸿沟"对基于内容的图像检索的影响。实验结果表明其模型能够提高基于内容的图像检索的准确率，同时经过3~5次反馈，可以实现语义检索功能。

杨小忠等[2]通过建立关于遥感数据信息源的应用本体将所有已有的数据源进行整合，挖掘信息之间的内在联系。在本体构建过程中首先确定其应用的领域与范围，比如：TM传感器的影像适合的应用领域，做火灾动态监测需要哪种数据。为了减少本体构建工作量可以考虑重用已有的本体模型，同时需要列举领域内的重要概念和常识，例如遥感卫星、空间分辨率、成像时间、成像波段、数据格式等。后续需要建立本体的层次结构，包括类、属性、实例层次结构，接着建立术语之间的关系，即定义相应的规则，在先前阶段中捕获了概念之间各种关系的常识，这些常识可以抽象成术语之间的各种约束关系（如等价关系、包含关系、非交关系）。最后一个阶段是检查本体的正确性，如斯坦福大学开发的 Chimaera 可以解析本体的诊断工具。通过建立遥感影像检索的应用本体，实现遥感知识的共享和复用，可以很好地实现基于本体的数据检索，图 6.3 为其提出的基于本体的遥感数据检索系统。

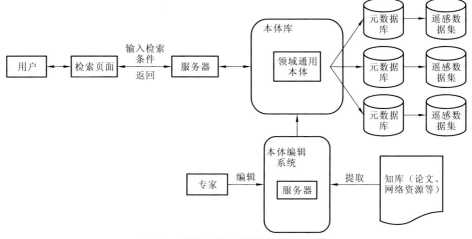

图 6.3　基于本体的遥感数据检索系统

　　Ruan 等[3]提出一种基于领域本体的遥感影像语义检索方法，其整体框架如图 6.4 所示，整个处理流程分为三个层次：特征提取、语义映射和高层语义描述。整个流程从影像原始特征提取开始，影像低层特征由原始遥感影像提取得到并存储在特征库中，为了降低计算的复杂性及使用户交互学习更方便，这些低层特征通过非监督分类算法进行分类得到特征类，这些特征类被认为是元数据并保存在知识库中。通过这些特征类，影像区域能较好地由低层特征检索得到。在实际应用中用户从不同层面获取影像，在高层语义层面，构建特定域本体并存储到知识库中用于描述域概念及其关系。论文中作者利用本体网络语言（ontology web language，OWL）来构建本体，在完成高层语义描述和低层特征描述的基础上需要借助一种有效的方法来连接两个部分并完成整个处理流程，在这一阶段，利用相关反馈技术来完成这一过程，在相关反馈过程中用户可以选择正样本区域和负样本区域来训练域概念，从而完成影像区域和语义概念的语义联系优化。在检索过程中，用户通过网页界面进行交互，检索系统支持基本属性查询（如传感器类型、成像时间）和区域样本查询，同时用户可以对更感兴趣的预训练好的语义概念来进行查询，这使得该系统能更好地弥补语义鸿沟。最后通过对语义相似性度量进行排序得到最终的结果，图 6.5 为利用该系统得到的水体影像检索结果。

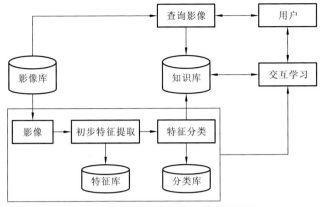

图 6.4　基于本体的遥感影像检索流程

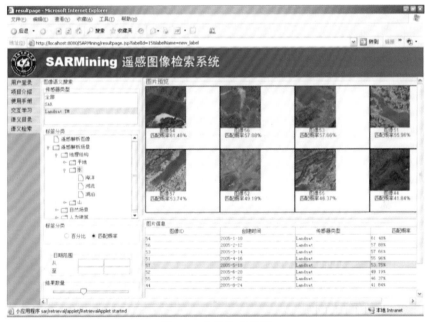

图 6.5　水体检索结果

Messaoudi 等[4]基于本体论提出一种用于遥感影像语义检索的新方法,其检索流程如图 6.6 所示,整个检索系统由两个模块组成:本体模型融合和语义策略检索。在本体模型融合模块中支持发展表征遥感影像空间知识的本体模型,此外还支持管理不确定信息及利用融合算法来解决本体模型融合中存在的冲突。语义策略检索模块支持基于本体模型的遥感影像检索。为了提升检索精度及优化检索流程,作者还提出了两种语义检索策略:机会策略和假设策略,分别实现包含非典型对象的检索和按照相似性进行排序的检索。

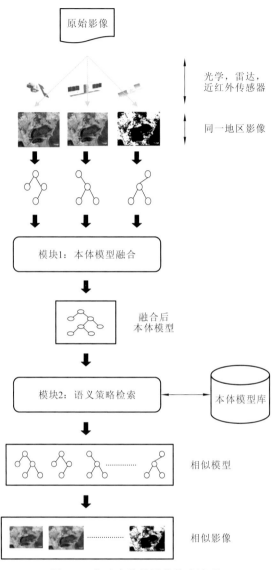

图 6.6　基于本体的影像检索流程

6.3　基于数据挖掘的遥感影像检索

在遥感和对地观测领域，随着对地观测技术的发展，人类对地球的综合观测能力达到空前水平。不同成像方式、不同波段和分辨率的数据并存，遥感数据日益多元化；遥感影像数据量显著增加，呈指数级增长；数据获取的速度加快，更新周期缩短，时效性越来越强，遥感数据呈现出明显的"大数据"特征[5]。数据挖掘是指从大量数据中通过算法搜索其隐藏信息的过程，是目前大数据处理的重要手段和有效方法，可以从遥感大数据中发现地表的变化规律，并探索出自然和社会的变化趋势。

秦昆[6]在遥感影像数据挖掘方面开展了大量的研究，基于概念格理论——一种利用数学的形式化的方法描述概念形成过程的形式化方法，分析了基于概念格的知识表达与处理方法，建立了集关联规则挖掘、分类规则挖掘和聚类规则挖掘为一体的统一的数据挖掘框架；并研究了在该框架下遥感影像数据中包含纹理（关联规则和特征数据）挖掘、光谱特征数据挖掘、空间分布规律挖掘、形状特征数据挖掘等在内的具体应用；提出了基于知识的图谱分类、检索、识别等处理流程；开发了具体的多媒体数据挖掘软件原型系统 MultiMediaMiner。

以基于分类关联规则挖掘的遥感影像检索为例，在第 5 章实验中，关联规则一般表示为如下的形式：

$$\{色调、均值\} \rightarrow \{方差\}，支持度，置信度$$

这些关联规则反映了属性或者项之间的关系。而在有些时候，人们更关心以下形式的规则：

$$\{色调、均值\} \rightarrow \{道路\}，支持度，置信度$$

或者

$$\{色调、均值、方差\} \rightarrow \{房屋\}，支持度，置信度$$

这样的规则具有明确的语义信息，在语义检索方面更有优势。由于这样的关联规则类似于地物的分类，因此称之为分类关联规则。

分类关联规则的生成方式与传统的生成方式是一致的，如果利用多维数据立方体生成分类关联规则，只需要在现有的数据立方体上再加一维，用于表示一条事务所属的类别。此时的事务集如表 6.1 所示。

表 6.1　事务集中的部分事务

序号	项			类别	支持度（面积）
1	8	7	3	2	149
2	3	6	10	1	325
3	4	9	12	3	191

表中"项"的前一列依次表示色调、均值、方差的量化值，后面单独分出来的一列表示类别，在使用时，项的这两列是作为事务一起使用的。支持度仍以对象的面积来表示，用于计算频繁度时的累加。因此，上述事务集可以转化为四维数据立方体，在计算关联规则时，将不属于分类关联规则的规则都滤除，剩下的即为分类关联规则。

与前文所述的对象属性关联模式、邻接关联模式类似，对象分类关联模式描述了对象的属性与对象所属的类别之间的关系，如下所示：

$$\langle \{5, 7, 4, 1\}, 4 \rangle, 0.13, 0.99$$

式中："5，7，4"为某个对象的色调、均值和方差的量化值，分别为 5、7、4；"1"为类别；0.13 为支持度；0.99 为置信度。式子含义为如果一个对象的色调为 5、均值为 7、方差为 4，那么该对象属于类别 1、置信度为 99%，此规则在事务集中的支持度为 0.13。一般而言，为了获得好的检索精度，需要生成的分类关联规则具有很高的置信度，只有高置信度的关联模式，才能产生高质量的语义信息。

由于分类关联模式与类别有关，具有明确的语义信息，可以实现语义检索。实现语义检索分为以下三个步骤。

（1）生成分类关联规则。需要使用训练样本来生成分类关联规则。设定类别，并用一定的量化值表示类别。训练样本从影像中选取若干个典型地物，然后进行影像分割，得到一系列对象。然后计算每个对象的属性，包括色调、均值、方差，连同该对象所属的类别加入事务集中。将事务集转化为多维数据立方体，计算关联规则，并找出满足最小支持度和置信度的分类关联规则。

（2）语义标注。语义标注的过程，就是给影像库中每幅影像赋予语义（类别）信息的过程。先对影像库中的每幅影像进行分割，得到一系列对象，然后将对象的属性与分类关联规则进行匹配，确定每个对象属于每个类别的概率，根据"赢者取全"的原则，将类别属性赋予对象。对影像中的所有对象语义标注完成后，就可以用语义直方图描述影像的语义信息。

（3）语义检索。在获取了影像的语义直方图之后，可以通过计算两幅影像的语义直方图之间的距离，来衡量它们之间的相似度。可以使用城市街道距离、欧氏距离等各种距离函数，本章使用 KL 散度一阶近似距离，表达式如下：

$$d = \sum_{i=1}^{N} \frac{(v_{1i} - v_{2i})^2}{v_{1i} + v_{2i}} \tag{6.1}$$

式中：v_1 和 v_2 为两个向量；N 为向量的长度。

按照距离从小到大的顺序对影像进行排序，输出一定数量的返回影像作为检索结果。

利用 QuickBird 影像进行实验，用于训练的样本分为 4 类，依次是房屋、高速公路、疏林地、密林地，分类关联规则的最小支持度设置为 0.015，置信度为 0.9。进行检索时，每类地物随机选择 8 幅分块影像，以这 8 幅影像作为待检索影像，分别统计前 8 幅、前 16 幅、前 24 幅、前 32 幅、前 48 幅、前 64 幅返回影像中的正确影像，取 8 幅影像的平均查准率作为最终的查准率，限于篇幅，仅给出 4 类地物检索结果的前 16 幅返回影像，如图 6.7 所示。

整体检索结果如图 6.8 所示。

从图 6.8 可以看出，房屋的平均查准率可以达到 90%以上，而其他地物的平均查准率较低。这个结果与所选择的对象属性、样本等因素有关。

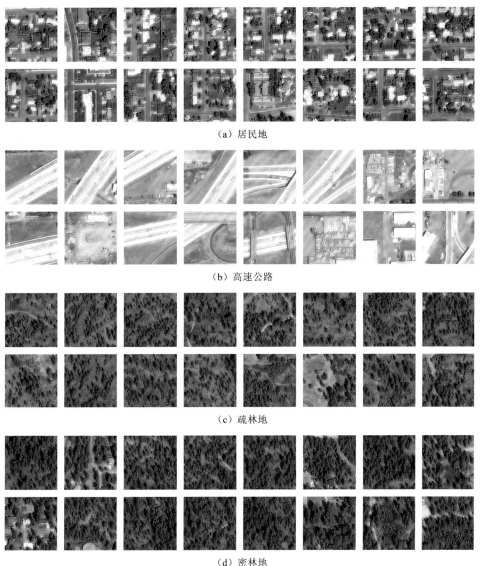

（a）居民地

（b）高速公路

（c）疏林地

（d）密林地

图 6.7 4 类地物检索结果的前 16 幅返回影像

利用 WorldView-2 影像进行实验，将用于训练的样本分为 4 类，依次是房屋、广场、森林、水体，分类关联规则的最小支持度设置为 0.015，置信度为 0.9。进行检索时，每类地物随机选择 8 幅分块影像作为待检索影像，分别统计前 8 幅、前 16 幅、前 24 幅、前 32 幅、前 40 幅、前 48 幅、前 56 幅、前 64 幅返回影像中的正确影像，取 8 幅影像的平均查准率作为最终的查准率，限于篇幅，仅给出 4 类地物检索结果的前 16 幅返回影像，如图 6.9 所示。

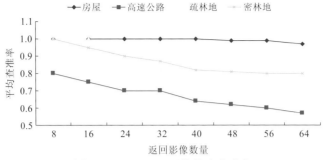

图 6.8　QuickBird 影像检索查准率

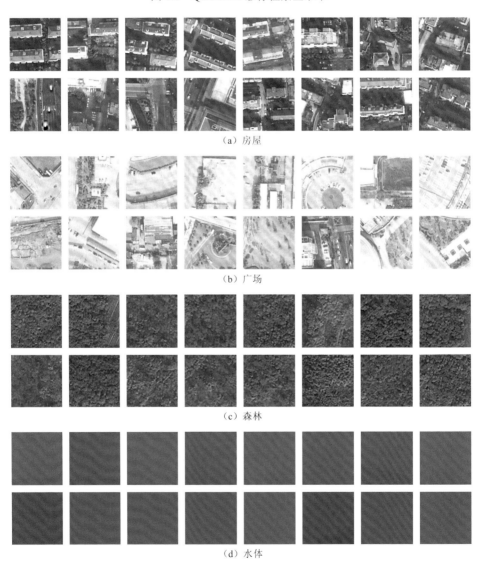

（a）房屋

（b）广场

（c）森林

（d）水体

图 6.9　4 类地物检索结果的前 16 幅返回影像

整体检索结果如图 6.10 所示。

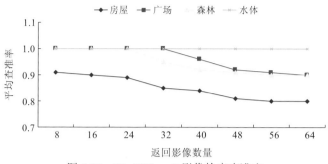

图 6.10　WorldView-2 影像检索查准率

从图 6.10 可以看出，由于水体影像经过分割后，对象的色调、均值、方差等属性比较一致，其平均查准率一直很高。在返回影像数量比较大时，其他地物的平均查准率有所下降。

进行语义检索时，训练样本的选择和语义标注是两个关键问题，会直接影响检索的平均查准率。

训练样本要求内容纯净，具有典型性和代表性，同时具有一定的数量。对于 WorldView-2 影像上的森林、水体等视觉上纹理特征丰富或者形态均一的地物，比较容易选择训练样本，而对于 QuickBird 影像上的高速公路、疏林地等，选择训练样本则比较困难，如图 6.11 所示。

（a）疏林地　　　　　　　　（b）高速公路　　　　　　　　（c）密林地

图 6.11　部分训练样本影像

如果疏林地上选择样本为单个的树木，那么很容易与密林地混淆；如果选择裸露的土地为样本，则很容易与其他地方的裸露土地混淆。同样的情况也出现在高速公路影像上，容易与高亮度的房屋及裸露土地混淆。此外，属性的量化等级太少时，区分度有限；等级太多时，计算量会增大。因此，选择的样本会直接影响提取的分类关联规则，混淆的样本提取出的分类关联规则会带来混淆的语义。在 QuickBird 影像检索实验中，高速公路与疏林地的平均查准率很低，WorldView-2 影像检索实验中，房屋的平均查准率也很低，都是因为这个原因。

语义标注的精度也直接影响最后的影像检索，因为计算相似度时需要比较影像语义直方图之间的距离。而语义标注的前提是对象属性的选择和分类关联规则匹配。受样本的影响，QuickBird 影像上的疏林地和高速公路都可能被标注为"裸露土地"，WorldView-2 影像上房屋旁边的树木和阴影可能被标注为森林和水体，从而导致影像的语义直方图出现误差，最终导致平均查准率降低。

因此，为了提高平均查准率，可以从上述两个方面入手。选择更好的更易区分的属性，或利用贝叶斯估计、支持向量机等方法进行语义判断和语义标注，均有利于提高平均查准率，这也是未来进一步的研究方向。

参 考 文 献

[1] 宋广为, 刘程军, 王庆鹏, 等. 一种新的基于本体论描述的内容图像检索模型[J]. 信息与控制, 2012(3): 319-325.

[2] 杨小忠, 贾占军, 刘士彬, 等. 基于应用本体的多卫星遥感数据检索[J]. 遥感信息, 2007, 2007(1):30-36.

[3] RUAN N, HUANG N, HONG W. Semantic-based image retrieval in remote sensing archive: An ontology approach[C] // 2006 IEEE International Symposium on Geoscience and Remote Sensing. IEEE, 2006: 2903-2906.

[4] MESSAOUDI W, FARAH I R, SOLAIMAN B. Semantic strategic satellite image retrieval[C] // 2008 3rd International Conference on Information and Communication Technologies: From Theory to Applications. IEEE, 2008: 1-6.

[5] 李德仁, 张良培, 夏桂松. 遥感大数据自动分析与数据挖掘[J]. 测绘学报, 2014, 43(12): 1211-1216.

[6] 秦昆. 基于形式概念分析的图像数据挖掘研究[D]. 武汉: 武汉大学, 2004.

第 7 章　基于深度学习的遥感大数据检索

遥感大数据具有海量性和复杂性等特点，导致传统手工特征检索效率低、性能差。深度学习能够通过学习的方式从数据中获取有效的特征表示，为遥感大数据处理与分析提供了一条切实可行的解决途径。本章将以神经网络和反向传播算法为基础，分别介绍自编码网络、卷积神经网络、深度哈希网络、生成对抗网络和深度相似性网络等可用于遥感大数据分析的深度学习方法，总结自编码、卷积神经网络、哈希网络、生成对抗网络、相似性网络的检索流程和基本的检索方式，展望现有问题及后续可以研究的方向。

7.1　遥感大数据的深度学习分析方法

不同于利用手工特征进行检索，基于深度学习的遥感大数据检索通过构造多层网络结构对以遥感图像为代表的大数据进行逐层特征表达，通过学习的方式从数据中发现用于检索的特征模式。遥感大数据的深度学习分析涉及神经网络与反向传播、自动编码器、卷积神经网络等，本节分别进行介绍。

7.1.1　神经网络与反向传播

本节首先介绍神经网络和反向传播算法，其中，神经网络是自编码网络、卷积神经网络、哈希网络、生成对抗网络和相似性网络的基础，而反向传播算法则是神经网络训练的基础。然后，在此基础上，重点介绍自编码网络和卷积神经网络，两者是深度学习的代表性方法。最后，介绍深度哈希网络、生成对抗网络和深度相似性网络，三者是卷积神经网络的变体，各自从不同的角度解决了遥感大数据的检索问题。

1. 神经网络

神经网络是将多个单一的神经元连接起来构成的，其中一个神经元的输出会作为下一层神经元的输入。一个简单的神经网络结构，包括一个输入层、一个隐含层和一个输出层，如图 7.1 所示。实际使用时，神经网络可能包含多个隐含层，从而构成深层的神经网络结构。

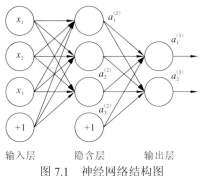

图 7.1　神经网络结构图

假定 $W_{ij}^{(l)}$ 表示第 l 层第 j 神经单元与第 $l+1$ 层第 i 神经单元之间连接的参数，$b_i^{(l)}$ 表示第 $l+1$ 层第 i 神经单元的偏置项，则图 7.1 中神经网络的参数可表示为 $(\boldsymbol{W},b)=(\boldsymbol{W}^{(1)},b^{(1)},\boldsymbol{W}^{(2)},b^{(2)})$，其中，$\boldsymbol{W}^{(1)}\in\mathbf{R}^{3\times3}$，$\boldsymbol{W}^{(2)}\in\mathbf{R}^{2\times3}$。假定 $a_i^{(l)}$ 表示第 l 层第 i 单元的激活值（输出值），当 $l=1$ 时，$a_i^1=x_i$，此时神经网络前向传播计算过程如下：

$$a_1^{(2)}=f(W_{11}^{(1)}x_1+W_{12}^{(1)}x_2+W_{13}^{(1)}x_3+b_1^{(1)}) \qquad (7.1)$$

$$a_2^{(2)}=f(W_{21}^{(1)}x_1+W_{22}^{(1)}x_2+W_{23}^{(1)}x_3+b_2^{(1)}) \qquad (7.2)$$

$$a_3^{(2)}=f(W_{31}^{(1)}x_1+W_{32}^{(1)}x_2+W_{33}^{(1)}x_3+b_3^{(1)}) \qquad (7.3)$$

$$a_1^{(3)}=f(W_{11}^{(2)}a_1^{(2)}+W_{12}^{(2)}a_2^{(2)}+W_{13}^{(2)}a_3^{(2)}+b_1^{(2)}) \qquad (7.4)$$

$$a_2^{(3)}=f(W_{21}^{(2)}a_1^{(2)}+W_{22}^{(2)}a_2^{(2)}+W_{23}^{(2)}a_3^{(2)}+b_2^{(2)}) \qquad (7.5)$$

式中：$f(\cdot)$ 为隐含层和输出层神经元的激活函数，常用的激活函数是 sigmoid 函数。

2. 反向传播

反向传播（back propagation，BP）算法，是求解神经网络常用且十分有效的方法。神经网络的计算过程包括前向传播和反向传播两个步骤，给定一个包含 N 个样本的训练数据 $\{(x_1,y_1),(x_2,y_2),\cdots,(x_N,y_N)\}$，则神经网络经前向传播后的整体代价函数可用下式表示：

$$J(\boldsymbol{W},b)=\frac{1}{N}\sum_{i=1}^{N}\left(\frac{1}{2}\|h_{\boldsymbol{W},b}(x_i)-y_i\|^2\right)+\frac{\lambda}{2}\sum_{l=1}^{n_l-1}\sum_{i=1}^{s_l}\sum_{j=1}^{s_{l+1}}(W_{ji}^{(l)})^2 \qquad (7.6)$$

式中：等式右边第一项称为均方差项，第二项称为正则项（也称为权重衰减项，能够减小权重幅度防止过拟合）；$h_{\boldsymbol{W},b}(x_i)$ 为样本 x_i 经过神经网络的输出；n_l 为神经网络层数（包括输入层、隐含层及输出层）；s_l 为第 l 层的神经元数目；λ 为权重衰减参数（用于控制均方差项和正则项的相对重要性）。

为了求解神经网络，需要计算出上式取最小值时的权值和偏置项，即网络的参数 $(\boldsymbol{W},b)$。在具体计算时，首先可将每一个参数 $W_{ij}^{(l)}$ 和 $b_i^{(l)}$ 随机初始化为接近 0 的值，然后利用梯度下降算法对参数进行更新，如下所示：

$$W_{ij}^{(l)} = W_{ij}^{(l)} - \alpha \frac{\partial}{\partial W_{ij}^{(l)}} J(\boldsymbol{W}, b) \tag{7.7}$$

$$b_i^{(l)} = b_i^{(l)} - \alpha \frac{\partial}{\partial b_i^{(l)}} J(\boldsymbol{W}, b) \tag{7.8}$$

式中：α 为学习率。从以上两式可以看出，梯度下降算法很关键的一个步骤是如何计算偏导数，反向传播算法是计算偏导数的一种有效方法，其步骤概括如下。

第一：神经网络进行前向传播，得到 $L_2, L_3, \cdots, L_n$ 等各层的激活值。

第二：对于第 n_l 层（输出层），计算神经元的残差，如下式所示：

$$\delta^{(n_l)} = -(y - a^{n_l}) \cdot f'(z^{(n_l)}) \tag{7.9}$$

第三：对于 $l = n_l - 1, n_l - 2, n_l - 3, \cdots, 2$ 各层，同样计算神经元的残差，如下式所示：

$$\delta^{(l)} = ((\boldsymbol{W}^{(l)})^{\mathrm{T}} \delta^{(l+1)}) \cdot f'(z^{(l)}) \tag{7.10}$$

第四：计算相应的偏导数，如下式所示：

$$\nabla_{W^{(l)}} J(\boldsymbol{W}, b; x, y) = \delta^{(l+1)} (\boldsymbol{a}^{(l)})^{\mathrm{T}} \tag{7.11}$$

$$\nabla_{b^{(l)}} J(\boldsymbol{W}, b; x, y) = \delta^{(l+1)} \tag{7.12}$$

式（7.10）中："·"表示向量乘积运算。

7.1.2 自编码网络

自编码是一种无监督的特征学习算法，一个简单的自编码神经网络，包括一个输入层、一个隐含层和一个输出层，如图 7.2 所示。可以看出自动编码器在结构上与一般的神经网络是相同的。为了学习更好的图像特征表示，可以通过增加隐含层数目得到栈式自编码网络。

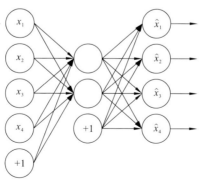

图 7.2 自编码结构图

自编码网络利用反向传播算法，尝试学习一个恒等函数使输出值尽可能接近输入值。自编码器包含两部分：编码器（encoder）和解码器（decoder），其中，从输入层到隐含层这一过程称为编码，从隐含层到输出层这一过程则称为解码。一般情况下，隐含层的神经元数目会少于输入层的神经元数目，此时网络会经过编码学习输入数据的压缩表示，然后经过解码重构出输入数据。对于隐含层神经元数目大于输入层神经元数目这一情况，可以通过对隐含层神经元施加限制条件来学习输入数据更有意义的表示。例如，可以对隐含层神经元加入稀疏性限制，从而得到一种常用的自编码网络，即稀疏自编码（sparse auto-encoder，SAE）。

所谓稀疏性，可解释如下：以图 7.2 所示的自编码网络为例，假定网络采用的激活函数为 sigmoid 函数，若神经元的输出接近于 1，则认为神经元是激活的，若神经元的输出接近于 0，则认为神经元是抑制的，这种使神经元多数时候被抑制的限制被称为稀疏性限制。为了对自编码网络实现稀疏性限制，可在稀疏自编码网络的目标函数中加入稀疏惩罚项。除稀疏自编码外，其他常见的基于自编码的改进算法还包括降噪自编码（denoising auto-encoder，DAE）[1]及收缩自编码（contractive auto-encoder，CAE）[2]。

7.1.3 卷积神经网络

卷积神经网络（CNN）是一种有监督的深度学习方法，目前已被广泛用于图像识别与分析任务。CNN 与神经网络是很相似的，例如，两者都是由具有学习能力的神经元（学习权重和偏置参数）构成的，并且每个神经元都接收输入并通过激活函数给出相应的响应，以及两者在训练时都包括前向传播和后向传播两个过程。

CNN 与神经网络结构上的主要区别表现在几个方面。①网络的输入不同。以图像分类任务为例，神经网络的输入是图像像素构成的一维向量，而 CNN 的输入是整幅图像。②神经元的连接方式不同。神经网络中隐含层的各神经元与前一层所有的神经元都是连接的，这种连接方式也称为全连接。然而，对于 CNN 来说，卷积层的神经元只与前一层输出的局部区域是连接的，这种连接方式也称为局部连接。相比全连接，局部连接极大地减少了神经元之间的连接数。③神经元的表示方式不同。对于 CNN 来说，神经元一般表示成 $W \times H \times D$（宽×高×深）三维的形式，这一点与神经网络是不同的。

CNN 主要由卷积层（convolutional layer）、池化层（pooling layer）及全连接层（fully-connected layer）构成，如图 7.3 所示，其中待训练的网络参数存于卷积层和全连接层，而池化层并不包含网络参数。

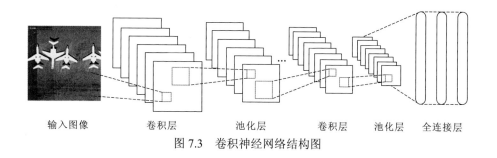

输入图像　　　　卷积层　　　　池化层　　　　卷积层　　　　池化层　　　全连接层

图 7.3　卷积神经网络结构图

1. 卷积层

卷积层是 CNN 的核心层，网络大部分的计算工作都是在卷积层进行的。卷积层是由一系列可学习的卷积核（也称为滤波器）构成的，其中，卷积核在空间维（宽和高）上一般尺寸比较小，而在第三维（深度）上等于网络上一层输出的深度。为了学习不同的图像特征，卷积层一般会包含几十甚至上百个滤波器。

CNN 网络前向传播的过程中，卷积层的滤波器会与该层的输入（即前一层的输出）进行卷积并经激活函数输出得到特征图（feature map），其中一个滤波器对应一个特征图。卷积层的特征图会在深度维上组合起来，并作为下一层的输入进行后续运算。假设卷积层输入的尺寸为 $W_{\text{Input}}^c \times H_{\text{Input}}^c \times D_{\text{Input}}^c$，卷积层的滤波器尺寸和数目分别为 F_c 和 K_c，卷积步长（stride）为 S_c，输入周围填充（padding）的零元素个数为 P_c，则卷积层的输出尺寸 $W_{\text{Output}}^c \times H_{\text{Output}}^c \times D_{\text{Output}}^c$ 可由下式计算：

$$\begin{cases} W_{\text{Output}}^c = (W_{\text{Input}}^c - F_c + 2P_c)/S_c + 1 \\ H_{\text{Output}}^c = (H_{\text{Input}}^c - F_c + 2P_c)/S_c + 1 \\ D_{\text{Output}}^c = K_c \end{cases} \tag{7.13}$$

不同于一般的神经网络（神经元之间是全连接的），CNN 网络结构的特点在于局部连接（local connectivity）和权值共享（parameter sharing）。所谓局部连接，是指卷积层的一个神经元只与卷积层输入的一个局部区域是连接的，这个区域也称为该神经元对应的感受野（receptive field），可以看出感受野大小与滤波器尺寸是一致的。局部连接减少了神经元的连接数，从而也减少了网络参数，使得 CNN 可以直接处理大尺寸图像。所谓权值共享，是指卷积层的各输出（卷积结果）对应的神经元共享一组权值，而不是每个神经元分别对应一组权值，即卷积层的各输出分别是由对应的一个滤波器通过卷积计算得到的。

卷积层的计算过程如图 7.4 所示：首先，给定一个尺寸为 $3 \times 3 \times 3$ 的输入 x，尺寸为 $2 \times 2 \times 3$ 的滤波器 w，尺寸为 $1 \times 1 \times 1$ 的偏置项 b；其次，把滤波器的第三维的各分量，即 $w[:,:,1]$、$w[:,:,2]$、$w[:,:,3]$，分别与输入的第三维对应的各分量，即 $x[:,:,1]$、$x[:,:,2]$、$x[:,:,3]$，进行卷积得到各分量的卷积结果（卷

· 151 ·

积步长为 1, 即滤波器窗口从左到右、从上到下每次移动一个元素); 最后, 各分量的卷积结果与对应的偏置项相加即可得到最终的卷积结果。可以看出, CNN 中所谓的卷积实际上是滤波器的各元素与输入对应的各元素相乘求和。图 7.4 中的卷积示例只给出了一个滤波器的卷积过程, 实际上多个滤波器的卷积计算过程是相同的, 其中一个滤波器对应一个偏置项和一个卷积结果。

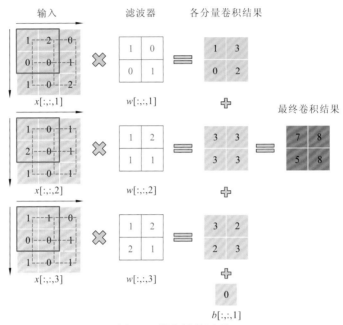

图 7.4　卷积计算过程

　　上文介绍的卷积过程是 CNN 网络的基本卷积方式, 除此之外, 常见的卷积方式还包括空洞卷积 (dilated convolution)[3]、转置卷积 (transposed convolution)[4]、可分离卷积 (separable convolution)[5]、可形变卷积 (deformable convolution)[6]。

2. 池化层

　　池化层一般在卷积层之后, 其作用是通过减小特征图的尺寸来减少网络参数和计算量, 也因此能够控制过拟合。CNN 网络中常用的池化方法包括平均池化和最大池化。图 7.5 给出了平均池化和最大池化两种池化方法的计算过程, 其中池化层的步长为 2, 可以看到平均池化就是取池化窗口内元素的平均值, 而最大池化则是取窗口内元素的最大值。假设池化层的输入尺寸为 $W_{\text{Input}}^{\text{p}} \times H_{\text{Input}}^{\text{p}} \times D_{\text{Input}}^{\text{p}}$, 池化窗口大小为 F_{p}, 步长为 S_{p}, 则池化层的输出尺寸 $W_{\text{Output}}^{\text{p}} \times H_{\text{Output}}^{\text{p}} \times D_{\text{Output}}^{\text{p}}$ 可由下式计算:

$$\begin{cases} W_{\text{Output}}^{\text{p}} = (W_{\text{Input}}^{\text{p}} - F_{\text{p}}) / S_{\text{p}} + 1 \\ H_{\text{Output}}^{\text{p}} = (H_{\text{Input}}^{\text{p}} - F_{\text{p}}) / S_{\text{p}} + 1 \\ D_{\text{Output}}^{\text{p}} = D_{\text{Input}}^{\text{p}} \end{cases} \qquad (7.14)$$

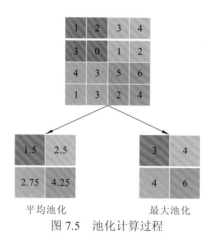

图 7.5　池化计算过程

3. 全连接层

全连接层是 CNN 网络的最后几层，与神经网络相同，全连接层的神经元与前一层也是全连接的。全连接层不具备卷积层的局部连接和权重共享的特点，但两者神经元的计算方式是相同的，因此，全连接层和卷积层是可以相互转化的。

7.1.4　深度哈希网络

对于遥感大数据检索来说，特征表示和计算/存储代价都是需要考虑的重要因素。随着遥感数据量的增加，如何从大型遥感数据库中快速搜索成为一种新兴的需求。大量的计算和存储开销，导致传统的线性搜索不再适用于大规模的数据搜索，基于哈希的检索方法开始受到人们的关注。哈希方法将高维特征投射到低维空间中，生成紧凑的二进制码。利用所产生的二进制码，可以通过二值模式匹配或汉明距离测量进行快速图像搜索，极大地降低了计算成本和存储开销，进一步优化了搜索效率。

基于深度学习的哈希算法通过深层网络，将学习的特征向量转化为 N bit 的哈希码，如图 7.6 所示。基于 CNN 网络结构提取了全连接层特征，并将提取的全连接层特征进行量化，得到哈希码，后续可用得到的哈希码进行遥感大数据检索。

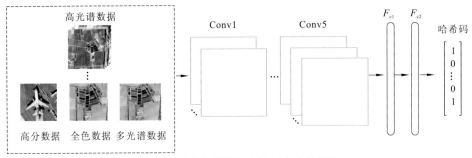

图 7.6   遥感大数据检索的深度哈希网络

7.1.5 生成对抗网络

生成对抗网络（generative adversarial networks，GAN）由两部分组成：生成器（generator）和判别器（discriminator）。两者都是由参数确定的神经网络：G 和 D。判别网络 D 的参数为最大化正确区分真实数据和伪造数据（生成网络伪造的数据）的概率这一目标而优化，而生成网络 G 的目标是最大化判别网络不能识别其伪造的样本的概率。

基于生成对抗网络的潮滩目标数据增广流程如图 7.7 所示：生成网络 G 使用随机噪点 N 生成虚假的潮滩目标数据，并使生成的数据与真实数据的分布尽可能保持一致。判别网络 D 对生成的假数据与真数据判别真假。训练过程中，判别网络 D 与生成网络 G 交替学习，最终达到平衡后即可结束训练。具体来说，GAN

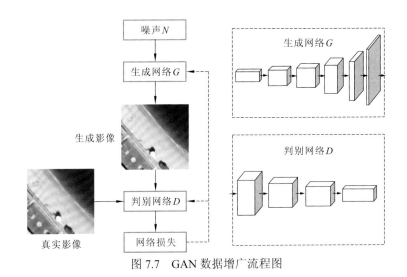

图 7.7   GAN 数据增广流程图

网络训练过程为优化以下目标函数：

$$\min_G \max_D V(D,G) = E_{x \sim P_{\text{data}}(x)}[\ln(D(x))] + E_{Z \sim P_Z(Z)}[\ln(1-D(G(Z)))] \quad (7.15)$$

式（7.15）可以分步优化，即分别优化生成网络 G 和判别网络 D，分别如式（7.16）和式（7.17）所示：

$$\min_G V(D,G) = E_{Z \sim P_Z(Z)}[\ln(1-D(G(Z)))] \quad (7.16)$$

$$\max_D V(D,G) = E_{x \sim P_{\text{data}}(x)}[\ln(D(x))] + E_{Z \sim P_Z(Z)}[\ln(1-D(G(Z)))] \quad (7.17)$$

优化判别网络 D 时，$G(Z)$ 就相当于已经得到的假样本。优化 D 的公式的第一项，使真样本 x 输入时，得到的结果越大越好，因为需要真样本的预测结果越接近于 1 越好。对于假样本，需要优化的结果越小越好，也就是 $D(G(Z))$ 越小越好，因为它的标签为 0。

7.1.6 深度相似性网络

现有基于 CNN 的检索方法大多是通过优化分类误差函数实现网络训练，进而提取不同的网络层特征进行检索。然而，遥感大数据检索本质上是基于数据相似度的排序问题而非分类问题，基于图像相似度的网络更适合遥感大数据检索。

进行相似性度量时，不同的特征需在相应的特征空间中进行匹配。深层网络学习的特征是一种包含语义信息的高层特征，严格来说并非欧式空间中的特征向量，因此直接采用现有的距离度量方法如欧氏距离并不合适。为得到适用于深层网络特征匹配的相似性度量方法，需要构建深度相似性网络，研究基于深层网络的相似性度量自适应学习方法。

基于 CNN 网络直接从图像学习相似性度量函数，利用该函数可以直接度量两幅图像的相似性，如图 7.8 所示。对于任意两幅图像 x_1、x_2，为了学习相似性度量函数 $S(x_1, x_2)$，从图像库中选择一定数目的图像作为训练样本，训练样本分别经过两个共享权值的卷积网络输出后进入决策层进行相似性判断。此时相似性函数的学习问题可转化为如下所示的优化问题：

$$\min_w \frac{1}{2}\|w\|_2^2 + \sum_{i=1}^{N} \max(0, 1-y_i F_i) \quad (7.18)$$

式中：w 为深度网络学习到的参数（权重）；y 为网络对应的输出；F_i 为相应的样本标签；N 为样本数目。具体优化时，采用已经训练得到的网络参数作为式（7.18）中的初始权重，即将其作为相似性度量学习时的初始权重进行优化。

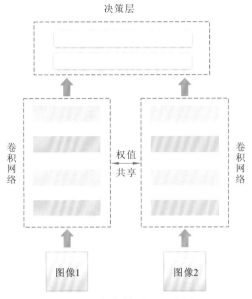

图 7.8　相似性学习示意图

　　图像库构建和相似性度量函数学习完成后，从构建的图像样本库中随机选取一幅图像作为查询图像，利用训练好的分类器对查询图像及图像库中的其他图像分类预测图像类别，得到包含相似图像的相似空间。在相似空间中，根据学习的相似性度量函数对图像进行相似性计算即可返回检索结果。

7.2　基于自编码的遥感大数据检索

　　由于自编码网络不同层的神经元之间是全连接的，当隐含层的神经元数目固定时，网络参数的数目与输入数据的维度是直接相关的。实际训练时，对于尺寸较大的图像，一般通过将图像切分成固定尺寸（如 10×10、20×20 等）的小图像块，然后随机选取一定数目的图像块进行训练。对于复杂的遥感影像来说，这种基于图像块的采样方法存在三个缺陷：①随机选取的图像块可能包含的影像内容是相互重复的，而这些重复的图像块对网络训练来说是多余的；②影像包含的目标（如建筑物、道路等）是对影像内容进行准确描述的关键，而随机选取的图像块可能并不包含这些对象；③以图像块作为训练数据，学习的是图像块而非图像的特征，为了得到整幅图像的特征需要通过卷积和池化等操作由图像块的特征计算图像的特征，而卷积和池化过程不仅耗时（尤其是对于大尺寸影像）而且会引入新的参数。

　　尺度不变特征变换（SIFT）是一种局部特征描述子，相比图像块，能更有效地描述影像内容。鉴于传统基于图像块的自编码存在以上缺陷，文献[7]提出 SIFT

自编码，以图像的 SIFT 特征点作为网络输入进行特征学习，并利用特征池化和特征聚合对学习的特征进行处理直接得到整幅图像的特征。SIFT 自编码具有以下几个特点。

（1）SIFT 算法检测出的特征点是图像中的角点和边缘点等不会因光照和仿射变换等因素而变化的点，相比像素灰度值，能够更准确地描述影像内容。

（2）由于 SIFT 特征点的维度是 128，SIFT 自编码的输入层神经元数目是 128，相比以 20×20、30×30 等尺寸的图像块作为训练数据的自编码具有更少的参数。

（3）图像块采样是传统自编码很关键的一个步骤，需要考虑图像块的尺寸、重叠度等，而 SIFT 特征点是从直接图像中提取的关键点。

（4）SIFT 自编码学习的是图像而非图像块的特征，因此，不需要像传统自编码那样通过卷积和池化操作由图像块的特征计算整幅图像的特征。

SIFT 自编码遥感大数据检索的流程如图 7.9 所示，包括 4 个主要步骤。

（1）特征点提取。一是提取遥感大数据的 SIFT 特征点构造自编码网络所需的训练数据，二是将数据库中各图像相应的 SIFT 特征点存入特征库。

（2）特征学习。利用步骤（1）中的训练数据对单个隐含层的 SIFT 自编码网络进行训练得到一组特征提取器。

（3）特征编码。利用步骤（2）中学习的特征提取器和步骤（1）中提取的各图像的 SIFT 特征点提取自编码网络学习得到的图像特征。

（4）特征后处理。由于不同图像的 SIFT 特征点数目是不同的，学习得到的图像特征不能直接进行比较，而是必须经过一定的后处理才能进行特征相似性度量。

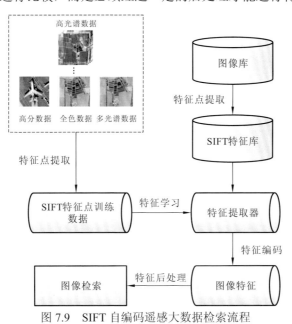

图 7.9　SIFT 自编码遥感大数据检索流程

下面给出了 SIFT 自编码对飞机和停车场的检索结果，可以看出，SIFT 自编码相比传统自编码及 BoVW 特征均取得了更好的检索准确度。

SIFT 自编码对飞机的检索结果如图 7.10 所示，第一列为查询图像，第一行和第二行分别是采用平均池化和 BoVW 进行特征编码的 SIFT 自编码的检索结果，第三行是传统自编码的检索结果，第四行是 BoVW 特征的检索结果。

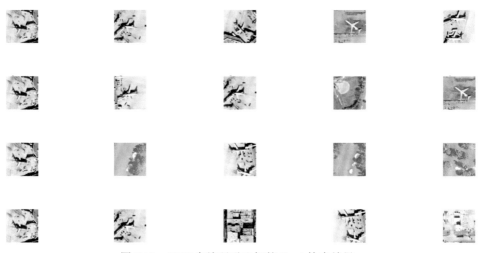

图 7.10　SIFT 自编码对飞机的 Top4 检索结果

SIFT 自编码对停车场的检索结果如图 7.11 所示，第一列为查询图像，第一行和第二行分别是采用平均池化和 BoVW 进行特征编码的 SIFT 自编码的检索结果，第三行是传统自编码的检索结果，第四行是 BoVW 特征的检索结果。

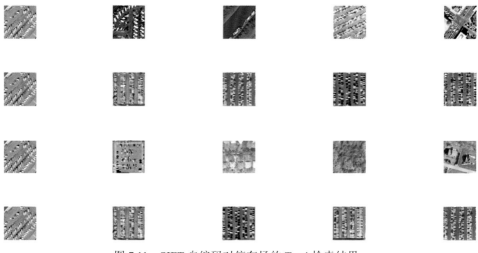

图 7.11　SIFT 自编码对停车场的 Top4 检索结果

自编码网络相比传统方法能够提升检索的准确度，但自编码是将图像的像素拉伸为一维向量作为网络输入，当图像尺寸比较大时会导致向量维度比较大，进而使得网络参数比较多。此外，自编码网络是非监督的特征学习方法且网络通常是比较浅层的网络，导致检索性能提升有限。如何在不大幅度提升网络深度的情况下，提升自编码网络的迁移性能，是值得探讨的一个问题。

7.3 基于卷积神经网络的遥感大数据检索

CNN 遥感大数据检索的关键在于训练一个成功的网络模型对图像进行特征提取，但训练深层的 CNN 需要大量的标注数据。迁移学习（transfer learning）是解决缺少标注数据情况下的 CNN 训练常用的方法。简单来说，迁移学习就是将 ImageNet 图像库训练得到的 CNN 模型（称为预训练 CNN）迁移至缺少标注数据的领域。

由于 CNN 特征具有良好的泛化能力，将 CNN 特征迁移至遥感领域用于遥感影像检索任务取得了理想的检索效果[8-10]。在文献[11]中，针对检索问题，可选择的迁移学习方法包括两种。①将预训练的 CNN 视为特征提取器提取图像的全连接层（F_c）和卷积层（Conv）特征。对于全连接层特征，直接计算图像的相似性，进行相似性匹配，而对于卷积层特征，将其视为局部特征，采用传统的特征聚合方法（如 BoVW）对卷积层特征进行编码得到图像的全局特征，基本流程如图 7.12 所示。②用标注的遥感图像库对预训练 CNN 进行微调，提取图像的目标域特征，基本流程如图 7.13 所示。

下面给出 CNN 特征对棒球场和工业区的检索结果，可以看出，CNN 特征比 BoVW 特征和 SIFT 自编码检索效果更好。

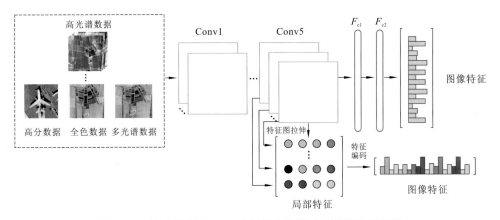

图 7.12　基于预训练 CNN 特征提取的遥感大数据检索流程

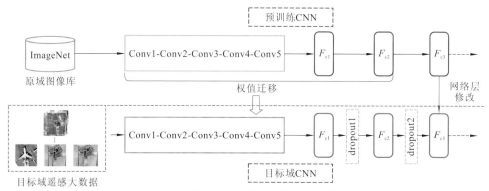

图 7.13　基于目标域 CNN 特征提取的遥感大数据检索流程

CNN 特征对棒球场的检索结果如图 7.14 所示，第一列为查询图像，第一行到第四行分别为 BoVW、SIFT 自编码、CNN 的 F_c 特征和 CNN 的目标域特征的检索结果。

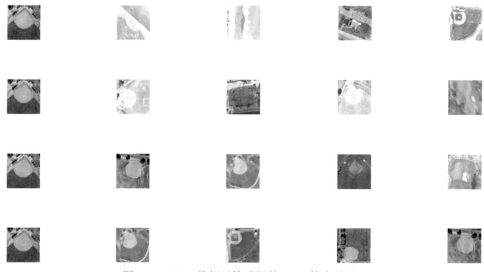

图 7.14　CNN 特征对棒球场的 Top4 检索结果

CNN 特征对工业区的检索结果如图 7.15 所示，第一列为查询图像，第一行到第四行分别为 BoVW、SIFT 自编码、CNN 的 F_c 特征和 CNN 的目标域特征的检索结果。

由于卷积神经网络具有良好的特征迁移能力，在遥感大数据检索中被广泛应用，显著提升了传统方法和自编码网络的检索准确度。然而，由于从头开始训练 CNN 需要大量的训练数据，而有标注的训练数据在遥感数据中是匮乏的，目前的检索方法多是采用迁移学习的思想。如何在有限的训练样本下训练一个性能好的 CNN 是值得研究的问题，例如是否可以借鉴小样本学习的思想。

图 7.15　CNN 特征对工业区的 Top4 检索结果

7.4　基于深度哈希网络的遥感大数据检索

　　基于深度哈希网络的遥感大数据检索的关键在于训练一个成功的网络模型对图像进行特征提取，并将学习的特征向量进行编码得到用于检索的哈希码，具体流程如图 7.16 所示。

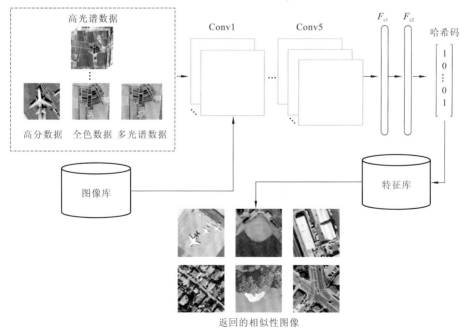

图 7.16　深度哈希网络检索流程

基于深度哈希网络进行遥感大数据检索的关键在于如何通过网络将学习的特征转化为哈希码。例如，Yang 等[12]提出了一种简单但有效的监督深度哈希方法用于大规模数据搜索，该方法可以从标注数据中构建二值哈希码；Li 等[13]提出了一种可扩展的在线哈希方法用于大规模遥感图像检索；Zhao 等[14]提出了基于深层语义排序的哈希方法用于多标签自然风景图像检索，该方法可以借鉴到遥感领域，用于遥感大数据的多标签检索；Li 等[15]基于特征学习网络和哈希网络构建了用于大规模遥感图像检索的深度哈希网络，显著提高了检索准确度。

7.5　基于生成对抗网络的遥感大数据检索

基于 GAN 的遥感大数据检索有两种方式：一是利用 GAN 生成训练数据，并用训练的 CNN 提取图像特征用于检索；二是利用 GAN 的生成器和判别器通过两次检索得到检索结果。第一种方式可以为基于深度学习的遥感大数据检索提供有标注的训练数据，而第二种方式在实际应用中比较有效果，基本流程如图 7.17 所示。首先，将查询图像和图像库中的图像输入 GAN 网络的生成器中得到"虚假"的查询图像和图像库中的图像；然后，生成的"虚假"图像经过 GAN 网络的判别器，按照相似度返回前 K 幅图像，该步骤是基于相应图像的特征距离得到的。

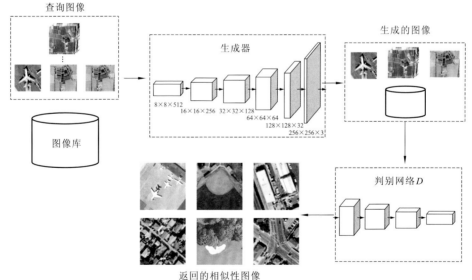

图 7.17　生成对抗网络检索流程

总体来说，基于 GAN 的检索在实际应用中相对较少，而且主要集中在自然图像的检索。例如，Song[16]提出了由编码器和哈希层构成的二值生成对抗网络用于图像检索；Huang 等[17]则通过生成器和对抗器进行两步检索，实现了基于 GAN 的图像检索。

7.6　基于相似性网络的遥感大数据检索

检索本质是排序问题，而现有基于 CNN 的检索方法大多从分类的角度解决检索问题。实际上，构建深度相似性度量网络直接衡量查询图像和图像库中图像的相似性，更适合遥感大数据。基于相似性网络的遥感大数据检索流程如图 7.18 所示：首先，构建输入图像对，图像对中的一幅图像输入相似性网络的一个分支，另一幅图像输入相似性网络的另一分支；然后，将图像对输入相似性网络，通过最小化对比损失函数完成网络训练；最后，通过网络特征提取层提取特征向量，完成检索。

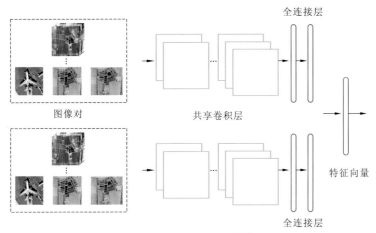

图 7.18　深度相似性网络检索流程

通过 CNN 直接度量图像的相似性是一种端对端（end-to-end）的检索方式，在实际应用中比较多。例如，Liu 等[18]提出深度相对距离学习进行车辆差异识别，Cao 等[19]提出了三元组网络通过度量学习来改善遥感图像检索结果，Zhao 等[20]则基于深度度量学习提出了相似度保留损失函数用于遥感图像检索。

深度哈希网络、生成对抗网络和深度相似性网络本质都是基于卷积神经网络实现的，因此，基于 CNN 的检索存在的问题也是这三种遥感大数据检索方法存在和需要解决的。除此之外，深度哈希网络还需要解决如何由特征生成表征能力更强的哈希码，生成对抗网络还需要解决网络的训练问题，深度相似性网络还需要解决图像对的生成问题。

参 考 文 献

[1] VINCENT P, LAROCHELLE H, BENGIO Y, et al. Extracting and composing robust features with denoising autoencoders[C]//Proceedings of the 25th International Conference on Machine Learning, Helsinki, Finland. ACM, 2008: 1096-1103.

[2] RIFAI S, VINCENT P, MULLER X, et al. Contractive auto-encoders: Explicit invariance during feature extraction[C]// Proceedings of the 28th International Conference on Machine Learning, Bellevue, Washington, USA, 2011 Omnipress, 2011: 833-840.

[3] YU F, KOLTUN V. Multi-scale context aggregation by dilated convolutions[J/OL]. arXiv: 1511.07122[cs.CV]: 1-13. [2015-11-23].

[4] ZEILER M D, KRISHNAN D, TAYLOR G W, et al. Deconvolutional networks[C]// 2010 IEEE Computer Society Conference on Computer Vision and Pattern Recognition, San Francisco, CA, USA, IEEE, 2010: 2528-2535.

[5] CHOLLET F. Xception: Deep learning with depthwise separable convolutions[C]// Proceedings of the IEEE Conference on Computer Vision and Pattern Recognition. IEEE, 2017: 1251-1258.

[6] DAI J, QI H, XIONG Y, et al. Deformable convolutional networks[C]// Proceedings of the IEEE International Conference on Computer Vision. IEEE, 2017: 764-773.

[7] ZHOU W X, SHAO Z F, DIAO C Y, et al. High-resolution remote-sensing imagery retrieval using sparse features by auto-encoder[J]. Remote Sensing Letters, 2015, 6(10): 775-783.

[8] PENATTI O, NOGUEIRA K, SANTOS J. Do deep features generalize from everyday objects to remote sensing and aerial scenes domains? [C]// 2015 IEEE Conference on Computer Vision and Pattern Recognition Workshops(CVPRW), Boston, MA, USA. IEEE, 2015: 44-51.

[9] GE Y, JIANG S, XU Q, et al. Exploiting representations from pre-trained convolutional neural networks for high-resolution remote sensing image retrieval[J]. Multimedia Tools and Applications, 2017(5): 1-27.

[10] HU F, TONG X, XIA G, et al. Delving into deep representations for remote sensing image retrieval[C]// 2016 IEEE 13th International Conference on Signal Processing(ICSP), Chengdu, China. IEEE, 2016: 198-203.

[11] ZHOU W X, NEWSAM S, LI C M, et al. Learning low dimensional convolutional neural networks for high-resolution remote sensing image retrieval[J]. Remote Sensing, 2017, 9(5): 489.

[12] YANG H F, LIN K, CHEN C S. Supervised learning of semantics-preserving hash via deep convolutional neural networks[J]. IEEE Transactions on Pattern Analysis and Machine Intelligence, 2017, 40(2): 437-451.

[13] LI P, ZHANG X, ZHU X, et al. Online hashing for scalable remote sensing image retrieval[J]. Remote Sensing, 2018, 10(5): 709.

[14] ZHAO F, HUANG Y, WANG L, et al. Deep semantic ranking based hashing for multi-label image retrieval[C]// Proceedings of the IEEE Conference on Computer Vision and Pattern Recognition. IEEE, 2015: 1556-1564.

[15] LI Y, ZHANG Y, HUANG X, et al. Large-scale remote sensing image retrieval by deep hashing neural networks[J]. IEEE Transactions on Geoscience and Remote Sensing, 2017, 56(2): 950-965.

[16] SONG J. Binary generative adversarial networks for image retrieval[J]. International Journal of Computer Vision, 2020, 32(1): 1-22.

[17] HUANG L, BAI C, LU Y, et al. Adversarial learning for content-based image retrieval[C]// 2019 IEEE Conference on Multimedia Information Processing and Retrieval, IEEE, 2019: 97-102.

[18] LIU H, TIAN Y, YANG Y, et al. Deep relative distance learning: Tell the difference between similar vehicles[C]// Proceedings of the IEEE Conference on Computer Vision and Pattern Recognition, IEEE, 2016: 2167-2175.

[19] CAO R, ZHANG Q, ZHU J, et al. Enhancing remote sensing image retrieval using a triplet deep metric learning network[J]. International Journal of Remote Sensing, 2020, 41(2): 740-751.

[20] ZHAO H, YUAN L, ZHAO H. Similarity retention loss(SRL)based on deep metric learning for remote sensing image retrieval[J]. ISPRS International Journal of Geo-Information, 2020, 9(2): 61.

第 8 章　视频大数据检索

本章将首先介绍视频大数据检索的需求，并分别对基于传统视觉特征和基于深度学习的视频大数据检索常用算法进行分析。在此基础上，给出卫星视频大数据检索、无人机视频大数据检索和地面视频大数据检索实例。随着航天技术及计算机技术的发展，视频检索势必会受到更多的关注，未来的视频检索可以从以下几个方面进行提升。

（1）可以进行跨模态检索研究，如可以运用声音、文本和视觉等特征联合起来进行检索。

（2）运用用户反馈技术，用户在检索过程中可以与系统进行互动和相互干预，以达到用户期望的检索效果。

（3）重点发展深度学习在视频检索方面的应用，视频分类是先学习视频特征再学习分类器，而视频检索是先学习视频特征再学习相似度，它们之间的共同点都是需要学习视频特征，而很多学者已经在视频分类方面做出了很大的贡献，可以将这些技术迁移到视频检索中。

8.1　视频大数据检索需求和基本流程

8.1.1　视频大数据检索需求

经过 30 多年的迅猛发展，我国航天技术取得了巨大进步，已形成资源、气象、海洋、环境、国防等系列的对地观测遥感卫星体系。特别是在"高分辨率对地观测系统"国家科技重大专项建设的推动下，中国遥感在平台传感器研制、多星组网、地面数据处理等方面取得了重大创新，同时空间分辨率、时间分辨率、数据质量也得到了大幅提升，更好地为现代农业、防灾减灾、资源环境、公共安全等重要领域提供信息服务和决策支持。随着遥感应用的深入，应用需求已从定期的静态普查向实时动态监测方向发展，利用卫星对全球热点区域及目标进行持续监测，获取动态信息已经成为迫切需求。由于视频卫星可获得一定时间范围内目标的时序影像，具备对运动目标的持续监视能力，视频卫星成像技术已成为遥感卫星发展的一大热点[1]。

美国 Skybox Imaging 公司于 2013 年发射了米级分辨率的视频卫星 SkySat-1，该卫星质量为 120 kg，其图像产品的覆盖范围约为 2 km²，是全球首颗能够拍摄全色高清视频的卫星。该公司于 2014 年发射了视频卫星 SkySat-2，并计划建成由 24 颗小卫星组成的 SkySat 卫星星座。加拿大的 UrTheCast 公司于 2013 年将视频相机安置在国际空间站上，可提供近实时的高清全彩色视频。国防科技大学于 2014 年发射了天拓二号视频试验卫星。长光卫星技术有限公司于 2015 年通过搭载方式发射两颗高分视频卫星——吉林一号视频星（1 星、2 星），它们是国内首个能够拍摄全彩视频的卫星，其分辨率、幅宽、稳定性等主要技术指标均达到较高水准。该公司于 2016 年发射 10 颗亚米级视频卫星。珠海欧比特控制工程有限公司于 2016 年通过搭载方式发射 2 颗视频卫星。国家民用空间基础设施中高分多模卫星预计也将携带分辨率为 2 m 的视频相机[2]。

视频卫星可满足对地表目标的动态监测需求，是静态遥感到动态遥感这一历史性跨越的桥梁。近期视频卫星的爆发式发展为实现这一目标提供了数据源，需要研究者不失时机地开展卫星视频处理及应用技术研究，不断拓展视频卫星信息的应用领域[3]。

随着科学技术快速发展，以大数据、云技术、超级计算为核心的计算机技术实现了跨越式发展，不仅性能更加稳定，运算效率更高，而且计算机的数据存储能力和信息交互能力也得到了全方位提高，推动人类进入智能化、信息化时代。在新兴科学技术的引领下，无人机作为综合电子信息技术、自动化技术、数据分析技术于一体的科技产品，已成为信息科技新的宠儿。目前，无人机是综合人工智能技术、自动导航、驾驶、数据管理、数据链交换系统的综合集成模块，适用于土地资源普查、城市分布统计、全天候数据监测等众多领域，受到世界各国科技部门的重视[4]。

在科学技术的引领下，无人机的发展进入了新阶段，不仅使用效能更高，滞空时间更长，而且其飞行速度更快，可快速部署。在军事、深空探测领域，人们利用无人机执行高风险、高强度任务，最大程度上保障人类的生命安全，推动飞行器向无人领域发展。简而言之，无人机是人们利用无线电遥控的一种风行设备，是一种半智能化的飞行器，在国防军事及科学研究方面有着广泛应用，如精确打击、敌情监测、装备部署、火力调查、反导，都需要无人机的参与，在欧美发达国家无人机已全面普及，被应用在社会各个领域。

8.1.2 视频大数据的检索流程

目前主流的无人机视频数据集有斯坦福大学校园数据集、Okutama-Action 数据集、VisDrone2020 数据集等[5]。从目前的需求情况来看，视频的数据规模变得越来越大，面对如此多的视频数据，如何有效地从这些视频库中检索出人们感兴趣的视频，已经成为当今信息化时代的一个难题。因此，近年来为了解决这个难题，视频检索应运而生。视频检索是指输入一个视频片段并在数据库中找出一个或者多个与输入视频相似的视频返回给用户。与图像相比，视频提供了各种复杂的视觉模式，包括每帧中的低层视觉内容及跨帧的高层语义内容，这使得视频检索比图像检索更具挑战性。视频检索的关键在于视频特征提取和视频特征相似度测量技术[6]。

卫星和无人机视频数据按语义概念可抽象表示为 4 层，自上而下分别是视频层、场景层、镜头及视频帧[7]。视频层由一系列的图片组成，这些图片配有相应的音频和文本，形成了动画流。场景层可以理解为语义上的相似性，由一个或多个相邻镜头组成。摄像机不经过切换即可形成一个镜头，镜头又可以被分解为连续的帧，相邻的帧在视觉内容上几乎完全相同，即相邻帧的特征几乎相同，若相邻图像帧之间的特征发生了明显的变化，则认为发生了镜头变换。一个视频帧可以看作是一幅静止的图像，相邻的视频帧在视觉上的相似性表明可以从一个镜头中提取一个或多个关键帧来代表一个镜头。视频层、场景层、镜头及关键帧之间的关系如图 8.1 所示。

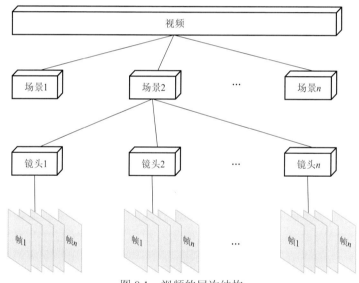

图 8.1   视频的层次结构

一个基于内容的视频检索系统通过视频内容来帮助操作员检索大型数据库中与查询视频相似的视频[8]，其方法是对数据库中的每一个视频进行镜头检测、关键帧提取、特征提取、索引分类、特征入库等操作，最终形成按索引号分类的特征库，在检索时对查询视频进行镜头检测、关键帧提取、特征提取、建立索引和相似度匹配等操作。从图像到视频的移动给检索问题增加了复杂性，这是由于相比于图像，视频需要在时序方面进行索引、分析和浏览[9]。卫星和无人机视频检索的流程如图 8.2 所示。

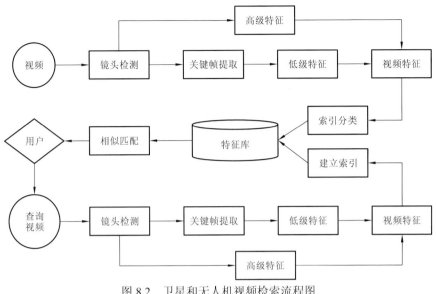

图 8.2　卫星和无人机视频检索流程图

8.2　视频大数据的检索方法

视频大数据检索的关键之一在于特征提取，常用的特征描述方法包括传统的人工设计特征方法和目前主流的基于深度学习的特征学习方法。

8.2.1　基于传统视觉特征的检索方法

视频检索的关键在于视频特征提取和视频特征相似度测量技术。通常，视频数据特征的性质可以分为低级特征和高级特征。低级特征也叫空间特征或静止特征，是基于单帧的特征，这里通常以关键帧的视觉特征来代替镜头的视觉特征，因此低级视觉特征忽略了关键帧与其相邻帧之间的时间关系，但低级视觉特征的提取比较简单，通常可以全自动地进行提取和索引。最常用的低级视觉特征包含颜色特征、纹理特征和形状特征。

颜色特征是一种最重要的低级视觉特征，最常用的颜色空间有 RGB 颜色空间、YcbCr 颜色空间和 HSV 颜色空间。Chun 等[10]使用 HSV 颜色空间中的色调和饱和度分量图像的颜色自相关图作为颜色特征来进行视频检索。Lin 等[11]提取了两组视觉特征，其中第一组为 YcbCr 颜色直方图和自相关图，第二组为 RGB 颜色直方图和颜色矩。Cheung 等[12]利用 HSV 颜色直方图来表示视频剪辑的关键帧，并设计用于视频相似性检测的视频签名聚类算法。基于颜色的特征具有反映人类视觉感知，提取简单，计算复杂度低，对旋转、平移和各种变形具有鲁棒性等优点。视频颜色特征提取基本方法如图 8.3 所示。

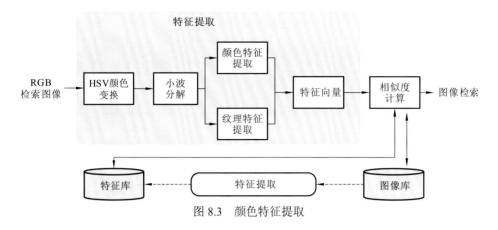

图 8.3　颜色特征提取

视频纹理特征是视频关键帧某邻域内像素灰度级或者颜色的某种变换，包含关于物体表面的组织及它们与周围环境的相关性的关键信息。常用的纹理特征包括方向特征、基于小波变换的纹理特征、共生矩阵等。Chun 等[10]采用值分量图像的基于块的逆转概率差（block difference of inverse probabilities，BDIP）和基于块的局部相关系数变化（block-based of variation of local correlation coefficients，BVLC）矩作为其纹理特征，在多分辨率小波域中提取颜色和纹理特征并进行融合形成视频特征。文献[13]对 TRECVid-2003 视频检索任务，在使用颜色直方图和运动向量直方图的同时，还使用了粗糙度、对比度和方向性等纹理特征。Lin 等[11]提取的两组视觉特征中，也用到了纹理特征，第一组用到的纹理特征有边缘方向直方图、Dudani 不变矩和共生矩阵，第二组用到的纹理特征有粗糙度、方向等。基于纹理特征的优点在于它们能够有效地反映视频信息，而且计算复杂度低，然而这些特征在非纹理视频图像中是不可用的。

视频帧的形状特征也是描述视频内容的一个重要特征，主要方法有基于曲率的方法和基于边缘的方法。Dyana 等[14]用帧间差和混合高斯模型来提取前景对象，并提取关键帧的前景对象的形状，利用形状的曲率尺度空间得到形状特征，最后与该前景对象的质心的运动轨迹特征相结合，形成视频特征进行视频检索。Potluri 等[15]运用中心像素与周围 8 个像素的差的绝对值的和来提取关键帧的边缘特征，从而进行视频检索。Foley 等[16]首先将图像分割成 4×4 块，然后提取每个块的边缘直方图来进行视频检索。基于形状的特征对于形状信息在视频中突出的应用是有效的，但是它们比基于颜色或纹理的特征更难提取。基于边缘的视频帧形状特征提取方法如图 8.4 所示。

仅用一个低级特征往往很难达到较好的效果，Jiang 等[17]将多个特征相融合，利用局部关键点的特征词袋模型（bag of features，BOF）来提取视频帧的 SIFT 特征，并对 SIFT 特征进行聚类，再结合颜色特征和纹理特征进行视频检索，从而取得了很好的效果。该方法表明局部 BOF 特征和全局的颜色、纹理等特征具有较高的互补性。

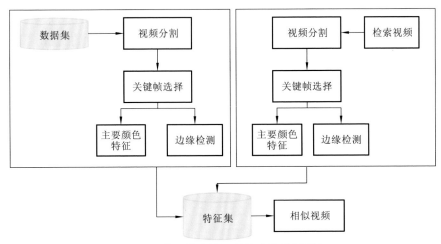

图 8.4   基于边缘的视频帧形状特征提取

高级特征也称为时间特征或者运动特征，是区别动态视频和静止图像的基本特征，它比静态关键帧特征更接近视频语义概念。视频检索的运动特征主要是指基于对象的运动特征，其研究方法可以分为基于运动分割的研究方法和基于轨迹的研究方法。

基于运动分割的研究方法是指使用相邻帧之间的差异将图像分割成与不同物体相对应的区域，使用光流方法[18,19]来估计像素级的运动矢量，然后将像素聚类成相干运动的区域以获得分割结果。使用光流方法进行分割主要有两个缺点：①光流法不能很好地处理较大的运动；②相干运动区域可能包含多个对象，需要进一步分割以进行对象提取。文献[20]针对这些缺点进行了改进，将空间信息结合到运动分割中，对第一帧进行空间分割以获得初始分割结果，然后使用仿射区域匹配来分割后续帧。利用区域分割方法提取特征的优点在于其计算复杂度低。其局限性在于提取的特征不能准确地表示对象行为，也不能刻画对象之间的关系。

物体的运动轨迹也可以作为一种重要的运动特征，通过描述物体的运动轨迹可获取运动特征。文献[21]使用 SIFT 算子生成点轨迹，通过这些点轨迹分析物体的运动和物体的空间属性，再对这些点轨迹聚类形成运动段，然后基于最常见的 SIFT 对应关系建立估计的运动段之间的时间对应关系。Hsieh 等[22]提出了一种基于草图和基于句法的混合方案。基于草图的方案是先采用采样技术从每个轨迹中提取一些特征点，再对其进行曲线拟合以测量两个轨迹之间的视距；除视距外，基于句法的方案使用句法含义来比较任意两个轨迹的距离。Jung 等[23]基于多项式曲线拟合建立运动模型，运动模型用作访问单个对象的索引。Lai 等[24]提出了一种以轨迹输入的方式在数据库中查询视频的方法。对于输入的轨迹，系统不仅会返回相似的轨迹，而且会返回形成该轨迹的物体形状。轨迹特征可以描述对象的动作，通过比较动作的轨迹曲线可以比较视频的相似度，但运动轨迹的捕捉需要建立在对目标的正确分割和对物体轨迹的跟踪的基础上，由于同一个动作的运动速度和方向等因素都会影响相似度量，轨迹跟踪问题一直是一个具有挑战性的问题。

大部分学者都将低级特征和高级特征进行融合，从而形成视频特征进行视频检索。Kumar 等[25]采用 HSV 颜色直方图和在 MPEG 格式中提取的 p 帧以编译运动直方图进行特征融合。Brindha 等[26]提取 YcbCr 颜色模型中的色调和饱和度，比较梯度值和阈值来绘制边缘形成纹理特征，并提取形状特征，将这三类特征融合成低级特征向量，再用 SVM 分类器对低级特征进行分类，若 SVM 分类器将关键帧标记为匹配实例，则提取深度图像形成运动特征，用回声状态网络（echo state network，ESN）对运动特征进行匹配。由于特征之间的互补性，选择合适的特征进行多特征融合比选择单一的特征进行视频检索能达到更好的检索精度。

8.2.2　基于深度学习的检索方法

2012 年，Krizhevsky 等[27]在 Pascal 竞赛上用卷积神经网络（CNN）对 ImageNet 数据库进行分类，获得了第一名，其 Top5 的错误率仅仅为 15.3%，远远低于第二名的 26%，之后 CNN 在图像分类和图像检索（查找文献）领域得到了广泛的应用[28]，在视频检索领域也有部分研究人员用深度学习的方法对视频检索进行研究。基于深度学习的视频检索方法可以分为带哈希层的端到端方法和不带哈希层的方法。

不带哈希层的深度学习框架是直接从深度网络中学习视频的视频特征，用该视频特征进行视频相似度计算。Kordopatis 等[29]在可选的已经训练好的 AlexNet、VGGNet 和 GoogleNet 基础之上，提出了一种以提取中间卷积层后面的最大池化层的每个通道的最大值作为视频帧的特征向量的分量值的方法，其采用向量聚合和层聚合两种可选方案形成视频帧特征，对 10 万个随机视频帧的特征向量采用 k-mean ++聚类算法得到 K 个词袋模型，将视频的关键帧分配到最近的单词中形成视频直方图，即视频特征。Podlesnaya 等[30]认为已经训练好的 GoogleNet 输出的 1 024 维向量已经包含了足够的语义信息，并用其进行镜头分割和镜头相似度匹配，用欧氏距离计算相邻帧的 1 024 维特征向量的距离进行镜头检测（若该欧氏距离超过给定阈值则认为是有镜头转换），用余弦距离对查询视频和数据库视频的关键帧的 1 024 维特征向量计算相似度，通过搜索最小距离并对最小距离排序进行视频检索。不带哈希层的深度学习方法虽然没有将哈希码集成到深度学习网络框架之中，但它继承了深度网络的优点，即在提取特征时避免了传统非深度学习方法在提取特征时掺杂太多主观因素的缺点，提取出的特征能够很好地表征视频。

带哈希层的深度学习方法是指在设计深度学习框架时，加入一层哈希层，其输出全是二进制码 0 或者 1，即视频的哈希码。文献[31]在训练阶段，首先在视频中随机地抽取三组具有相同帧数量的视频帧，从深度卷积神经网络中提取各输入帧的统一特征表示；然后利用加权平均将各输入视频帧的特征融合为视频特征以简化网络，接着经过两个全连接层，第一个全连接层后面跟着一个 sigmoid 层，该 sigmoid 层用于学习相似性的二进制哈希码，而第二个全连接层具有 k 个节点，其中 k 是类别的数量，即输出层；最后用分类损失和三重损失相结合的损失函数进行优化。文献[32]提出了一种端到端的可以同时学习视频特征和哈希表示的深度视频哈希框架，该框架利用类内特征的同一性和类间特征的多样性来训练视频哈希表示，并过滤掉具有负作用的比特位。文献[31][32]只利用了视频的空间信息，而没有融合视频的时间信息。Gu 等[33]提出了一种监督递归哈希（supervised recursive hashes，SRH），利用深度神经网络进行视频哈希学习，该网络将卷积神经网络学得的原始视频帧的特征输入长短时记忆网络（long short term memory，LSTM），并将 LSTM 的输出作为输入，分别输入到最大池化层和全连接层从而得到两个输出，将这两个输出组合并生成哈希码，最后由损失函数来优化哈希码。Zhang 等[34]提出了一种无监督哈希框架（self-supervised temporal hashing，SSTH），其以端到端的方式学习视频的时间性质。SSTH 是一个配备了二进制的 LSTM（binary long short term memory，BLSTM）的循环网络，用视频的帧顺序来自我监督地学习视频的二进制哈希码。带哈希层的深度学习方法可以端到端地生成视频哈希码，最后在视频检索时只需要在与输入视频具有相同或者相近的哈希码的视频集中搜索最相近的视频即可。由于传统哈希码生成过程中的生成函数需要人为设定，即把某些值映射成 0，把另外的值映射成 1，当分界点设置在该维度数值比较集中的地方时，会影响映射的精度，而带有哈希层的深度学习框架是通过损失函数优化这一分界点，可以较好地避免分界点选择不佳的这一缺陷，因此带哈希层的深度学习框架在避免更多的主观因素的同时，提高了哈希码的质量，如图 8.5 所示。

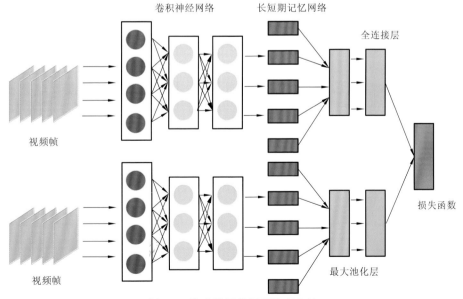

图 8.5　带哈希层的视频检索方法

8.3　视频大数据检索实例

8.3.1　卫星视频大数据检索

视频检索技术能有效实现对移动目标的实时检测、识别、分类及多目标跟踪等功能。随着遥感技术的快速发展，空间对地观测数据获取能力不断提升，具有高时间分辨率的视频卫星提供了新的应用契机，在大型车辆和船只等目标的实时监测、自然灾害应急快速响应、重大工程监控和军事安全等领域展现出巨大潜力。

现有的视频检索算法可以分为 4 个层次：视频、场景、镜头、图像帧。在主流的视频监控领域中，一般利用模式识别技术检索出特定的模式，如动作识别[35]、人脸识别[36]、紧急情况识别[37]等。

从组成上来看，视频包括了空间域、时间域和剧情等多个维度的信息，因此直接对视频进行特征提取与索引是极为复杂的工作，并且需要消耗大量的计算资源。如图 8.6 所示为视频的分层结构图，未经处理的视频是一种结构单一的图像流数据，视频根据机构进行解剖重构，可以划分为多个组成场景，而每个场景中包含着多个镜头，镜头又由一个或者多个关键帧组成[38]，呈现出一种自顶而下的层次结构。

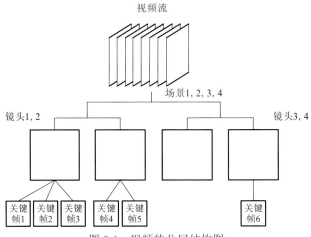

图 8.6　视频的分层结构图

（1）视频流：视频数据的原始形式，是由一组时间上连续的图像帧组成。

（2）场景：场景能够描述一个完整的故事，多个场景组成一个完整的视频。同样，一个场景也可以划分为一个或者多个镜头。

（3）镜头：镜头是最小的语义视频单元，由一组内容相似的图像帧序列组成，因此不同的镜头相关性较小。视频数据的使用，首先需要将视频根据镜头划分，然后进行帧的特征提取。

（4）帧：帧是视频的最基本构成元素，常见的视频数据一般为25～30帧/s，由此可见同一镜头中连续的图像帧中往往存在大量的信息冗余，可用的信息有限，往往需要提取关键的视频帧。

基于视频关键帧的视频检索算法具有如下特点。

（1）基于关键帧的视频检索算法不再需要人工对视频进行内容分析与标记，而是利用计算机直接提取图像与时间相关的特征，使得检索阶段更具人性化，并且提高算法的准确率。

（2）基于关键帧的视频检索使用了更多深层次的视频特征。镜头的运动轨迹、场景的内容特征、视频图像帧的底层和高层特征等，在特征匹配时，可以直接使用这些信息作为视频的特征值来增加准确性。

本节提出一种卫星视频船只检索框架，分为两个阶段，网络结构如图8.7所示。

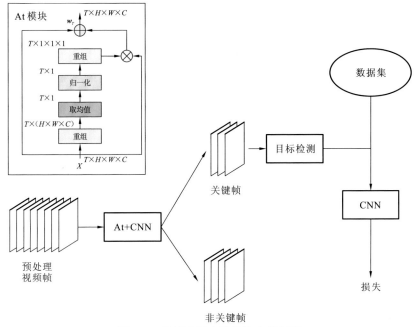

图 8.7　卫星视频大数据检索框架图

第1阶段为视频帧的预处理流程，第2阶段设计了基于卷积神经网络的船只检索算法。

1. 视频预处理

不同于普通的视频影像数据，卫星视频数据成像范围广，目标众多，场景也相对复杂，现有的视频检索方案难以直接应用于兴趣目标的检索，因此需要对原始视频进行预处理。本方案使用现有的目标检测算法 YOLO v3[39]对视频进行特征提取，获取视频帧中的船只，从而统计包含船只的兴趣帧，舍弃无船只的视频帧，算法如下所示。

输入：视频的镜头片段

输出：包含船只的帧集合

1.for each 镜头

2.　　for each 帧

3.　　　　计算每帧中船只数量

4.　　统计船只数量大于 0 的视频帧

---

2. 目标检索框架

考虑预处理后的视频帧与帧之间包括大量的冗余信息，需要进一步提取片段中的关键帧从而保证算法的效率。因此本节中使用自注意力机制对帧进行评分，并根据得分进行排序，从而将视频划分为关键帧和非关键帧。通过卷积神经网络对关键帧中的船只进行目标提取与检索。

关键帧提取技术需要准确率高且计算速度快等特点。传统的关键帧提取方案，如使用片段的首帧作为关键帧[40]、枚举法[41]、基于阈值的关键帧提取[42]，经常会丢失视频中大量有效信息，并且计算和人工成本较大。而本方案通过自注意力机制模型，来自适应选择关键的视频帧。

模块结构图如图 8.8 所示，卷积神经网络提取到的视觉特征定义为 $X \in \mathbf{R}^{m \times n \times c \times t}$，取均值操作为每个位置 (i, j, q) 的时间域的平均值（其中 i 为横坐标，j 为纵坐标，q 为帧序号），表示第 q 帧在整个时间域的重要程度。softmax 函数可以将权重归一化到 $[0, 1]$，这个过程定义如下：

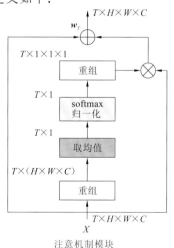

图 8.8　注意机制模型图

$$\theta_T(i,j,q) = \frac{\sum_t X(i,j,q)}{t} \tag{8.1}$$

$$w_T(i,j,q) = \frac{e^{\theta_T(i,j,q)}}{\sum_t e^{\theta_T(i,j,q)}} \tag{8.2}$$

式中：$\theta_T(i,j,q)$ 为时间域中信息的平均值；$w_T(i,j,q)$ 为时间域中的权重矩阵，即每一帧的得分。

遥感影像中船只目标尺度差异较大，如油轮的载重吨位最高可以达到 50×10^4 DWT（deadweight tonnage，总吨数），一些旧的普通货船或者渔船只有 5×10^3 DWT。且图像中的低层语义特征信息比较少，但是精度相对较高；高层的语义特征信息比较丰富，但是精度相对较低。因此使用经过船只数据集预训练的多尺度 FPN 网络对视频关键帧进行船只检测，并将检测得到的目标与检索数据库中的目标分别输入特征提取器中进行特征对比。

8.3.2 无人机视频大数据检索实践

近年来，视频数据资源的日益丰富催生了一系列对于视频片段精细检索的需求。在这样的背景下，对于跨模态视频片段检索的研究逐渐兴起，其旨在根据输入的查询文本，输出一段视频中符合文本描述的片段。

本节将基于无人机视频大数据实现一个异常行为的检索。例如，给定查询文本"有人没戴口罩"时，检索系统通过分别构建文本关系图与视觉关系图来建模查询文本与视频片段中的语义关系，再通过跨模态对齐的图卷积网络来评估文本关系与视觉关系的相似度，从而帮助构建更加精准的视频片段检索系统。本节使用的是在湖北省武汉市洪山区银泰创意城广场使用无人机拍摄的视频数据。拍摄该数据旨在调查公众在进出商场是否按要求佩戴口罩。

跨模态关系对齐的图卷积框架主要包含三个模块。

（1）文本关系图构建模块：输入查询文本，输出以实体特征为节点、文本关系特征为边的图。

（2）视觉关系图构建模块：输入目标检测结果，构建以视觉物体特征为节点、视觉关系特征为边的图。

（3）视觉-文本关系图对齐模块：根据文本关系图与视觉关系图进行双方的匹配，输出视频中符合查询文本描述的片段。

下面将对上述三个模块分别进行介绍。

1. 文本关系图构建模块

输入查询文本 L，文本关系图构建模块旨在将其解析为文本关系图 GL=(OL,EL)，其中 OL = $\{o_1^L, o_2^L, \cdots, o_n^L\}$ 表示文本中的实体的特征集合，而 EL 表示实体间的关系的特征集合，其可以表示为 EL⊆OL×RL×OL，其中 RL 为实体间的谓语动词。如"一个人没戴口罩"（A person is not wearing a mask），以 o_1^L，o_2^L，$r_{1,2}^L$ 来分别表示"person"，"a mask"，"not wearing"的词向量，其对应的文本关系图为 GL=({ o_1^L，o_2^L }，{(o_1^L，$r_{1,2}^L$，o_2^L)})。

在先前的工作中，文本场景图解析与文本关系图构建模块的目的类似，其旨在根据输入查询文本生成场景图 GL＝(OL，EL)，其中 OL 和 EL 表示未经特征化的文本实体集合与文本关系集合。如图 8.9 所示，基于公开的文本场景图解析器，先将文本转换为依存树，再利用它构建场景图，发现场景图中的节点中还包含了属性构成的子节点，为了特征化场景图的简便，将属性子节点与实体节点合并为短语实体节点。在这之后，基于跨模态视频片段检索中常用的词向量方法 Glove 来特征化场景图，从而构建出文本关系图。

图 8.9　文本关系图构建模块

2. 视觉关系图构建模块

在进行文本关系图的构建后，讨论如何进行视觉关系图的构建。仿照文本关系图中的定义，输入图像 V，视觉关系图构建模块旨在将其解析为视觉关系图 GV＝(OV，EV)，其中 OV={ o_1^V，o_2^V，$\cdots$，o_n^V }表示视觉中的实体特征集合，而 EV 表示视觉物体间关系的特征集合，其可以表示为 EV⊆OV×RV×OV，其中 RV 可以理解为视觉物体间的"谓语动词"。该框架主要包含对视觉物体进行的特征提取及对视觉关系进行的特征提取，下面分别进行介绍。

（1）视觉物体特征提取。基于 Faster R-CNN 进行视觉物体的特征提取。Faster R-CNN 是一个目标检测框架，其分为两个阶段：①区域推荐阶段，用于从海量的预设框（Anchor[11]）中提取可能包含有目标的区域；②逐区域识别阶段，分别对建议区域提取特征，并且基于特征预测目标的精确位置和所属类别。为了能够识别出图像中的物体，将 Faster R-CNN 在目标检测中流行的 COCO 数据集上进行预训练。在逐区域识别阶段中，RoI Pooling 层在特征图上提取每一区域的特征，将其作为视觉物体特征的一部分，并且命名为实例特征。同时，还将目标识别出的类别经过 GloVe 方法表征为向量，作为标签特征，与实例特征拼接后一起作为视觉物体特征。为了进一步表示物体的位置信息，将物体的归一化坐标作为位置特征，与上述特征一起拼接，形成视觉物体特征。提取后的视觉物体特征将作为视觉关系图的节点特征。

（2）视觉关系特征提取。基于在场景图生成任务中常用的 Union Box 概念进行视觉物体间关系的提取。给定两个目标的边界框(x_1, y_1, w_1, h_1)与(x_2, y_2, w_2, h_2)，Union Box 用于表示两个物体边界框的最小外接框$(\min(x_1, x_2)$，$\min(y_1, y_2)$，$\max(w_1, w_2)$，$\max(h_1, h_2))$。在获得 Union Box 后，仿照视觉物体特征提取的方式，利用 RoI Pooling 提取关系特征为视觉关系图的边特征 EV。请注意，在这里视觉关系特征并没有被显式地表达，但是它可以从数据中学习到合适的表达。

3. 视觉-文本关系图对齐模块

在构建了视觉关系图与文本关系图后，将进行它们之间的对齐，以利用视觉-文本关系来提升检索质量。首先改造图卷积网络，以期对关系图进行自身信息的更新；而后对视觉关系图与文本关系图进行特征表示，用于计算匹配度分数。具体而言，使用了以关系为中心的更新机制和关系图特征嵌入，下面分别进行介绍。

（1）以关系为中心的更新：首先对关系图进行信息更新，使得关系的特征表达更加丰富。对于节点o_i，可以利用其邻接节点$\{o_j | j \in \mathrm{adj}(i)\}$与邻接边$\{e_{i,j} | j \in \mathrm{adj}(i)\}$的特征进行更新；对于边特征$e_{i,j}$，可以利用其连接的首尾节点的特征进行更新。

（2）关系图特征嵌入：在进行信息更新后，分别讨论视觉关系图及文本关系图的特征表达。由于视觉关系图为无向图，将视频候选片段中的第n帧中每条边e_i、V_j^n及其连接的节点$o_i^{V^n}$、$o_j^{V^n}$表达为$f_{ij}^{V^n} = \langle o_i^{V^n}, e_{ij}^{V^n}, o_j^{V^n} \rangle$，$f_{ji}^{V^n} = \langle o_j^{V^n}, e_{ji}^{V^n}, o_i^{V^n} \rangle$两个特征，其中$\langle \rangle$代表拼接。如图 8.10 所示，可视化了部分跨模态关系对齐的

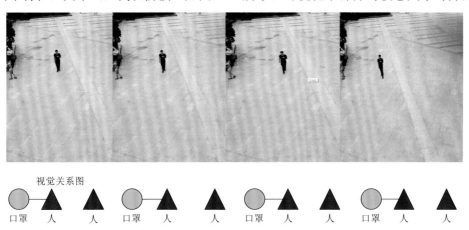

图 8.10　跨模态关系对齐的图卷积框架可视化样例图

查询语言：一个人没有戴口罩

图卷积框架在上述数据集上的预测结果。当关系图建立成功时，它可以顺利地预测出查询文本所对应的视频片段。当关系图建立不成功时，跨模态关系对齐的图卷积框架仍然可以较为合理地预测出查询文本所对应的视频片段。这是由于跨模态关系对齐的图卷积框架中同样具有查询文本与视频全局特征的融入，能够与视觉-文本关系匹配综合做出最佳的视频片段预测。

本节对使用跨模态关系对齐的图卷积框架对视频片段检索进行了介绍，通过分别构建文本关系图与视觉关系图来建模查询文本与视频片段中的语义关系，再通过跨模态对齐的图卷积网络来评估文本关系与视觉关系的相似度，从而帮助构建更加精准的视频片段检索系统。

8.3.3 地面视频大数据检索

随着我国港口船只保有量的指数型增长，海上交通管理面临巨大压力。如何合理有效地减少海上交通事故的发生，同时提高事故后船只追责效率是政府相关管理部门亟待解决的问题。在海上管理方面，智能交通视频监控系统是每个交管部门工作的核心重点。利用这些高质量视频数据结合先进的现代图像处理和检索技术，高效的监管查询检索系统应运而生。基于此，本节利用海上监控视频中船只信息，设计实现基于多特征融合的船只检索系统。本节分析监控视频中船只图像的特征，深入研究船只图像高级语义特征的提取方法，设计视频输入模块的船只检测和船只关联功能,实现特征提取模块低层语义特征和深层语义特征的提取，主要实现以下三个功能模块。

（1）实现船只系统视频输入模块，充分研究卷积神经网络的结构及原理。在系统的视频输入模块中完成基于 Faster R-CNN 卷积神经网络船只检测和船只关联两项任务。对原有的船只检测算法进行改进提高检测正确率。在船只图像检索过程中，能够对船只年检标志等特殊符号的模板进行匹配计算。

（2）实现特征提取模块中船只图像的粗粒度和细粒度特征提取。利用基于k-means 聚类的方法对船只的船型特征和船只颜色粗粒度特征进行提取，完成系统粗分类作用。设计搭建深度哈希网络，提取船只图像深层语义特征，将其高维特征编码为紧凑的二值码，构建特征向量相似性度量准则。

（3）设计完成多特征的融合计算，可以根据检索环境的不同，利用输入图像数据库或输入监控视频对样本库中的船只进行查询。

系统结构框图如图 8.11 所示。

系统首先对输入的船只监控视频进行船只目标检测，并根据船只关联算法将一序列视频中的相同船只归类为同一文件夹。接着对船只进行特征提取，每辆船都需经过粗粒度特征提取、细粒度特征提取、深度哈希特征提取。对于用户所上

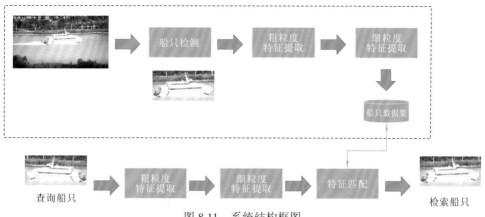

图 8.11　系统结构框图

传的查询船只目标进行相同的特征提取，最后将样本库中的船只特征与查询船只特征进行欧氏距离计算，得到最优距离，系统输出检索得到的船只，为了使得检索结果更有可信度，将检索结果的前三名作为系统输出。

视频输入模块。在实际应用中，系统的输入是监控视频。对于监控视频的处理，首先要将监控视频中的船只信息进行提取。这就要求第一步需要进行船只检测，不难发现，监控视频中的船只图像会受到许多不可控因素的干扰，包括视频质量和光照天气因素，为了使船只检测算法具有更高的鲁棒性，能够应对多种环境下的监控视频，本次在视频输入模块利用基于改进的 Faster R-CNN 深度卷积神经网络对船只进行检测。该方法对船只深层语义特征的挖掘有着强大的泛化能力。通过对不同监控条件下船只视频的测试发现，系统的视频输入模块能够以高达98%的正确率定位出船只。

与此同时视频输入模块同样起着将连续帧画面中的同一船只关联到一起的作用。该功能采用基于特征自适应方式的局部轨迹生成框架。该框架能够自适应地提取船只的高可靠性特征，并以此为船只的代表利用最邻近匹配准则将连续帧中相同的船只分类到同一类别中。这样的功能有利于后续船只特征提取模块的优先级处理，能够提高算法的准确性和运行速度。

特征提取模块。船只问题的研究归根到底是对如何高效地提取系统需要的特征的研究。所以船只特征提取是本节研究的重要方向。视频输入模块得到的视频船只归类是船只特征提取的前提。监控视频中的船只由于监控摄像头的角度问题，在不同地点拍摄到的船只会出现互相之间的形变现象。

首先在特征提取模块利用改进 Fast-match 快速模板匹配算法对监控中船只进行船只年检标志等特殊符号的匹配特征运算，这一步使得系统对最常出现的运动模糊、光照变化等图像质量退化问题具有较好的抗干扰性。接着利用粗粒度特征将船只分为几大类，样本库中的船只根据粗粒度特征被分为 6 种船型之后，如图 8.12 所示。可以对接下来的细粒度特征和深度哈希特征提取起到提高检索效率的目的。对于船型特征和船只颜色特征的提取，采用基于 k-means 的方法对粗粒度特征提取。

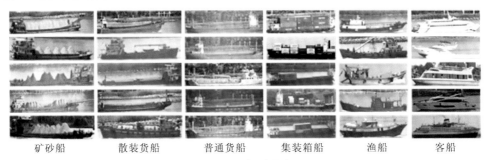

矿砂船　　　散装货船　　　普通货船　　　集装箱船　　　渔船　　　客船

图 8.12　船型分类

对于船只的深层语义特征，将卷积神经网络引入哈希算法的深度哈希算法，编码图像的高维特征为紧凑的二值码。同时对于船只检索所需要的计算相似性方面又能保持原始船只特征数据之间存在的相似性。本系统即利用深度哈希算法的这两个特点。

多特征融合船只检索系统首先对输入的船只监控视频进行船只目标检测，并根据船只关联算法将一序列视频中的相同船只归类为同一文件夹。接着对船只进行特征提取，每辆车都需经过粗粒度特征提取、细粒度特征提取、深度哈希特征提取。对于用户所上传的查询船只目标进行相同的特征提取，最后将样本库中的船只特征与查询船只特征进行欧氏距离计算，得到最优距离，系统输出检索得到的船只。实验结果实例如图 8.13 所示。

（a）查询船只1

（a）检索结果1

（b）查询船只2

（b）检索结果2

（c）查询船只3　　　　　　　　　　　　　　　（c）检索结果3

图 8.13　检索结果实例

　　本节利用珠海横琴船只监控视频中船只信息，设计实现基于多特征融合的船只检索系统。分析监控视频中船只图像的特征，深入研究船只图像高级语义特征的提取方法，设计视频输入模块的船只检测和船只关联功能，实现特征提取模块低层语义特征和深层语义特征的提取。设计完成多特征的融合计算，可以根据检索环境的不同，利用输入图像数据库或输入监控视频对样本库中的车辆进行查询。

参 考 文 献

[1] 张过. 卫星视频处理与应用进展[J]. 应用科学学报, 2016, 34(4): 361-370.

[2] 游俊杰. 第八讲 我国卫星直播电视接收技术发展前景[J]. 电子技术, 1989(12): 30-33.

[3] 罗亦乐. 基于卫星视频的交通流参数提取研究[D]. 北京: 北京交通大学, 2018.

[4] 王超. 现代无人机技术研究现状和发展趋势研究[J]. 科技风, 2020(17): 12.

[5] 曹煦, 冯士恩. 无人机技术应用现状和发展趋势研究[J]. 计算机产品与流通, 2020(7): 107.

[6] 李小林, 戚丽程, 曹柱.新时代无人机技术现状及发展趋势[J].科技创新导报, 2019, 16(22): 108-109.

[7] PAL G, RUDRAPAUL D, ACHARJEE S, et al. Video shot boundary detection: A review[C]// Emerging ICT for Bridging the Future-Proceedings of the 49th Annual Convention of the Computer Society of India CSI Volume 2. Berlin: Springer, 2015: 119-127.

[8] MARCHAND-MAILLET S. Content-based video retrieval: An overview[R]. Technical Report 00.06, Geneva: Cui - University Of Geneva, 2000.

[9] SEBE N, LEW M S, ZHOU X, et al. The state of the art in image and video retrieval[C]// International Conference on Image and Video Retrieval. Berlin: Springer, 2003: 1-8.

[10] CHUN Y D, KIM N C, JANG I H. Content-based image retrieval using multiresolution color and texture features[J]. IEEE Transactions on Multimedia, 2008, 10(6): 1073-1084.

[11] LIN C Y, TSENG B L, NAPHADE M, et al. VideoAL: A novel end-to-end MPEG-7 video

automatic labeling system[C] // Proceedings 2003 International Conference on Image Processing (Cat. No. 03CH37429). IEEE, 2003, 3: III-53.

[12] CHEUNG S C S, ZAKHOR A. Video similarity detection with video signature clustering[C] // Proceedings 2001 International Conference on Image Processing(Cat. No. 01CH37205). IEEE, 2001, 2: 649-652.

[13] AMIR A, BERG M, CHANG S, et al. IBM research TRECVID-2003 video retrieval system[J]. Proc.trecvid Nov, 2003, 49(6): 809-821.

[14] DYANA A, SUBRAMANIAN M P, DAS S. Combining features for shape and motion trajectory of video objects for efficient content based video retrieval[C] // 2009 Seventh International Conference on Advances in Pattern Recognition. IEEE, 2009: 113-116.

[15] POTLURI T, SRAVANI T, RAMAKRISHNA B, et al. Content-based video retrieval using dominant color and shape feature[C] // Proceedings of the First International Conference on Computational Intelligence and Informatics. Singapore: Springer, 2017: 373-380.

[16] FOLEY C, GURRIN C, JONES G J F, et al. TRECVid 2005 experiments at Dublin City University[C] // TRECVid, 2005-Text REtrieval Conference, TRECVID Workshop, 14-15 November 2005, Gaithersburg, Maryland, 2005.

[17] JIANG Y G, NGO C W, YANG J. Towards optimal bag-of-features for object categorization and semantic video retrieval[C] // Proceedings of the 6th ACM International Conference on Image and Video Retrieval, 2007: 494-501.

[18] CHENG J, TSAI Y H, WANG S, et al. Segflow: Joint learning for video object segmentation and optical flow[C] // Proceedings of the IEEE International Conference on Computer Vision, 2017: 686-695.

[19] LIU S, YUAN L, TAN P, et al. Steadyflow: Spatially smooth optical flow for video stabilization[C] // Proceedings of the IEEE Conference on Computer Vision and Pattern Recognition, 2014: 4209-4216.

[20] 刘海华. 基于运动特征分析的视频对象分割与表达研究[D]. 武汉: 华中科技大学, 2006.

[21] 皮洋. 视频图像内容匹配与检索研究[D]. 长沙: 湖南大学, 2017.

[22] HSIEH J W, YU S L, CHEN Y S. Motion-based video retrieval by trajectory matching[J]. IEEE Transactions on Circuits and Systems for Video Technology, 2006, 16(3): 396-409.

[23] JUNG Y K, LEE K W, HO Y S. Content-based event retrieval using semantic scene interpretation for automated traffic surveillance[J]. IEEE Transactions on Intelligent Transportation Systems, 2001, 2(3): 151-163.

[24] LAI Y H, YANG C K. Video object retrieval by trajectory and appearance[J]. IEEE Transactions

on Circuits and Systems for Video Technology, 2014, 25(6): 1026-1037.

[25] KUMAR G S N, REDDY V S K, KUMAR S S. High-Performance Video Retrieval Based on Spatio-Temporal Features[M] // Microelectronics, Electromagnetics and Telecommunications. Singapore: Springer, 2018: 433-441.

[26] BRINDHA N, VISALAKSHI P. Bridging semantic gap between high-level and low-level features in content-based video retrieval using multi-stage ESN－SVM classifier[J]. Sādhanā, 2017, 42(1): 1-10.

[27] KRIZHEVSKY A, SUTSKEVER I, HINTON G E. Imagenet classification with deep convolutional neural networks[C] // Advances in Neural Information Processing Systems, 2012: 1097-1105.

[28] HE K, ZHANG X, REN S, et al. Deep residual learning for image recognition[C] // Proceedings of the IEEE Conference on Computer Vision and Pattern Recognition, 2016: 770-778.

[29] KORDOPATIS-ZILOS G, PAPADOPOULOS S, PATRAS I, et al. Near-duplicate video retrieval by aggregating intermediate CNN layers[C] // International Conference on Multimedia Modeling. Berlin: Springer, 2017: 251-263.

[30] PODLESNAYA A, PODLESNYY S. Deep learning based semantic video indexing and retrieval[C] // Proceedings of SAI Intelligent Systems Conference. Berlin: Springer, 2016: 359-372.

[31] DONG Y, LI J. Video retrieval based on deep convolutional neural network[C] // Proceedings of the 3rd International Conference on Multimedia Systems and Signal Processing, 2018: 12-16.

[32] LIU X, ZHAO L, DING D, et al. Deep hashing with category mask for fast video retrieval[J/OL]. arXiv: 1712.08315[cs.CV]: 1-8. [2017-12-22]/[2018-05-24].

[33] GU Y, MA C, YANG J. Supervised recurrent hashing for large scale video retrieval[C] // Proceedings of the 24th ACM International Conference on Multimedia, 2016: 272-276.

[34] ZHANG H, WANG M, HONG R, et al. Play and rewind: Optimizing binary representations of videos by self-supervised temporal hashing[C] // Proceedings of the 24th ACM International Conference on Multimedia, 2016: 781-790.

[35] 汪成峰, 陈洪, 张瑞萱, 等. 带有关节权重的 DTW 动作识别算法研究[J]. 图学学报, 2016, 37(4): 537-544.

[36] 周凯汀, 郑力新. 基于改进 ORB 特征的多姿态人脸识别[J]. 计算机辅助设计与图形学学报, 2015(2): 287-295.

[37] TSAI S H, KRAUS J, WU H R, et al. The effectiveness of video-telemedicine for screening of patients requesting emergency air medical transport(EAMT)[J]. Journal of Trauma, 2015, 62(2):

504-11.

[38] 梁建胜, 温贺平. 基于深度学习的视频关键帧提取与视频检索[J]. 控制工程, 2019, 26(5): 965-970.

[39] REDMON J, FARHADI A. Yolov3: An incremental improvement[J/OL]. arXiv: 1804.02767[cs.CV]: 1-6. [2018-04-08].

[40] KOBLA V, DOERMANN D S, LIN K I. Archiving, indexing, and retrieval of video in the compressed domain[C]//Photonics East. International Society for Optics and Photonics, 1996: 78-89.

[41] BO C, LU Z, ZHOU D R. A study of video scenes clustering based on shot key frames[J]. 武汉大学学报(自然科学英文版), 2005, 10(6): 966-970.

[42] ZHU S, LIU Y. Video scene segmentation and semantic representation using a novel scheme[J]. Multimedia Tools & Applications, 2009, 42(2): 183-205.

第9章 遥感大数据存储

本章以遥感大数据的来源为出发点，依次介绍遥感大数据的存储、索引、多尺度表示和数据清洗，建立遥感大数据存储的基本体系。遥感大数据存在多个不同的比例，为了方便统一存储，需要对遥感大数据进行多尺度的表示，建立多尺度的数据库，再对数据赋予索引方便检索。此外，遥感大数据来源广泛，包括航空影像、卫星影像、红外影像及普通影像都属于遥感大数据的范畴，导致获取的大数据存在大量的"脏数据"，因此，在数据使用之前，需要根据任务需求并利用多种数据处理方法对遥感大数据进行清洗。

9.1 遥感大数据获取

近年来，随着信息科技和网络通信技术的快速发展，以及信息基础设施的完善，全球数据呈爆发式增长[1]。国际数据资讯公司（International Data Corporation，IDC）的最新研究指出，全球过去几年新增的数据量是人类有史以来全部数据量的总和，到 2020 年，全球产生的数据总量将达到 40 ZB 左右[2]，而其中 95%的数据是不精确的、非结构化的数据[3]。一般而言，把这些非结构化或半结构化的、远超出正常数据处理规模的、通过传统的数据处理方法分析困难的数据称为大数据（big data）。大数据具有体量（volume）大、类型（variety）杂、时效（velocity）强、真伪（veracity）难辨和潜在价值（value）大等特征[4]。

大数据隐含着巨大的社会、经济、科研价值，被誉为未来世界的"石油"，已成为企业界、科技界乃至政界关注的热点。2008 年和 2011 年 *Nature* 和 *Science* 等国际顶级学术刊物相继出版专刊探讨对大数据的研究[4-6]，标志着大数据时代的到来。在商业领域，IBM、Oracle、微软、谷歌、亚马逊、Facebook 等跨国巨头是发展大数据处理技术的主要推动者。在科学研究领域，2012 年 3 月，美国奥巴马政府 6 个部门宣布投资 2 亿美元联合启动"大数据研究和发展计划"[6,7]，这一重大科技发展部署，堪比 20 世纪的信息高速公路计划。英国也将大数据研究列为战略性技术，对大数据研发给予优先资金支持。2013 年英国政府向航天等领域的大数据研究注资约 1.9 亿英镑。我国也已将大数据科学的研究提上日程，2013 年国家自然科学基金委开设了"大数据"研究重点项目群。总体而言，大数据科学作为一个横跨信息科学、社会科学、网络科学、系统科学、心理学、经济学等诸多领域的新型交叉学科，已成为科技界的研究热点。

目前遥感大数据来源多样、数量庞大，大致可以分为航空影像、卫星影像、热红外影像、微波影像，如图 9.1 所示。其中航空影像是摄影成像，是通过成像设备获取物体的影像。传统摄影成像是依靠光学镜头及放置在焦平面的感光胶片来记录物体影像。数字摄影则通过放置的焦平面的光敏元件，经光/电转换，以数字信号来记录物体的影像。

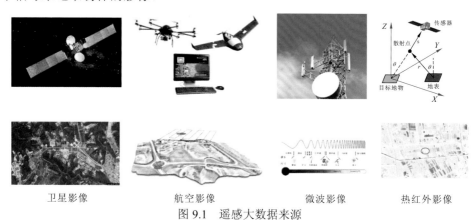

卫星影像   航空影像   微波影像   热红外影像

图 9.1　遥感大数据来源

卫星影像又称卫星图或者卫星图像，是指搭载在人造卫星上的摄影设备拍摄的地球或其他星球的地图式照片。卫星影像在战争导航、地理行业都有着广泛的应用。其中 Google 和微软公司还从美国国家航空航天局买到了 2～4 年前拍摄的低精度的民用地球卫星图像，作为自己公司产品的一部分（GoogleMaps、GoogleEarth 和 WindowsLiveLocal），这样低精度的卫星地图，最清晰的一般只可以看清楚汽车。

热红外影像。热红外遥感即通过热红外探测器收集、记录地物辐射出来的人眼看不到的热红外辐射信息，并利用这种热红外信息来识别地物和反演地表参数（如温度、发射率、湿度、热惯量等）。热红外遥感技术的发展是为了获取地物的热状况信息，从而推断地物的特征及其与环境相互作用的过程，并为科学和生产所应用，比如获取高温目标的信息。火灾（如森林起火、残火、隐火）、活火山、火箭发射、地热调查、土壤分类、水资源调查、城市热岛、地质找矿、海洋渔群探测、海洋油污染等。

微波影像是应用成像微波辐射计（扫描型）接收地物发射波长为 1 mm～30 cm 的微波辐射能形成的影像。微波影像反映一定温度的地物，地面分辨率较低。微波影像是遥感影像之一，是指侧视成像雷达获得的影像，它不同于早期以雷达为中心，沿方位向扫描获得的极坐标表达的雷达影像。微波影像具有成像速度快、覆盖区域面积大、地面目标清晰可辨的特点，特别是微波雷达可采用或组合使用多种工作频率、多种极化和多角度方式获取地球表面信息，在许多领域的应用潜力很大。微波影像的立体感较强。这是因为微波散射及微波波束对地面倾斜照射，产生阴影，即影像暗区。此明暗效应能增强影像的立体感，这种明显的地形起伏感，对地形、地貌及地质结构等信息有较强的表现力和较好的探测效果。同时，微波雷达影像信息丰富，这是因为微波谱带宽，可以提供宽带频谱范围的信息。微波遥感为人工源，在微波接收或发射装置中，改变极化方向或调整雷达波束视向均是很容易实现的。因而可以多角度、多波段、多极化地进行观测，以增加信息量，使微波影像信息丰富，具有相当强的监测和分辨目标的能力。而且雷达接收的是微波波束的后向散射信息，反映的是地物的几何特性和介电特性，这不同于一般的光学、热红外遥感。

9.2 遥感大数据分布式存储

遥感大数据分布式存储是将遥感数据分散存储在多台独立的设备上。传统的网络存储系统采用集中的存储服务器存放所有数据，存储服务器成为系统性能的瓶颈，也是可靠性和安全性的焦点，不能满足大规模存储应用的需要。分布式网络存储系统采用可扩展的系统结构，利用多台存储服务器分担存储负荷，利用位置服务器定位存储信息，它不但提高了系统的可靠性、可用性和存取效率，还易于扩展。

9.2.1 关键技术

遥感大数据的存储涉及元数据管理、系统弹性扩展、存储层级内的优化及针对应用和负载的存储优化等关键技术，以下对各关键技术分别进行介绍。

1. 元数据管理

在大数据环境下，元数据的体量也非常大，元数据的存取性能是整个分布式文件系统性能的关键。常见的元数据管理可以分为集中式和分布式元数据管理架构。集中式元数据管理架构采用单一的元数据服务器，实现简单，但是存在单点故障等问题。分布式元数据管理架构则将元数据分散在多个结点上，进而解决了元数据服务器的性能瓶颈等问题，并提高了元数据管理架构的可扩展性，但实现较为复杂，并引入了元数据一致性的问题。另外，还有一种无元数据服务器的分布式架构，通过在线算法组织数据，不需要专用的元数据服务器。但是该架构对数据一致性的保障很困难，实现较为复杂。文件目录遍历操作效率低下，并且缺乏文件系统全局监控管理功能。

2. 系统弹性扩展技术

在大数据环境下，数据规模和复杂度的增加往往非常迅速，对系统的扩展性能要求较高。实现存储系统的高可扩展性首先要解决两个方面的重要问题,包含元数据的分配和数据的透明迁移。元数据的分配主要通过静态子树划分技术实现,后者则侧重数据迁移算法的优化。此外,大数据存储体系规模庞大,结点失效率高,因此还需要完成一定的自适应管理功能。系统必须能够根据数据量和计算的工作量估算所需要的结点个数,并动态地将数据在结点间迁移,以实现负载均衡。同时,结点失效时,数据必须可以通过副本等机制进行恢复,不能对上层应用产生影响。

3. 存储层级内的优化技术

构建存储系统时需要基于成本和性能来考虑,因此存储系统通常采用多层不同性价比的存储器件组成存储层次结构。大数据的规模大,因此构建高效合理的存储层次结构,可以在保证系统性能的前提下,降低系统能耗和构建成本。利用数据访问局部性原理,可以从两个方面对存储层次结构进行优化。从提高性能的角度,可以通过分析应用特征,识别热点数据并对其进行缓存或预取,通过高效的缓存预取算法和合理的缓存容量配比,以提高访问性能。从降低成本的角度,采用信息生命周期管理方法,将访问频率低的冷数据迁移到低速廉价存储设备上,可以在小幅牺牲系统整体性能的基础上,大幅降低系统的构建成本和能耗。

4. 针对应用和负载的存储优化技术

传统数据存储模型需要支持尽可能多的应用,因此需要具备较好的通用性。大数据具有大规模、高动态及快速处理等特性,通用的数据存储模型通常并不是最能提高应用性能的模型。而大数据存储系统对上层应用性能的关注远远超过对通用性的追求。针对应用和负载来优化存储,就是将数据存储与应用耦合。简化或扩展分布式文件系统的功能,根据特定应用、特定负载、特定的计算模型对文件系统进行定制和深度优化,使应用达到最佳性能。这类优化技术在谷歌、Facebook 等互联网公司的内部存储系统上,管理超过千万亿字节级别的大数据,能够达到非常高的性能。

9.2.2 考虑因素

遥感大数据的存储需要考虑诸多因素,包括强同步与异步复制、CAP[一致性(consistency)、可用性(availablility)和分区可容忍性(tolerance of network partition)]、容错和负载均衡等因素。以下对各因素分别进行介绍。

1. 强同步与异步复制

分布式存储系统中数据保存多个副本,一般来说,其中一个副本为主副本,其他副本为备副本，常见的做法是数据写入主副本，由主副本确定操作的顺序并复制到其他副本。

客户端将写请求发送给主副本，主副本将写请求复制到其他备副本，常见的做法是同步操作日志。主副本首先将操作日志同步到备副本上备副本回放操作日志，完成后通知主副本。接着主副本修改本机，等到所有的操作都完成后再通知客户端写成功。这里要求主备同步成功后才可以返回客户端写成功，这种协议称为强同步协议。强同步协议提供了强一致性，但是如果备副本出现问题将阻塞写操作，系统可用性较差。

与强同步对应的复制方式是异步复制。在异步模式下，主副本不需要等待备副本的回应，只需要本地修改成功就可以告知客户端写操作成功。另外，主副本通过异步机制，比如单独的复制线程将客户端修改操作推送到其他副本。异步复制的好处在于系统可用性好，但是一致性差，如果主副本发生不可恢复故障，可能丢失最后一部分更新操作。

强同步复制和异步复制都是将主副本的数据以某种形式发送到其他副本，这种复制协议称为基于主副本的复制协议。这种方法要求在任何时刻只能有一个副本为主副本，由它来确定写操作之间的顺序。如果主副本出现故障，需要选举一个备副本成为新的主副本，这步操作称为选举，如 Paxos 协议。除此外还有基于多个存储节点的复制协议（比较少见）。

操作日志的原理很简单：为了利用好磁盘的顺序读写特性，将客户端的写操作先顺序写入磁盘中，然后应用到内存中，由于内存是随机读写设备，可以很容易通过各种数据结构，比如 B+树将数据有效地组织起来。当服务器宕机重启时，只需要积攒一定的操作日志再批量写入磁盘中，这种技术一般称为成组提交。

2. CAP

CAP 三者不能同时满足。其中，一致性是指读操作总是能读取到之前完成的写操作结果，满足这个条件的系统称为强一致性系统，这里的"之前"一般对同一个客户端而言；可用性是指读写操作在单台机器发生故障的情况下仍然能够正执行，而不需要等待发生故障重启或者其上的服务迁移到其他机器；分区可容忍性是指机器故障、网络故障、机房停电等异常情况下仍然能够满足一致性和可用性。

分布式存储系统要求能够自动容错，分区容忍性总是要满足的，因此，一致性和写操作的可用性不能同时满足。存储系统设计时需要在一致性和可用性之间权衡，在某些场景下，不允许丢失数据，在另外一些场景下，极小概率丢失部分数据是允许的，可用性更加重要。

3. 容错

如何检测到服务器故障？如何自动将出现故障的服务器上的数据和服务器迁

移到集群中的其他服务器？随着集群规模变得越来越大，故障发生的概率也越来越大，大规模集群每天都有故障发生。容错是分布式存储系统设计的重要目标，只在实现了自动化容错，才能减少人工成本，实现分布式存储的规模效应。

对于故障检测，单台服务器故障的概率是不高的，然而只要集群的规模足够大，每天都有机器故障发生，系统需要能够自动处理。首先，分布式存储系统需要能够检测到机器故障，在分布式系统中，故障检测往往通过租约（lease）协议实现。接着需要能够将服务器复制或者迁移到集群中的其他正常服务的存储节点。租约机制就是带有超时间的一种授权。假设机器 A 需要检测机器 B 是否发生故障，机器 A 可以给机器 B 发放租约，机器 B 持有的租约在有效期内才允许提供服务，否则主动停止服务。机器 B 的租约快要到期时向机器 A 重新申请租约。正常情况下，机器 B 通过不断申请租约来延长有效期，当机器 B 出现故障或者与机器 A 之间的网络发生故障时，机器 B 租约将过期，从而机器 A 能够确保机器 B 不再提供服务，机器 B 的服务可以被安全地迁移到其他服务器。

对于故障恢复，单层结构和双层结构的故障恢复机制有所不同。单层结构的分布式存储系统维护了多个副本，主备副本之间通过操作日志同步。节点下线分为两种情况：一种是临时故障，节点过一段时间将重新上线；另一种情况是永久性故障，比如硬盘损坏。双层结构的分布式存储系统会将所有的数据持久化写入底层的分布式文件系统，每个数据片同一时刻只有一个提供服务的节点。

节点故障会影响系统服务，在故障检测及故障恢复的过程中，不能提供写服务及强一致性读服务。停服务时间包含两个部分：故障检测时间和故障恢复时间。故障检测时间一般在几秒到十几秒，这和集群规模密切相关，集群规模越大，故障检测对总控节点造成的压力就越大，故障检测时间就越长。故障恢复时间一般很短，单层结构的备副本和主副本之间保持实时同步，切换为主副本的时间很短；双层结构故障恢复往往只需要将数据的索引，而不是所有的数据加载到内存中。总控节点自身也可能出现故障，为了实现总控节点的高可用性，总控节点的状态也将实时同步到备机，当故障发生时，可以通过外部服务选举某个备机作为新的总控节点，而这个外部服务也必须是高可用的。为了进行选举或者维护系统中重要的全局信息，可以维护一套通过 Paxos 协议实现的分布式锁服务，如 Zookeeper。

4. 负载均衡

新增服务器和集群正常运行过程中如何实现自动负载均衡？数据迁移过程中如何保证不影响已有服务？

分布式存储系统的每个集群中一般有一个总控节点，其他节点为工作节点，由总控节点根据全局负载信息进行整体调度。工作节点刚上线时，总控节点需要将数据迁移到该节点上，另外系统运行过程中也需要不断地执行迁移任务，将数据从负载较高的工作节点迁移到负载较低的工作节点。

工作节点通过心跳包，将节点负载相关的信息，如 CPU、内存、磁盘及网络等资源使用率，读写次数及读写数据量等发给主控节点。主控节点计算出工作节点的负载信息及需要迁移的数据，生成迁移任务放入迁移队列中等待执行。

负载均衡需要执行数据迁移操作。在分布式存储系统中往往会存储数据的多个副本，一个为主副本，其他为备副本，由主副本对外提供服务。迁移备副本不会对服务造成影响，迁移主副本也可以首先将数据的读写服务切换到其他备副本。整个迁移过程可以做到无缝，对用户完全透明。

9.3　遥感大数据索引

近年来，国家城市化进程不断加快，二维地理空间信息数据更新迅速，其中道路网络数据不仅是路径规划、城市建设、位置服务及智能交通的基石，更为数字城市、智慧城市的发展奠定了基础。在城市信息化浪潮与数据科学崛起的共同推动下，智慧城市的发展不仅需要庞大的地理空间数据作为载体，更加需要高效的空间检索技术推动智慧城市的发展。遥感大数据，作为大数据的一个分支，正在全球范围内迅速崛起，遥感大数据的时代已经来临。

索引是关系型数据库里的重要概念。总的来说，索引就是拿空间换时间。数据库技术和大数据技术会有一个融合的过程，除了 B 树索引、Hash 索引等，还有倒排索引、MinMax 索引、BitSet 索引、MDK 索引等。

遥感大数据的核心是"大"，大数据索引和传统索引最主要的不同考虑点也是数据量的级别增大后索引本身也会变得很大。传统的 B 树索引是一个全局索引，数据量增大后，可能一台物理机的内存根本无法装下索引本身，每次插入之后，索引更新的代价会大到无法接受。索引本身的分布式需要充分考虑。另外一个变化就是很多索引不再单独存储。有一种思路就是，数据本身以索引的形式存储下来，需要的时候才加载到内存中，而不是传统实现里将全部索引装载到内存中。

1. 倒排索引

在一个未经处理的数据库中，一般以文档 ID 作为索引，以文档内容作为记录。而 Inverted Index 指的是将单词或记录作为索引，将文档 ID 作为记录，这样便可以方便地通过单词或记录查找到其所在的文档。

2. Lucene 倒排索引原理

Lucene 是一个高性能的 Java 全文检索工具包，它使用的是倒排文件索引结构。该结构及相应的生成算法如下。

（1）设有两篇文章：

文章 1 的内容为 Tom lives in Guangzhou，I live in Guangzhou too；

文章 2 的内容为 He once lived in Shanghai。

（2）由于 Lucene 是基于关键词索引和查询的，所以首先要取得这两篇文章的关键词。通常的处理措施如下。

第一，现在拥有的是文章内容，即一个字符串，先要找出字符串中的所有单词，即分词。英文单词由于用空格分隔，所以比较好处理。中文单词是连在一起的，因而需要特殊的分词处理。

第二，文章中的"in""once""too"等词没有什么实际意义，中文中的"的""是"等字通常也无具体含义，这些不代表概念的词可以过滤掉。

第三，用户通常希望查"He"时能把含"he""HE"的文章也找出来，所以所有单词需要统一大小写。

第四，用户通常希望查"live"时能把含"lives""lived"的文章也找出来，所以需要把"lives""lived"还原成"live"。

第五，文章中的标点符号通常不表示某种概念，也可以过滤掉。

在 Lucene 中，以上措施由 Analyzer 类完成。经过处理后，文章 1 的所有关键词为 [Tom] [live] [Guangzhou] [I] [live] [Guangzhou]；文章 2 的所有关键词为 [He] [live] [Shanghai]。

（3）有了关键词后，就可以建立倒排索引了。上面的对应关系是："文章号"对"文章中所有关键词"。倒排索引把这个关系倒过来，变成："关键词"对"拥有该关键词的所有文章号"。文章 1、2 经过倒排后的索引如表 9.1 所示。

表 9.1　倒排索引

关键词	文章号
Guangzhou	1
He	2
I	1
live	1，2
Shanghai	2
Tom	1

通常仅知道关键词在哪些文章中出现还不够，还需要知道关键词在文章中的出现频率和出现位置。通常有两种位置，其中字符位置，即记录该词是文章中第几个字符（优点是关键词亮显时定位快），而关键词位置，则是记录该词是文章中第几个关键词（优点是节约索引空间、词组查询快）。Lucene 中记录的就是这种位置。加上"出现频率"和"出现位置"信息后，索引结构如表 9.2 所示。

表 9.2 添加频率后的倒排索引

关键词	文章号[出现频率]	出现位置
Guangzhou	1[2]	3，6
He	2[1]	1
I	1[1]	4
live	1[2]，2[1]	2，5，2
Shanghai	2[1]	3
Tom	1[1]	1

以 live 这一行为例说明该结构：live 在文章 1 中出现了 2 次，在文章 2 中出现了 1 次，它的出现位置为"2，5，2"。这表示什么呢?需要结合文章号和出现频率来分析。文章 1 中出现了 2 次，那么"2，5"就表示 live 在文章 1 中出现的两个位置;在文章 2 中出现了一次，剩下的"2"就表示 live 是文章 2 中的第 2 个关键字。

以上就是 Lucene 索引结构中最核心的部分。注意关键字是按字符顺序排列的（Lucene 没有使用 B 树结构），因此，Lucene 可以用二元搜索算法快速定位关键词。实现时，Lucene 将上面三列分别作为词典文件（term dictionary）、频率文件（frequencies）、位置文件（positions）保存。其中词典文件不仅保存了每个关键词，还保存了指向频率文件和位置文件的指针，通过这些指针可以找到该关键字的频率信息和位置信息。

Lucene 中使用了域（Field）的概念，用于表达信息所在位置（如标题中、文章中、URL 中）。在创建索引时，该 Field 信息也记录在词典文件中，每个关键词都有一个 Field 信息（因为每个关键字一定属于一个或多个 Field）。为了减小索引文件的大小，Lucene 对索引使用了压缩技术。首先，对词典文件中的关键词进行压缩，关键词压缩为<前缀长度，后缀>。例如，当前词为"阿拉伯语"，上一个词为"阿拉伯"，那么"阿拉伯语"被压缩为<3，语>。其次，大量用到的是对数字的压缩，数字只保存与上一个值的差值（这样就可以减小数字的长度，进而减少保存该数字所需的字节数）。例如，当前文章号是 16389（不压缩要用 3 字节保存），上一个文章号是 16382，压缩后保存 7（只用 1 字节）。

下面通过对该索引的查询来解释一下为什么要建立索引。假设要查询单词"live"，Lucene 先对词典进行二元查找，找到该词后，通过指向频率文件的指针读出所有文章号，然后返回结果。词典通常非常小，因而整个查询过程的时间是毫秒级的。而用普通的顺序匹配算法，不创建索引，而是对所有文章的内容进行字符串匹配。这一过程将会相当缓慢，当文章数目很大时，所需时间往往是无法忍受的。

3. 正向索引和倒排索引的联系与区别

正向索引是经过搜索引擎对页面文本分词、消噪、去重、提取关键词后，得到的能够反映页面主体内容的一个关键词组成的集合。同时记录每一个关键词在页面上的出现频率、出现次数、格式、位置。这样，每个页面都可以被记录为一个关键词的元组，其中包含每个关键词的词频、格式、位置等权重信息。

正向索引不能直接用于排名。如果只存在正向索引，那么排名程序需要扫描所有索引库中的文件，找出包含关键词的文件，再进行相关性计算，这样的计算量无法满足实时返回排名结果的要求。

所以搜索引擎会将正向索引数据仓库重新构造为倒排索引，把文件到关键词的映射转换为关键词到文件的映射。在倒排索引中，关键词是主键，每个关键词都对应一系列文件，这些文件中都出现了这个关键词。这样，当用户搜索某个关键词时，排序程序在倒排索引中定位到这个关键词，就可以立即找出所有包含这个关键词的文件。

9.4　遥感大数据多尺度表示

数据模型设计是遥感大数据存储系统设计的核心和首要问题，它表达了设计人员对客观世界的认识和抽象。遥感大数据储存系统和一般信息系统最大的不同是其管理、分析、表示及描述空间概念和信息的能力。尽管目前大数据无论是在技术上还是实际应用上都取得了很大的进展，但由于一般大数据本身缺少有效的对空间数据进行多尺度处理的理论和方法，缺少完善的空间数据模型支持和完备的空间数据模型。基于该数据模型，可使系统能够理解在不同尺度（层次）上的哪些符号（空间对象）参考同样的地理实体，从而能够提供多尺度空间表示所需要的、穿越多层次鉴别对象的能力，并寻求合适的空间数据多尺度变换方法，使空间数据能够从一种表示完全地过渡到另一种，以实现由单一比例尺的基础数据集（主导数据库）派生能满足不同应用层次的、不同详细程度的、任意尺度的数据集。这种完备性要求派生过程能保持相应尺度的空间精度和空间特征，维护空间关系及空间目标语义的一致性。多尺度模型还必须提供动态的、增量式的数据修改能力，以实现实时的数据更新、动态的拓扑维护和可视化。应该注意的是，数字环境下新的空间数据集的产生可能是双向的，即不仅可以从详细程度的空间数据集派生较概略程度的任意尺度的空间数据集，而且在一定条件下也应可以完成其逆过程，实现完备的重构。基于多尺度数据库可以产生数据的多重表示。在GIS 中提供现实世界的多重视图，对于来自许多不同的领域而且有许多不同观点的用户是十分必须的。Guptill[8]曾推测基于无缝无尺度的数据库，用户将能获取大量的信息而不必受限于地图幅面的大小。为了得到完成任务所需的恰当尺度的数据集，系统必须具备将数据从一种详细程度变换到另一种程度的能力。

9.4.1 多尺度遥感数据模型与多尺度空间数据库设计

多重表示是对相同地理实体的不同描述。因为其源于同一问题可以不同的方法模拟，从而产生不同的数据库模式[9]。此外，由于多尺度数据库规模可能甚大，实体可能出现在不同比例尺的多个综合等级之中，数据管理问题不可避免。多重表示中的数据库设计问题，关注的是如何在单一或多版本的数据管理中为不同来源的信息提供管理策略。多分辨率数据结构能提供对几何子集的综合版本的快速存取，并可防止数据重复而造成冗余，是组织多尺度数据的基本方法。在多分辨率数据结构中，为了能按分辨率保持空间目标不同的属性值或几何特征，已提出了几种不同的方法：①为同一现实世界实体定义不同的类，每一类对应一种分辨（即按尺度归类，并联接它们）；②将一个现实世界实体描述为一个与其语义特征相关的类（即按语义归类），并为一个或多个类定义其空间表示，每一空间表示对应一种分辨率；③将几何定义为具有 n 值的空间属性。①和②的主要缺陷是模式中类的数目与对象数目会越来越多。为此，Parent 等[10]提出几何特征也是现实世界实体的一种性质，它应作为对象的一种属性来表达。在他们的方法中，将几何定义为具有 n 值的空间属性，并依分辨率自动地存取它的数值，并基于有向非循环图实现了其概念模型。

Jones[11]认为多尺度数据库设计的主要目标：最大限度地保持多重表示数据库的完整性；更新运算中尽可能减少交互式干预；自动地检索与多重表示有关的现象的空间信息。他们提出并实现了一个多尺度数据库 GEODYSSEY 的概念设计。GEODYSSEY 基于面向对象模型，利用演绎（以规则为基础推理）和过程化编程技术维护数据库完整性，以减少用户人工干预并有效地检索空间信息。系统由内涵和外延数据库构成。内涵数据库实际为规则库，包含基于规则（有关更新和查询）的和所需过程（有关几何和综合）的知识，以完成更新和查询；外延数据库存储所有空间目标的语义、时间和空间信息，并提供所有目标与其几何表达之间链接的目录以便于几何更新。同时建立元数据库存储有关几何质量的信息。几何特征按单一或多分辨率数据结构组织，并作为空间数据库的一部分。空间关系从几何派生。在数据库更新和查询时，几何表示的数据库完整性利用属性如最小包围矩形、大小、线长、定位线长度和宽度以匹配多重几何表达来实现。Bruegger 等[12]形式化地描述了一种独立于维数的方法，用于构造多类结构相关的空间实体的表示。同一实体以不同的空间分辨率和详细程度表示在不同的层次上。空间实体的几何特征定义为在特定的较高层次上的单元，并用单元之间的层次关系互相连接各个层次。

Rigaux 等[13]从模拟和查询角度探讨了空间和语义分辨率对数据表达的影响。

他们开发的模型允许在数据库查询层次域属性时，无需有关数据抽象层的准确知识。Stell 等[14]提出一个多重表示系统——分层地图空间，它可基于异构的空间和语义分辨率的空间数据集进行处理和推理。表达的粒度与数据登录时的细节程度相匹配。每一地图空间都有各自的粒度（一定的语义及空间分辨率）。类似地，Parent 等人也定义了二层分辨率：一为空间分辨率；另一为语义分辨率，但扩展了其应用领域。该方法可以在多个语义分辨率层上描述并查询属性，并利用聚合关系处理更为复杂的情况，如通过多个不同的对象集描述一个实体，并派生属性值和定义空间完整性约束。

当前处理多重表示的问题是用户通过在不同的文件中存储实体来解决的，这在需要组合不同文件和基础数据库时不能保持数据之间的连接关系。Mdeiros 等[15]提出一个多层次视图地理参考数据模型，通过将数据存储在多版本数据库中来管理多重表示。其每一版本对应现实世界的一种表示，该版本中所有对象都基于相同的尺度、投影和时间参考。该模型允许每种用户都可以在多版本数据库中定义其各自的视图，并在选择其感兴趣的要素类的同时保持它们与基础数据库间的连接。该视图是一个多版本视图，它由基础数据库或前一个版本构建，视图中的每一个（视图）版本都作为不同的虚拟数据库版本。这种多版本视图提供给用户一个仅含其感兴趣的实体的多版本数据库。这个模型通过建立多版本的数据库，为不同的用户需求构建多版本视图，进而基于该多版本视图通过扩展查询建立用户化视图。这种方法是对实现多重表示的第二种方法的改进，即通过基础版本机制和视图补充（操作）来建立多尺度（虚拟数据库版本）间的联系，而无须强制用户管理所建立的每一数据库版本从而增加应用开发的复杂性，并解决多版本的一致性问题。传统关系数据库通过视图机制支持多重表示。由于其数据结构中内嵌的语义信息不多，需要利用关系代数操作，按照期望的方式或应用需要重新排列数据项，并将新的结构存储为视图定义。面向对象数据库系统基本按照同一思路，虽然它们在数据的重新结构化上没有关系系统那样灵活，但由于在其类结构中内嵌了语义，可通过多实例方法支持同一目标同时以多个类表达，以实现多重表示的目的。相同现象的不同表示状态值之间的处理取决于主系统的功能，如关系数据库中的外部键或面向对象数据库中类属来实现。但这种纯演绎的方法不能完全满足多重表示的需要。因为大多数空间数据库的多重表示不能按该方法从一种表示推绎另外一种，而需要空间综合的能力。目前视图机制尚不适合空间综合情况，需要予以扩展。Nebiker[16]则从数据库角度提出了栅格空间数据管理问题，他认为在地理信息科学领域存在的海量栅格空间数据如高分辨率的遥感图像、数字影像地图、数字地面模型及专题栅格数据，在当前的数据管理概念下不能够有效地集成和管理，没有从标准的数据库服务中获益，如查询、完整性和一致性控制等，为此他研究了管理大型栅格空间目标的概念及其在数据库管理系统（database management system，DBMS）框架中的栅格镶嵌问题，设计并实现了一个栅格空间数据管理系统模型，其核心是基于多分辨率的概念和技术，以及在标准商用数据库中的实现。英国 Cardiff 大学和 Glamorgan 大学在工程和物理科学研究委员会（The Engineering and Physical Sciences Research Council，EPSRC）基金支持下，联合进行了"多尺度空间数据库与地图综合"项目的研究。意在要设计和实现一个空间数据库模型以支持多重表示，并以 GEODYSSEY 为基础设计多尺度数据库。其策略是存储预先经过地图综合处理的数据，并按尺度变量的优先权值标记其几何构成。对于显示任意尺度地图要素的任意组合，预综合的数据并非完全行得通。因此，在应用解决影响清晰易读问题的冲突程序之前，将检索近似综合的数据。对预综合地图数据的主要挑战是确保多个地图要素的拓扑完整性。在设计的实现上，侧重研究基于三角剖分的空间数据存储方法的潜力，它可能显式地存储或为响应数据库查询而实时建立。当前正在进行的另一个项目是开发支持活动地图的多智能体系统，它能响应基于智能体的地图与地图用户之间的对话而修改地图内容。该项目补充了多尺度空间数据库的前期研究，着重于不同尺度上多重表示的集成问题。其技术路线是研究利用三角剖分数据结构，将地形要素与地形模型集成，以有效地进行邻近搜索，并支持地图综合的几何变换。NCGIA Maine 大学部也将多尺度空间数据库作为 GIS 集成的问题进行了研究。在美国多个国家基金支持下进行了"异构地理数据库"项目的研究，其基本原理是以面向对象的方法与基于规则的自动综合来组织多分辨率（多尺度）空间数据。目前多尺度空间数据库的概念框架基本上是基于符号智能的，其知识获取困难，推理规则固定，广泛适用性低。未能发掘和表达描述因果关系原理的深层次尺度知识，没有自动获取有关空间知识的能力。空间约束和空间连接也需要预先人为设置，因而智能化程度不高，应变能力较差，难以适应复杂和动态的系统。

9.4.2　层次数据结构

层次数据结构对遥感数据分析特别有用，因为它们可以提供快速聚焦到感兴趣的数据子集上的能力。多尺度遥感数据库需要这种能在多重细节程度上存取遥感数据的数据结构的支持。四叉树[17]、R 树[18]或反作用树[19]、层次三角剖分网[20]和拓扑结构[21]，展示了按层次组织数据的方法，但仅仅是一种数据类型的层级即聚合层次。研究不同类型的层次及其组合，需要解释层次空间数据的复杂而多变的结构。

最早的多分辨率数据结构是存储矢量数字线的剥皮树（strip tree），其首次建立了线的层次结构，它将整条线作为其树根存储在一个矩形盒中，矩形的方向平行于该线的起止点连线。可以认为它是一颗二叉树，是驻留内存的数据结构。为满足多尺度数据库存取需要，面向数据库的多分辨率空间数据存取方法也已提出。多尺度线树（multi scale line tree，MSLT）利用 DP 算法按照尺度等级划分点类，每个点都有惟一的标识符，并记录其原始顺序，同时赋予其多个预定义的数据库层次，每一层次对应于 DP 算法的一定限差，并在空间上为每一层次建立基于四叉树的索引。优先矩形（priorityrectangle，PR）文件与MLST类似，它先将顶点按优先级分层，然后基于每一层中最小的相继顶点集的包围矩形，为该层建立空间索引。Plazanet等[22]也类似地构建了线的层次结构。所有这些方法都可以存取保持线状要素原始顺序的线状特征的顶点，并按照与其尺度相关的优先值进行分类。然而，这些方法只提供了对单一的线状和面状特征的变尺度表达的存取，并没有涉及多少与综合有关的问题。

Van Oosterom[23]将反作用树（reactive tree）作为无缝无比例尺的地理数据库的存储结构。对于这种结构，Van Oosterom 提出了一个"重要性值"特征作为划分空间对象层次（尺度）的依据。对象的空间位置通过编码其最小包围盒（minimum bound rectangle，MBR）确定。反作用树以R树为基础，因而具有相似的性质。主要区别在于：反作用树的内节点能同时包含树入口和对象入口，而且叶节点可以出现在较高的树级。反作用树结构包括了综合的选取和化简技术，空间对象的选取通过反作用技术的空间索引结构提供，而化简则通过线综合二叉树（binary line generalization tree，BLG）来支持。BLG 也是利用DP算法分类顶点，它类似于四叉树但在空间上更为有效，因为每一节点仅存储一个顶点而不是一个矩形的定义。BLG 树的效果取决于算法（只有化简和选取）和在不同层上分配数据。

Buttenfield[24]基于图像金字塔建立层次数据结构，以提供多层次的数字线的几何表达。该方法将线状要素作为包含线几何、多尺度控制机制和一套产生多尺度线的操作的结构化目标。控制机制类似于指定阈值，并基于线性链金字塔和线性四叉树实现。该方法通过该控制机制操作可以获取不同分辨率层上的线。Rosenfeld[25]则利用图像处理中的金字塔结构建立了基于像素的层次结构，如图9.2所示。

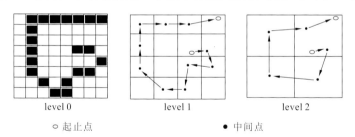

level 0   level 1   level 2

○ 起止点   ● 中间点

图9.2   利用图像处理中的金字塔建立像素的层次结构[11]

9.5   遥感大数据的清洗

遥感大数据[26]环境呈现出的特点：数据量（volume）巨大、数据类型（variety）繁多、价值（value）密度低、处理速度（velocity）快和具有较强的复杂性（complexity），原始大数据信息中混杂着许多不完整、错误和重复的"不清洁"

数据，导致大数据存在着不一致、不完整性、低价值密度、不可控和不可用的特性。面对如此庞大的数据量，人们希望从海量数据中挖掘出有价值的信息或知识，为决策者提供参考。由于数据录入错误、不同表示方法的数据源合并或迁移等原因，不可避免地使系统存在冗余数据、缺失数据、不确定数据和不一致数据等诸多情况，这样的数据称为"脏数据"，严重影响了数据利用的效率和决策质量。因此，为使系统中的数据更加准确、一致，并能够支持决策，数据清洗变得尤为重要，数据清洗的任务就是过滤或修改那些不符合要求的数据，输出符合系统要求的清洁数据。

产生数据质量问题的原因很多，例如：缩写的滥用会造成数据的混乱；相似重复的数据记录会增加数据库的负荷，降低数据处理的效率；人为的失误或系统的故障会造成缺失数据、不完整数据或异常数据等，这些原因都会导致"脏数据"的产生。数据清洗是将数据库精简以除去重复记录，并使剩余部分转换成符合标准的过程；狭义上的数据清洗特指在构建数据仓库和实现数据挖掘前对数据源进行处理，使数据实现准确性（accuracy）、完整性（compliteness）、一致性（consistency）、适时性（timeliness）、有效性（validity）以适应后续操作的过程。从提高数据质量的角度来说，凡是有助于提高数据质量的数据处理过程，都可以认为是数据清洗。数据清洗是对数据进行处理以保证数据具有较好质量的过程，即得到干净数据的过程。

对数据清洗定义的理解需要注意以下问题。

（1）数据清洗洗掉的是"数据错误"而不是"错误数据"，目的是要解决"脏数据"的问题，即不是将"脏数据"洗掉，而是将"脏数据"洗干净。

（2）数据清洗主要解决的是实例层数据质量问题，对一个给定的数据集，实例层数据质量问题是有限的、可检测的和可隔离的。

（3）数据清洗不能完全解决所有的数据质量问题，即通过数据清洗提高数据质量的程度是有限度的，如对缺失值的估计有不确定性。因此，对数据清洗的正确理解应该是"在尽可能不破坏有用信息的前提下，尽可能多地去除数据错误"，数据清洗可能损失有用信息，也可能产生新的数据质量问题。国外对西文数据清洗的研究比较成熟，对中文数据的研究比较少；国内对中文数据清洗的研究主要集中在对算法的改进，原创性算法还比较少，取得的成果也不多。因此，对于中文数据清洗的研究还存在很大的发展空间，具有很好的应用前景和理论价值。无论是对西文数据清洗的研究还是对中文数据清洗的研究都存在很多不足之处，主要表现在以下几个方面。

（1）数据清理研究主要集中在西文数据上，中文数据清理与西文数据清理有较大的不同，中文数据清理还没有引起重视。

（2）现今对于中文数据清洗的研究主要针对的是实例层的数据，如对数值型、字符串型字段中的研究，而对于模式层的数据清洗研究比较少。

（3）对重复数据的识别效率与识别精度问题的解决并不令人满意，特别是当记录数据非常多时，耗时太多。

（4）以前数据清理主要集中在结构化的数据上，而现在清洗的对象主要是非结构化数据或半结构化的数据。

（5）数据清洗工具或系统都提供了描述性语言，但基本上都是经过某种已有语言根据自己需要经过扩展实现的，不能很好地满足数据清理中大致匹配的需要，不具有互操作性，需要加强数据清洗工具之间的互操作性研究。

（6）现今的数据清洗大多数是面向特定领域。

9.5.1 遥感大数据对数据清洗的基础性需求

大数据不仅数量大，而且是异构和多媒体的[27]。在大数据环境下探讨知识服务的解决方案、实现途径和方法，以及实现知识服务涉及的技术问题。首先在宏观层面明确大数据对实现知识服务的要求，其次在技术实现层面找到支持数据处理、信息分析和知识服务涉及的基础性突破，即数据清洗。

大数据的价值在于提炼其中隐藏在数据中的规律和有关知识，它对知识服务的要求集中体现在两个方面：首先是大数据环境下的数据整合与规划。大数据不仅仅是容量大、内容丰富，而且其结构是异构的，数据产生的速度也是飞速的，数据中蕴含的知识也是无法衡量的。数据繁杂，使数据的利用效率受到影响。通过整合与规划提高数据的利用效率、提升数据的使用价值；其次数据的知识关联与组织。孤立的数据价值低，也只能完成传统的信息服务。针对大数据的知识服务必须将数据进行关联，使之能够为解决问题直接提供知识。通过分析知识组织的关联机制，构建以知识服务为目标的知识地图，确保从传统的信息服务能够上升到知识服务层面。

在知识组织过程中，知识库"吸收"数据且"供给"知识，最终目的是为知识服务提供满足应用所要求的合适的查询结果，数据是知识的基础，数据质量决定了知识的价值，而数据质量问题是由非清洁数据造成的。为此，知识服务若要实现高端的服务水平，基础在于知识组织，瓶颈在于数据清洗。数据清洗的目的是检测数据本身的非清洁和数据间的非清洁，剔除或者改正它们，以提高数据的质量。知识服务不仅需要分析非清洁数据的各种类型不一致、不精确、错误、冗余、过时等的解决方案，更需要追溯非清洁数据的形成源头，如：①数据本身来源不清洁导致的非清洁数据，例如数据采集和录入的精度；②数据模式的不清洁和信息集成中模式不匹配导致的非清洁数据；③数据的查询请求本身是不清洁的，导致获取了非清洁的查询结果。最终结合不同来源与不同类型，反馈修正解决方案使之能配合知识表示效用，以及在提高知识服务水平的同时，保障知识服务的效率。

9.5.2　遥感大数据清洗的基本原理

　　数据清洗原理是利用数据挖掘相关技术，按照设计好的清理规则或算法将未经清洗的数据，即脏数据，转化为满足数据挖掘所需要的数据，如图9.3[28]所示。数据清洗的一般过程是对收集到的信息进行数据分析找到"脏数据"；定义数据清洗规则和清洗算法，对数据进行手工清洗或自动清洗，直到处理后的数据满足数据清洗的要求。手工清洗的特点是速度慢，准确度高，一般适用于小规模的数据清洗，在较大规模的数据处理中，手工清洗的速度和准确性会明显下降，通常采用自动清洗方式。自动清洗的优点是清洗的完全自动化，但是需要根据特定的数据清洗算法和清洗方案，编写数据清洗程序，使其自动执行清洗过程。缺点是实现过程难度较大，后期维护困难。在大数据环境下，由于数据量的巨大，数据清洗通常采用自动清洗的方式来完成。

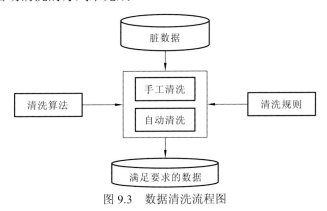

图9.3　数据清洗流程图

9.5.3　遥感大数据清洗系统框架

　　对非清洁数据，数据清洗的框架模型分5个部分逐步进行，整个框架如图9.4[29]所示。

1. 准备

　　准备包括需求分析、大数据类别分析、任务定义、小类别方法定义、基本配置，以及基于以上工作获得数据清洗方案等[30]。通过需求分析明确知识库系统的数据清洗需求；大数据类别分析将大数据归类以便对同类数据进行分析；任务定义要明确具体的数据清洗任务目标；小类别方法定义确定某类非清洁数据合适的数据清洗方法，基本配置完成数据接口等的配置；形成完整的数据清洗方案，并整理归档。

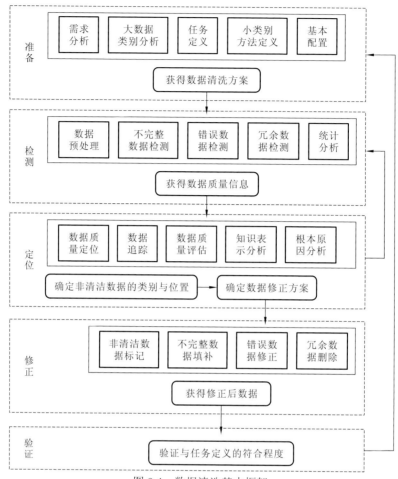

图 9.4 数据清洗基本框架

2. 检测

对数据本身及数据间的预处理检测包括数据预处理、不完整数据检测、错误数据检测、冗余数据检测等，并且对检测结果进行统计，全面获得数据质量信息，并将相关信息整理归档。

3. 定位

对检测结果的归档信息进行数据质量评估，获得非清洁数据的定位并进行数据追踪分析，分析非清洁数据及由此可能的知识表示的影响，分析产生非清洁数据的根本原因；进而确定数据质量问题性质及位置，给出非清洁的修正方案，并将相关信息归档。根据定位分析情况，可能需要返回"检测"阶段，进一步定位需要修正数据的位置。

4. 修正

在定位分析的基础上，对检测出的非清洁数据进行修正，包括非清洁数据标记、不完整数据填补、错误数据修正、冗余数据删除等，并对数据修正过程进行存储管理。

5. 验证

对修正后的数据与任务定义的符合性进行比对验证，如果结果与任务目标不符合，则做进一步定位分析与修正，甚至返回"准备"中调整相应准备工作。

参 考 文 献

[1] 李德仁, 张良培, 夏桂松. 遥感大数据自动分析与数据挖掘[J]. 测绘学报, 2014, 43(12): 1211-1216.

[2] ADSHEAD A. Data set to grow 10-fold by 2020 as internet of things takes off[EB/OL]. http://www. computerweekly. com/news/2240217788/data-set-to-grow-10-fold-by-2020-as-internet-of-things-takes-off. [2014-04-09].

[3] MAYER S V, CUKIER K. 大数据时代: 生活, 工作与思维的大变革[M]. 周涛, 译. 杭州:浙江人民出版社, 2012.

[4] DAVID G. Big data[J]. Nature, 2008, 455(7209): 1-136.

[5] WHITE HOUSE OFFICE OF SCIENCE AND TECHNOLOGY POLICY. Big data across the Federal Government[EB/OL]. http://www. Whitehouse. gov/blog/2012/03/29/ big-data-big-deal. [2012-03-29].

[6] WHITE HOUSE EXECUTIVE OFFICE OF THE PRESIDENT. Big data across the Federal Government [EB/OL]. http://www. whitehouse. gov/sites/default/files/microsites/ ostp/big_data_ fact_ sheet. pdf. [2012-03-29].

[7] 王苇航. 英国斥巨资发展大数据技术以期推动经济增长[EB/OL]. http://www. e-gov. org. cn/xinxihua/news003/201305/141545. html. [2013-05-31].

[8] GUPTILL S G. Speculations on seamless, scaleless cartographic data bases[C]// Proceedings of Auto-Carto 9, 1989: 436-443.

[9] 李霖. 空间数据多尺度表达模型及其可视化[M]. 北京: 科学出版社, 2005.

[10] PARENT C, SPACCAPEITRA S, ZIMANYI E. MurMur: Database management of multiple representations[R]. Austin, Texas: AAAI-2000 Workshop on Spatial and Temporal Granularity, 2000.

[11] JONES C B. Database architecture for multi-scale GIS[C]// Int. Arch. ACSM-ASPRS. Baltimore, 1991(6): 1-14.

[12] BRUEGGER B P, FRANK A U. Hierarchies over topological data structures[C]// ASPRS-ACSM Annual Convention. Baltimore, 1989: 137-145.

[13] RIGAUX P, SCHOLL M. Multi-scale partitions: Application to spatial and statistical databases[C]// International Symposium on Spatial Databases. Berlin: Springer, 1995: 170-183.

[14] STELL J, WORBOYS M. Stratified map spaces: A formal basis for multi-resolution spatial databases[C]// Proceedings of the 8th International Symposium on Spatial Data Handling. Vancouver, BC, Canada, 1998, 98: 180-189.

[15] MEDEIROS C B, BELLOSTA M J, JOMIER G. Managing multiple representations of georeferenced elements[C]// Proceedings of 7th International Conference and Workshop on Database and Expert Systems Applications: DEXA 96. IEEE, 1996: 364-370.

[16] Nebiker S. Spatial raster data management for geo-information systems: A database perspective[D]. Zurich: ETH Zurich, 1997.

[17] FINKEL R A, BENTLEY J L. Quad trees a data structure for retrieval on composite keys[J]. Acta Informatica, 1974, 4(1): 1-9.

[18] GUTTMAN A. R-trees: A dynamic index structure for spatial searching[J]. SIGMOD Rec, 1984, 14(2): 47-57.

[19] VAN OOSTEROM P. A storage structure for a multi-scale database: The reactive-tree[J]. Computers, Environment and Urban Systems, 1992, 16(3): 239-247.

[20] DE FLORIANI L, PUPPO E. An on-line algorithm for constrained Delaunay triangulation[J]. CVGIP: Graphical Models and Image Processing, 1992, 54(4): 290-300.

[21] DE FLORIANI L, MARZANO P, PUPPO E. Multiresolution models for topographic surface description[J]. The Visual Computer, 1996, 12(7): 317-345.

[22] PLAZANET C, AFFHOLDER J G, FRITSCH E. The importance of geometric modeling in linear feature generalization[J]. Cartography and Geographic Information Systems, 1995, 22(4): 291-305.

[23] VAN OOSTEROM P, SCHENKELAARS V. The development of an interactive multi-scale GIS[J]. International Journal of Geographical Information Systems, 1995, 9(5): 489-507.

[24] BUTTENFIELD B P. Research initiative 3: Multiple representations, closing report[R]. National Center for Geographic Information and Analysis, NCGIA, Buffalo, 1993: 27.

[25] ROSENFELD A. Picture processing: 1981[J]. Computer Graphics and Image Processing, 1982, 19(1): 35-67.

[26] LAUDON K C, LAUDON J P. Management information systems[M]. New York: Prentice Hall PTR, 1999.

[27] 朱建章, 石强, 陈凤娥. 遥感大数据研究现状与发展趋势[J]. 中国图象图形学报, 2016, 21(11):1425-1439.

[28] 封富君,姚俊萍,李新社,等. 大数据环境下的数据清洗框架研究[J]. 软件, 2017, 38(12): 193-196.

[29] 蒋勋, 刘喜文. 大数据环境下面向知识服务的数据清洗研究[J]. 图书与情报, 2013(5): 16-21.

[30] 曹建军, 刁兴春, 陈爽, 等. 数据清洗及其一般性系统框架[J]. 计算机科学, 2012, 39(S3): 207-211.

第 10 章　遥感大数据在线检索

面对日益增多的海量遥感数据及人们日益增长的数据应用需求，构建高效的遥感大数据在线检索系统已成为遥感大数据处理与应用领域的发展趋势，但同时也是该领域中亟待解决的难题。而目前在遥感数据检索领域中，大多研究者主要针对基于内容的检索方法进行研究，但囿于遥感大数据规模海量、多源异构的特点及该类方法的缺陷（如特征维度高、特征提取耗时长等），实践应用中公开或商用的软件平台基本上是基于文本信息（如属性信息和空间坐标信息）进行检索。鉴于此，为厘清基于文本信息和基于内容的两种遥感大数据在线检索系统在应用实现层面的区别，本章将从遥感影像在线检索的一般框架切入，分别介绍基于文本的遥感大数据在线检索系统和基于内容的遥感大数据在线检索系统。

10.1　遥感影像在线检索系统架构

遥感影像在线检索涉及遥感影像的数据传输、特征提取、相似性度量等技术环节，其中因遥感影像大数据规模海量、多源异构的特性，其在线组织和管理成为遥感影像在线检索发展的一大瓶颈。为此，下文将详述遥感影像在线检索系统的一般结构及遥感影像大数据的数据组织与管理。

10.1.1　系统结构

遥感数据在线检索系统一般都包含表现层、应用层和数据层这三个部分，其常见逻辑体系结构如图 10.1 所示。

表现层也叫客户端，通常以普通浏览器形式作为人机交互的接口，目的是为用户提供可视化的查询接口及遥感图像浏览、查询结果显示等功能。在表现层，用户可以通过查询接口选择查询方法和查询参数，然后由中间服务器中转传递给应用服务器，最后接收应用服务器返回的检索结果并显示。

应用层通常由中间服务器和应用服务器组成，是表现层与数据层的计算与服务中介。中间服务器主要用于检索数据的分发、传输和存储，应用服务器则主要实现与检索相关的计算，如相似性度量、特征提取及相关反馈等。

数据层主要负责对遥感图像库、特征库、元数据库的管理及维护，包括对数据库的存储、组织和数据备份。一般来说，遥感图像库用于存储原始遥感图像数据，特征库是通过特征提取模块建立并存储一些特征，并通过索引建立模块为特征库建立相似性索引。

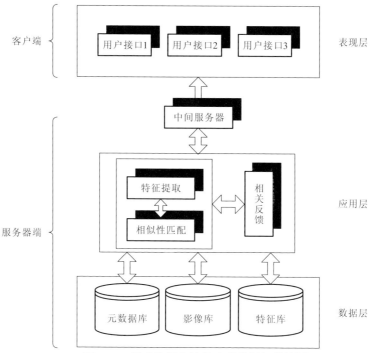

图 10.1　遥感数据在线检索系统框架结构图

在图像检索的一般流程中，首先由用户选定待查询图像并向系统提交一个查询请求，接着应用服务器即可通过中间服务器接收到客户端提交的查询图像，然后应用服务器根据所选特征提取方法对提交的查询图像进行特征提取，并将该特征向量与特征库中所有特征向量进行相似性计算，获取距离小于某个预设阈值的所有特征向量或距离最小的前几个特征向量所对应的遥感图像区域信息，最终将检索结果返回给客户端。若用户选择通过空间坐标信息或属性信息向系统提交查询请求，则应用服务器会通过中间服务器接收查询参数并在元数据库中查询相匹配的记录，然后将检索结果返回给客户端。

10.1.2　遥感影像大数据管理

遥感影像数据与其他专业领域的图像数据存在较大的差异，突出表现在其与地理参考紧密相关，具有空间数据特性。图 10.2 展示了一般遥感影像数据入库的主要步骤。

由于受到大气、光照、传感器本身特性的影响，遥感影像常存在辐射畸变和几何畸变等图像畸变。所以将影像源数据入库前，需对影像进行辐射校正、几何校正等图像预处理。同时，为了能对多源异构的原始影像数据进行集成、融合或综合分析，还需对遥感影像进行配准和坐标转换，以确保影像在空间位置上的一致。

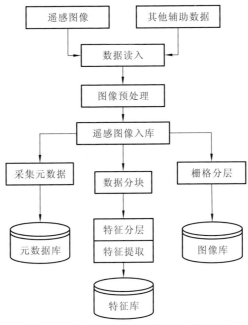

图 10.2　遥感图像数据库数据入库过程

　　遥感影像数据文件大，覆盖空间范围广，以整幅影像为单位读取数据将直接影响图像预处理的执行速度，因而常对影像进行分块处理，以减少网络的数据传输量及实现对影像数据的高效组织与管理。

　　大型的检索系统基本上需对影像进行栅格多分辨率处理，以使影像能以多种分辨率形式浏览。而对于无缝影像数据库，影像金字塔是实现影像数据多分辨率的有效手段，TerraServer[1]、MrSID 等商业影像数据库系统也采用金字塔结构来管理影像。

　　如第 1 章所述，元数据是描述影像数据的数据。而在遥感大数据检索系统中，通过元数据来进行影像检索，可快速有效定位、获取相关遥感影像数据，实现数据的快速共享与交换。

10.2　基于文本的遥感大数据在线检索

　　与一般图像不同，遥感图像通常包含抽象的属性信息，如空间位置、空间分辨率、成像时间、成像质量、卫星、传感器等，基于这些属性信息进行检索可以快速有效地查询用户所需数据。而空间位置作为用户检索遥感数据的重要参数，是影响检索系统检索效率的重要因素。因此，目前主流的基于文本的遥感影像在线检索系统可分为基于一般属性信息的遥感影像检索和基于空间位置的遥感影像检索两类。

目前,常见的带有遥感数据检索功能的商业软件平台有 ArcGIS Server、MapGIS Server、KQGIS Server 等,数据库有 PostGIS、Oracle Spatial 及 ArcSDE 等。基于这些商业软件平台和数据库,业界一些学者和企业陆续开发了不同行业应用特色的遥感影像在线检索系统,如刘细梅等[2]便利用 ArcGIS Server 提出了一种基于遥感影像元数据的 Landsat 影像在线检索方案;刘国栋等[3]针对遥感卫星数据的空间信息,提出了一种基于 ArcGIS Server 的遥感数据管理与检索方法;针对 HBase 在检索功能上的不足,林久对[4]提出了基于 Elasticsearch 的分布式遥感影像全文检索系统。而随着现代云计算、5G、大数据、人工智能、互联网等技术的发展及国家对遥感技术的重视,各企业和单位也都开展及发布了遥感影像检索服务系统或智能服务平台[5-8]。例如,湖南省为统筹卫星遥感影像数据及应用建立的湖南卫星云遥系统"①,中国四维测绘技术有限公司发布的"四维地球"时空信息智能服务平台②,中国科学院建设并运行维护的"地理空间数据云"平台③,自然资源部国土卫星遥感应用中心的"自然资源卫星遥感云服务平台"④及中国资源卫星应用中心的"陆地观测卫星数据服务"检索系统⑤等。

总体而言,这些检索系统大同小异,都采用基于文本的检索方法实现检索功能,然后根据各自的应用背景及特点来构建检索系统。其中,在实现基于属性信息的影像检索时,通常只需对这些属性进行选择来构成查询条件,当以关键词的形式进行检索时则涉及文本匹配;而基于空间数据的遥感影像检索一般需配合其他属性信息进行检索,如搭配行政区划范围、影像类型、成像时间、云量等属性信息实现行政检索、四边形检索、多边形检索等。

由中国科学院计算机网络信息中心建设维护的"地理空间数据云"网站是集数据检索、高级检索、产品检索及定位检索于一体的综合服务性平台,主要面向中国科学院及国家的科学研究需求提供数据共享服务。该网站设置了数据资源、高级检索、数据众包、在线服务、平台信息等主要频道,在尊重知识产权及保护国家安全的前提下,秉承数据开放共享的原则,为用户提供了全方位的数据服务,包括数据的在线浏览、搜索、访问与下载,以及数据预定、需求发布、委托查询、DEM 切割等特色数据服务。

地理空间数据云网站的检索功能主要根据行政区划、经纬度、地图选择等空间位置进行检索,其中地图选择通过点、矩形、多边形等形式选定位置。数据集是进行检索的前提,时间范围是可选项,因此该网站的检索功能本质上是在指定数据集

---

① 卫星云遥. http://www.img.net.

② 地理空间数据云. http://www.gscloud.cn/.

③ 中关村在线. 中国四维与华为联合发布"四维地球". https://siweiearth.com/, 2019-09-19.

④ 自然资源卫星遥感云服务平台. http://www.sasclouds.com/.

⑤ 陆地观测卫星数据服务. http://36.112.130.153:7777/#/home.

内通过空间位置进行影像在线检索。地理空间数据云网站的检索原则是筛选出与指定空间位置相交的影像,然后依次按条带号、编号、日期进行先后顺序的排列。

图 10.3 是地理空间数据云网站可在线检索的数据资料,主要为 Landsat 系列数据、MODIS 陆地标准产品、MODIS 中国合成产品、MODISL1B 标准产品、DEM 数字高程数据、EO-1 系列数据、大气污染插值数据、Sentinel 数据、高分四号数据产品、NOVAAA VHRR 数据产品、高分一号 WFV 数据产品等。图 10.4 是地图选择的"点"检索示例。

图 10.3　地理空间数据云高级检索可用数据资料

图 10.4　地图选择"点"检索示例

10.3　基于内容的遥感大数据在线检索

相较于基于文本的遥感影像检索,基于内容的遥感图像检索待完善的技术问题还有很多,但基于内容的其他图像检索系统较多且技术较成熟。如支持基于色彩、纹理及形状等多种特征查询方式的 QBIC 检索系统，哥伦比亚大学开发的支持基于视觉特征和空间关系的查询系统 VisualSeek，中国科学院研发的支持基于内容、关键字及融合两者特征的 ImageHunter 图像检索系统等。近年来，随着科技与互联网的快速发展，国内外各大搜索引擎公司窥探出"以图搜图"的应用前景，着力推出了以互联网为载体的基于内容的图像检索产品，如中国百度公司研发的百度识图、美国谷歌推出的具备反馈机制的 Google Similar Images[①]。图 10.5 即展示了在百度识图系统中以一幅五角大楼低空遥感图像作为查询图像（搜索页面左上角），通过"以图搜图"功能所得的检索结果。

图 10.5　百度识图系统检索结果示例

而针对基于内容的遥感影像检索，国内外学者已进行了广泛研究，设计了不少原型系统，如程起敏[9]研究了 Web 环境下基于内容的遥感影像库检索原型系统，曾志明[10]使用 VC.net 和 ORACLE 数据库实现了一个基于纹理特征的遥感影像数据库原型系统，Kusumaningrum 等[11]则基于纹理和颜色特征研究了遥感图像检索系统。但基于内容的遥感影像检索技术尚未成熟，用户面较窄，可供实际应用的在线检索系统或搜索引擎也较少。

TerraPattern 作为这少数中的一员，是第一个开放式的卫星图像搜索工具，由 Levin 等[12]共同设计实现。他们使用了 466 个类别和 OpenStreetMap 中标记的数十万卫星图像训练了一个基于 ResNet 的深度卷积神经网络（deep convolutional neural networks，DCNN），然后利用网络倒数第二层的 DCNN 离线计算并提取了数百万张覆盖纽约、旧金山和匹兹堡大都市地区的卫星照片的语义标签。为解决查询时搜索所有语义标签的耗时问题，他们采用覆盖树算法预先计算语义标签之间的关系，从而实现实时在线检索。如图 10.6 所示，TerraPattern 的搜索工具有三个可视化功能（图 10.6）：滑动地图，用于指定可视化查询；地理图（或最小地

---

① Google Similar Images. https://www.google.com/imghp.

图），显示周边区域内搜索结果的相应位置；相似图，使用主成分分析将返回的相似结果组织显示在一个抽象的二维特征空间中。

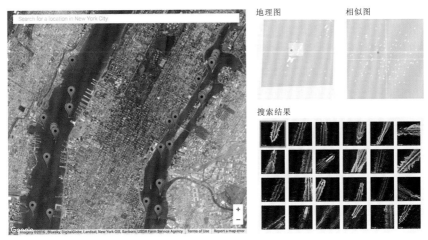

图 10.6　TerraPattern 检索示例图

从功能上看，TerraPattern 做到了基于内容的遥感图像在线实时检索，但从本质上分析，它仅是一个简易的基于卫星图像库的检索工具，其不足之处：①在进行图像查询时，其可搜索区域局限于查询图像块所在的影像范围内；②伪实时，查询图像为数据库内图像，并且预先计算了图像之间的相似性关系；③数据同源，数据规模有限。

如上文所述，基于内容的遥感图像检索技术还处于发展阶段。且不同于基于文本的遥感大数据在线检索系统，基于内容的遥感大数据在线检索系统将对数据的计算、组织和管理有更高的要求，这也成为其应用发展的难点。

（1）用于查询的图像相比整幅影像小得多，所以需对整幅影像进行分块管理、特征计算及存储，加大了对系统的数据存储、组织与管理要求。

（2）在数据海量、多源异构的大数据环境下，单一的特征描述方法已不适用，必须探寻适合海量、多源、异构的遥感影像数据的特征描述方法。

（3）遥感大数据在线检索时，需将查询图像的特征与数据库中所有图像的特征逐一进行相似性度量，计算量庞大，对计算资源提出了很高的要求。

随着互联网、云计算、人工智能、大数据等技术的发展，遥感大数据在线检索系统会得以实现并被广泛应用。

参 考 文 献

[1] BARCLAY T, GRAY J, SLUTZ D. Microsoft TerraServer[C]//ACM Sigmod International Conference on Management of Data, 2000, 29(2): 307-318.

[2] 刘细梅, 牛振国, 高光明. Landsat 遥感影像检索系统设计与实现[J]. 测绘与空间地理信息, 2014, 37(2): 87-90.

[3] 刘国栋, 缪晖. 基于 ArcGIS Server 的遥感卫星数据检索系统技术研究与实现[J]. 军民两用技术与产品, 2016(7): 55-58.

[4] 林久对. 一种基于 HBase 的海量空间遥感数据检索系统[D]. 杭州: 浙江大学, 2015.

[5] 胡平昌, 卢刚, 颜怀成. 省域遥感影像统筹服务平台研究[A]. 江苏省测绘地理信息学会 2018 年学术年会论文集[C]. 江苏省测绘地理信息学会, 江苏南京, 2018. 3.

[6] 邓迅. 上海市遥感影像云服务平台设计与实现[J]. 城市勘测, 2016(4): 24-27.

[7] 陈中林, 龚建辉. 多源遥感影像管理与服务平台的设计与实现[J]. 测绘与空间地理信息, 2015, 38(12): 52-54.

[8] 王密. 大型无缝影像数据库系统(GeoImageDB)的研制与可量测虚拟现实(MVR)的可行性研究[D]. 武汉: 武汉大学, 2001.

[9] 程起敏. 基于内容的遥感影像库检索关键技术研究[D]. 北京: 中国科学院研究生院, 2004.

[10] 曾志明. 基于内容检索的遥感影像数据库系统研究[D]. 北京: 中国科学院研究生院, 2005.

[11] KUSUMANINGRUM R, ARYMURTHY A M. Color and texture feature for remote sensing-image retrieval system: A comparative study[J]. International Journal of Computer Science Issues, 2011, 8(5): 125.

[12] LEVIN G, NEWBURY D, MCDONALD K, et al. Terrapattern: Open-ended, visual query-by-example for satellite imagery using deep learning[EB/OL]. http://terrapattern. com. [2016-05-24].

第 11 章　跨模态遥感大数据检索方法

本章介绍跨模态遥感大数据检索。讨论目前遥感领域跨模态检索的相关需求，总结已有相关跨模态检索算法的研究现状和目前已公开的跨模态检索数据集，探讨影像-语音的跨模态检索方法，阐述全色-多光谱遥感影像的跨模态检索方法，剖析光学-SAR 影像跨模态检索的最新进展。

11.1　跨模态遥感大数据检索需求

随着近年来成像技术的飞速发展，目前可获取的遥感影像数据量呈指数级增长，同时不同成像方式、不同波段和分辨率的数据并存，遥感数据日益多源化[1]，现有的遥感影像检索算法主要针对单一传感器设计，如单独面向光学影像的检索或单独面向 SAR 影像的检索等，而没有考虑多源数据协同检索需求，对于遥感大数据的利用率较低，为了从海量多源遥感大数据中检索出符合用户需求的数据或信息，或者考虑融合非遥感数据的遥感大数据检索，进行多源遥感数据间的跨模态检索研究是有必要的。

如图 11.1 所示，遥感大数据的跨模态检索需求通常包括以下两类。

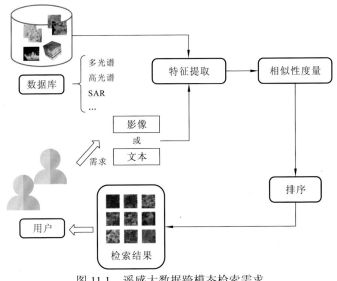

图 11.1　遥感大数据跨模态检索需求

（1）异源遥感数据的跨模态检索。目前可获取的遥感数据种类多样、数据量巨大，如全色数据、多光谱数据、高光谱数据、高分数据、SAR 数据、街景数据、无人机数据、卫星视频数据等，异源遥感数据可以提供不同的遥感信息，如全色数据光谱信息欠缺但空间信息比较丰富，而多光谱数据与之相反，空间信息欠缺但光谱信息丰富。针对不同的应用需求，异源遥感数据的跨模态检索可以最大化发挥异源遥感数据的优势。对于异源遥感数据，可以进行的跨模态检索包括全色与多光谱跨模态检索、光学与 SAR 数据跨模态检索、卫星影像与手绘草图跨模态检索等。

（2）遥感数据与非遥感数据的跨模态检索。异源遥感数据的跨模态检索对专业知识具有一定的要求，不适用于非遥感专业人员。从用户的角度来说，如何尽可能以简单的方式实现检索需求是关键。文本和语音是两种常见的信息传递方式，通过文本和语音实现和遥感数据的跨模态检索，对非专业人员来说是非常友好的一种检索方式。

11.2　跨模态检索现状

跨模态检索需要解决的主要问题是如何衡量不同模态数据间的相似性，实际应用中这些数据通常呈现底层特征异构、高层语义特征相关的特点，如何表示不同模态数据底层特征、怎样对高层语义进行建模及如何进行模态间的关联建模是当前跨模态检索关注的重点[2]。

跨模态检索最先应用于自然图像处理领域，多集中于文本、语音、图像、视频间的跨模态检索，其大致框架如图 11.2 所示，在检索过程中不同模态数据分别进行特征提取并将其映射到同一特征空间,后续对其特征进行相似性度量并排序，得到最终检索结果。根据不同特征表示形式，现有算法大致可以分为两类：①实值表示学习[3-5]；②二进制表示学习[6-8]。其中实值表示学习由于特征向量由浮点数表示，对于存储空间及计算量要求比较高，优点是精度较高，在二进制表示学习中，不同模态数据特征向量最终映射到汉明二值空间，可以实现快速跨模态检索，相应所需存储空间及计算量较小，但是由于在特征向量二值化过程中会损失一部分信息从而影响最终检索精度。

目前在遥感影像检索领域，研究人员开始尝试进行光学影像、SAR 影像、文本、语音等不同模态数据之间的检索，图 11.3 对其中 4 种常见组合的跨模态检索进行了简单的介绍，其中第一列为待检索数据，第二至四列分别为返回的检索结果，从第一行到第四行分别为全色影像到多光谱影像、多光谱影像到全色影像、文本到影像、影像到文本的跨模态检索示例。其中不同类型影像间的检索由于数据均为栅格影像格式，相比于传统单模态遥感影像检索跨度较小，文本或语音与影像之间的检索由于两种数据类型存在较大差异，难度较大，得到的检索精度有限。

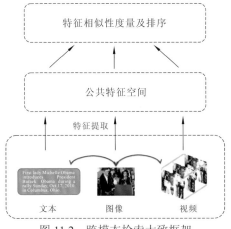

图 11.2　跨模态检索大致框架

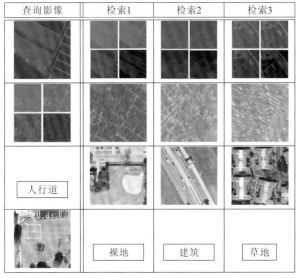

图 11.3　跨模态检索示例

11.3　跨模态遥感大数据检索数据集

11.3.1　异源跨模态遥感数据集

现有的异源跨模态遥感数据集相对匮乏，但实际应用中可通过不同的组合方式将现有的遥感检索数据集进行组合得到异源跨模态检索数据集。以下介绍现有的遥感检索图像库和异源跨模态遥感图像库。

1. 同源检索图像库

1）UCM 图像库

UC Merced（UCM）[9]数据集最初是用来进行土地利用和土地覆盖（land use & land cover）分类的一个遥感图像库，在遥感影像检索领域，UCM 数据集作为第一个公开的遥感图像库被广泛应用于遥感影像检索算法测试。UCM 图像库包含 21 个类别：农田、飞机、棒球场、海滩、建筑、灌木丛、高密度住宅区、森林、高速公路、高尔夫球场、港口、交叉路口、中密度住宅区、移动房车公园、跨线桥、停车场、河流、飞机跑道、低密度住宅区、储油罐及网球场，每一个类别包含 100 幅 256×256 像素大小的 RGB 彩色遥感图像，图像空间分辨率为 0.3m，其中图像库中所有的图像都是从美国地质调查局（United States Geological Survey，USGS）下载的大尺寸航空影像上裁剪得到的。UCM 图像库具有一些高度重叠的地物类别，如中密度住宅区和高密度住宅区，两者包含了相同的地物类型且具有相似的空间结构，主要区别在于地物的密度不同，因此对于遥感影像检索来说，UCM 图像库是一个具有挑战性的数据集。

2）RSD 图像库

Remote Sensing Dataset（RSD）[10,11]数据集中的图像是从 Google Earth 上获取的，包括 19 个类别：机场、海滩、桥、商业区、沙漠、农田、足球场、森林、工业区、草地、山、公园、停车场、池塘、港口、火车站、住宅区、河流及高架桥。RSD 图像库各类别包含至少 50 幅 600×600 像素大小的 RGB 彩色遥感图像，图像的空间分辨率最高为 0.5 m，共包含 1 005 幅图像。

3）RSSCN7 图像库

RSSCN7 数据集[12]中的图像是以 4 个不同的尺度从 Google Earth 上获取的，包括 7 个类别：草地、田地、工业区、河流湖泊、森林、住宅区及停车场，其中各类别包含 400 幅 400×400 像素大小的 RGB 彩色遥感图像，共包含 2 800 幅图像。

4）AID 图像库

Aerial Image Dataset（AID）[13]数据集是一个包含 10 000 幅图像的大规模遥感图像库，图像分辨率为 0.5～8 m。AID 图像库包含 30 个地物类别：机场、裸地、棒球场、海滩、桥、中心、教堂、商业区、高密度住宅区、沙漠、农田、森林、工业区、草地、中密度住宅区、山、公园、停车场、操场、池塘、港口、火车站、度假区、河流、学校、低密度住宅区、广场、体育馆、储油罐及高架桥，其中每个类别包含 220～420 幅大小为 600×600 像素的图像。

5）PatternNet 图像库

PatternNet 数据集[14]是为遥感影像检索构造的大规模遥感图像库，包含 38 个地物类别：飞机、棒球场、篮球场、海滩、桥、墓地、灌木丛、圣诞树园、封闭道路、沿海住宅、人行横道、高密度住宅区、客运码头、足球场、森林、高速公路、高尔夫球场、港口、交叉路、移动房车公园、疗养院、油气田、油井、跨线桥、停车场、停车位、轨道、河流、飞机跑道、跑道标志、货运场、太阳能电池板、低密度住宅区、储油罐、游泳池、网球场、变电站及污水处理厂，其中每个类别包含 800 幅 256×256 像素的图像。

6）SAR 图像库

SAR 图像库由文献[15]提出并用于基于内容的 SAR 影像检索，该数据集包含 14 类地物：山、海域、港口、高密度住宅区、中密度住宅区、低密度住宅区、农田、种植园、混交林、水体、池塘、道路、船舶及建筑，总计包含 15 728 幅影像，尺寸大小均为 256×256 像素。

2. 异源检索数据集

1）全色-多光谱数据集

DSRSID[16]数据来源为高分一号卫星影像，分为全色影像和多光谱影像两类，其中全色影像空间分辨率为 2 m，尺寸大小为 256×256 像素，多光谱影像空间分辨率为 8 m，由红、绿、蓝、近红外 4 个波段组成，尺寸大小为 64×64 像素。整个数据集包含 8 类典型地物：养殖场、云、森林、高层建筑、低矮建筑、农田、河流、水体，总计 10 000 对影像，同一区域各包含一幅全色影像和多光谱影像，由于成像条件不同，存在一定视角差异。图 11.4 展示了数据集中各类地物的影像对实例，其中黑色方框内为全色影像，红色方框内为多光谱影像。

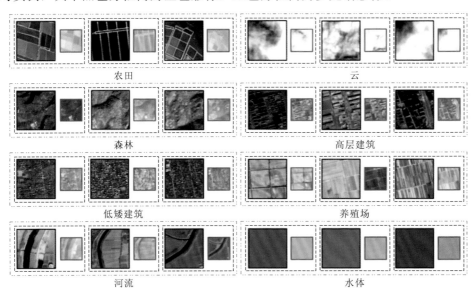

图 11.4　DSRSID 数据集各类地物影像对示例

2）SAR-多光谱数据集

SEN12MS[17]数据集由雷达影像和多光谱影像组成，其分别来自 Sentinel-1 和 Sentinel-2，并利用 MODIS 数据对其进行类别标注，总计 180 662 组影像，尺寸大小为 256×256。影像中包含的地物类别有常绿针叶林、常绿阔叶林、落叶针叶林、落叶阔叶林、针阔混交林、落叶/常绿阔叶混交林、混交林、密林、开放式森林、稀疏林地、自然草地、密集草地、稀疏草地、灌木地、封闭（密集）灌木地、开放（稀疏）灌木地、灌木草地混合区、多树草原、草原、牧场、永久性湿地、多树湿地、多草湿地、多草农田、农田、城市建筑区、农田/天然植被混合区、森林/农田混合区、天然草地/农田混合区、冻原、永久性雪原、荒地、水体。

　　3）手绘草图-多光谱数据集

RSketch 数据集[18]由手绘草图影像及多光谱影像组成，包含 20 类地物，分别为飞机、棒球场、篮球场、海滩、桥、封闭道路、人行横道、足球场、高尔夫球场、交叉路口、油气田、跨线桥、轨道、河流、飞机跑道、跑道标志、储油罐、游泳池、网球场及污水处理厂。各类地物包含 200 幅多光谱影像及 45 幅手绘草图影像。

11.3.2　遥感与非遥感跨模态数据集

　　现有的遥感与非遥感跨模态检索数据集主要由语音和影像数据集，Mao 等[19]在 UCM、Sydney、RSICD 数据集的基础上进行补充，对上述数据集中所有影像进行语音标注，每一幅影像对应 5 段语音描述，图 11.5 展示了数据集中的样例影像及对应语音标注。

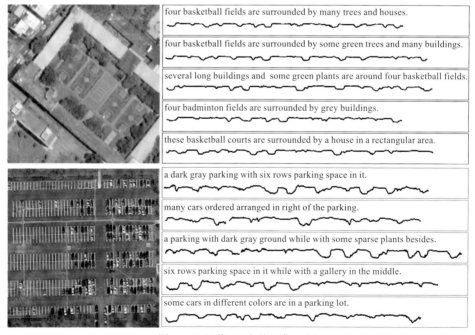

图 11.5　影像-语音数据集示例

左侧为原始遥感影像，右侧为 5 段对应场景语音描述

11.4 影像–语音跨模态检索方法

目前基于内容的遥感影像检索存在的一个问题是这类算法在应用时需要一幅样例影像作为输入来进行检索，而在某些情形下用户通常并不拥有相应影像，此时进行语音到影像的跨模态检索具有较大的应用价值和意义。

Mao 等[19]提出一种深度视觉语音神经网络（deep visual-audio network，DVAN），其网络结构如图 11.6 所示，DVAN 由两个分支网络组成，输入影像和音频分别由视觉模型和语音模型提取相应特征，网络将两者特征进行融合，最后对其进行分类输出得到两者之间的相关性。

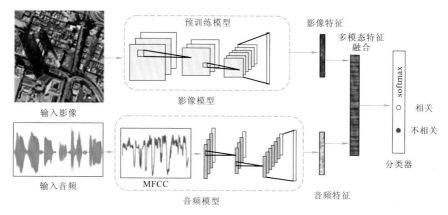

图 11.6　DVAN 网络结构

Chen 等[20]提出一种深度跨模态遥感影像–语音检索模型（deep cross-modal remote sensing image-voice retrieval，DIVR），其网络结构如图 11.7 所示，与 DVAN

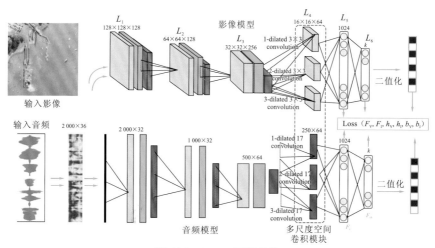

图 11.7　DIVR 网络结构

x-dilated *k*×*k* convolution 代表扩张卷积，*x* 代表空洞率，*k* 代表卷积核尺寸

不同的是,DIVR 网络中加入了一个多尺度空洞卷积模块,其具体实现过程如图 11.8 所示,能在一定程度上扩大感受野及捕捉多尺度上下文信息,同时在网络最后对输入影像和语音特征向量进行二值化处理得到其哈希编码,与实值特征向量相比较能节省特征存储空间及提高检索效率。

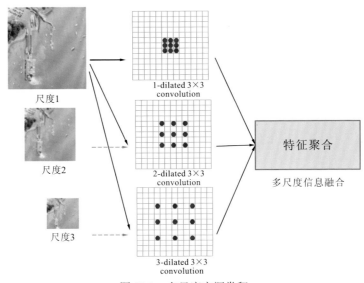

图 11.8　多尺度空洞卷积

11.5　全色-多光谱影像跨模态检索方法

全色影像和多光谱影像是常见的两种遥感数据,全色影像通常空间分辨率较高,但是无法显示地物色彩,多光谱影像对不同波段影像进行组合可以得到相应彩色影像,缺点是空间分辨率较低,两者存在较大差异,在实际应用中可能出现全色与多光谱影像之间的跨模态检索,这需要相应模型能同时处理两种不同类型影像。

Li 等[16]提出一种深度哈希卷积神经网络模型(source-invariant deep hashing convolutional neural networks,SIDHCNNs)来进行全色影像与多光谱影像的跨模态检索,SIDHCNNs 的网络结构、训练过程及后续检索流程如图 11.9 所示,输入全色和多光谱影像在经过不同分支网络后得到相同维度特征向量,利用特征向量间的距离进行排序得到最终的检索结果。

Chaudhuri 等[21]提出一种深度神经网络模型跨模态图像检索(cross-modal image retrieval,CMIR-NET)用于跨模态检索,CMIR-NET 能处理成对单标签数据及不成对多标签数据,其对于两种模态数据处理流程如图 11.10 所示。

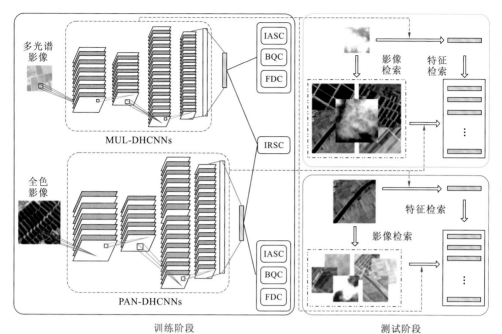

图 11.9　基于 SIDHCNNs 的全色-多光谱影像跨模态检索流程

IASC：intrasource pairwise similarity constraint，同源成对相似性约束；BQC：binary quantization constraint，二值量化约束；FDC：feature distribution constraint，特征分布约束；IRSC：intersource pairwise similarity constraint，异源成对相似性约束

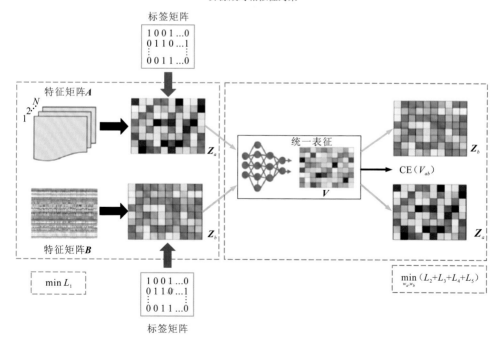

图 11.10　CMIR-NET 数据处理流程

11.6　光学-SAR影像跨模态检索方法

按传感器采用的成像波段分类，光学影像通常是指可见光和部分红外波段传感器获取的影像数据。而SAR传感器影像基本属于微波频段，波长通常在厘米级。可见光影像通常会包含多个波段的灰度信息，以便于识别目标和分类提取。而SAR影像则只记录了一个波段（单波段）的回波信息（也是灰度图），以二进制复数形式记录下来；但基于每个像素的复数数据可变换提取相应的振幅和相位信息。两者之间存在较大差异，如何实现光学影像和SAR影像之间的跨模态检索是一大难点。

Zhang等[22]提出一种双特征卷积神经网络模型（double-feature convolutional neural network，DFCNN）用于光学影像和SAR影像之间的跨模态检索实验，其网络结构如图11.11所示，通过使用特定训练策略，DFCNN在完成通道聚合卷积和半平均池化之后能较好地融合两种影像特征并实现最终的跨模态检索。

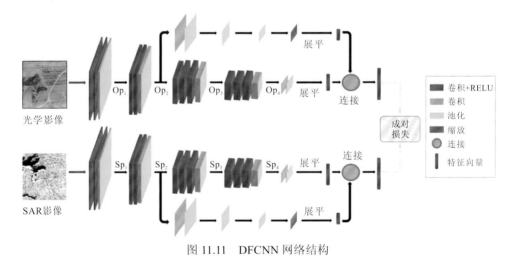

图 11.11　DFCNN网络结构

参 考 文 献

[1] 李德仁, 张良培, 夏桂松. 遥感大数据自动分析与数据挖掘[J]. 测绘学报, 2014, 43(12): 1211-1216.

[2] WANG K Y, YIN Q Y, WANG W, et al. A comprehensive survey on cross-modal retrieval[J/OL]. arXiv: 1607.06215[cs.MM]: 1-20. [2016-07-21].

[3] MITHUN N C, PANDA R, PAPALEXAKIS E E, et al. Webly supervised joint embedding for cross-modal image-text retrieval[C]// Proceedings of the 26th ACM International Conference on Multimedia, 2018: 1856-1864.

[4] WANG Z, LIU X, LI H, et al. Camp: Cross-modal adaptive message passing for text-image retrieval[C]// Proceedings of the IEEE International Conference on Computer Vision, 2019: 5763-5772.

[5] ZHANG Z, LIN Z J, ZHAO Z, et al. Cross-modal interaction networks for query-based moment retrieval in videos[C] // Proceedings of the 42nd International ACM SIGIR Conference on Research and Development in Information Retrieval, 2019: 655-664.

[6] LIU X, HU Z, LING H, et al. MTFH: A matrix tri-factorization hashing framework for efficient cross-modal retrieval[J]. IEEE Transactions on Pattern Analysis and Machine Intelligence, 2019, 99: 1.

[7] LI C, DENG C, LI N, et al. Self-supervised adversarial hashing networks for cross-modal retrieval[C]// Proceedings of the IEEE Conference on Computer Vision and Pattern Recognition. IEEE, 2018: 4242-4251.

[8] DENG C, CHEN Z, LIU X, et al. Triplet-based deep hashing network for cross-modal retrieval[J]. IEEE Transactions on Image Processing, 2018, 27(8): 3893-3903.

[9] YANG Y, NEWSAM S. Bag-of-visual-words and spatial extensions for land-use classification[C/OL] // Proceedings of the 18th SIGSPATIAL International Conference on Advances in Geographic Information Systems. New York, NY, USA: Association for Computing Machinery, 2010: 270-279. [2020-11-16].

[10] XIA G S, YANG W, DELON J, et al. Structural high-resolution satellite image indexing[C]// ISPRS Archives: 38.

[11] SHENG G, YANG W, XU T, et al. High-resolution satellite scene classification using a sparse coding based multiple feature combination[J]. International Journal of Remote Sensing, 2012, 33(8): 2395-2412.

[12] ZOU Q, NI L, ZHANG T, et al. Deep learning based feature selection for remote sensing scene classification[J]. IEEE Geoscience and Remote Sensing Letters, 2015, 12(11): 2321-2325.

[13] XIA G-S, HU J, HU F, et al. AID: A benchmark data set for performance evaluation of aerial scene classification[J]. IEEE Transactions on Geoscience and Remote Sensing, 2017, 55(7): 3965-3981.

[14] ZHOU W, NEWSAM S, LI C, et al. PatternNet: A benchmark dataset for performance evaluation of remote sensing image retrieval[J]. ISPRS Journal of Photogrammetry and Remote Sensing, 2018, 145: 197-209.

[15] TANG X, JIAO L, EMERY W J. SAR image content retrieval based on fuzzy similarity and relevance feedback[J]. IEEE Journal of Selected Topics in Applied Earth Observations and Remote Sensing, 2017, 10(5): 1824-1842.

[16] LI Y, ZHANG Y, HUANG X, et al. Learning source-invariant deep hashing convolutional neural networks for cross-source remote sensing image retrieval[J]. IEEE Transactions on Geoscience

and Remote Sensing, 2018, 56(11): 6521-6536.

[17] SCHMITT M, HUGHES L H, QIU C, et al. SEN12MS: A curated dataset of georeferenced multi-spectral Sentinel-1/2 imagery for deep learning and data fusion[J/OL]. arXiv: 1906.07789 [cs.CV]. 2019[2020-11-16].

[18] XU F, YANG W, JIANG T, et al. Mental retrieval of remote sensing images via adversarial sketch-image feature learning[J]. IEEE Transactions on Geoscience and Remote Sensing, 2020, 58(11): 7801-7814.

[19] MAO G, YUAN Y, XIAOQIANG L. Deep cross-modal retrieval for remote sensing image and audio[C]// 2018 10th IAPR Workshop on Pattern Recognition in Remote Sensing. IEEE, 2018: 1-7.

[20] CHEN Y, LU X, WANG S. Deep cross-modal image-voice retrieval in remote sensing[J]. IEEE Transactions on Geoscience and Remote Sensing, 2020, 58(10): 7049-7061.

[21] CHAUDHURI U, BANERJEE B, BHATTACHARYA A, et al. Cmir-net: A deep learning based model for cross-modal retrieval in remote sensing[J]. Pattern Recognition Letters, 2020, 131: 456-462.

[22] ZHANG Y, ZHOU W, LI H. Retrieval across optical and sar images with deep neural network[C]// Pacific Rim Conference on Multimedia. Berlin: Springer, 2018: 392-402.